建筑工程计价丛书

砌筑及混凝土工程计价与应用

杜贵成 主 编

金盾出版社

内 容 提 要

本书分为四部分(共九章):第一部分砌筑及混凝土工程基础知识,内容包括建筑制图与识图基本知识、砌筑工程基础知识及混凝土工程基础知识;第二部分建筑工程计价基础知识,内容包括建筑工程预算定额、建筑工程量清单和清单计价;第三部分砌筑及混凝土工程计价与应用,内容包括砌筑工程计量与计价、混凝土及钢筋混凝土工程计量与计价;第四部分砌筑及混凝土工程造价工作管理,内容包括砌筑及混凝土工程施工图预算、砌筑及混凝土工程竣工结(决)算。

本书可供砌筑及混凝土工程概预算人员及工程量清单编制人员参考使用,也可供砌筑及混凝土工程相关人员系统自学参考。

图书在版编目(CIP)数据

砌筑及混凝土工程计价与应用/杜贵成主编 . -- 北京 :金盾出版社,2011.12
ISBN 978-7-5082-6992-4

Ⅰ.①砌… Ⅱ.①杜… Ⅲ.①砌筑—工程造价—中国②混凝土—工程造价—中国
Ⅳ.①TU723.3

中国版本图书馆 CIP 数据核字(2011)第 074313 号

金盾出版社出版、总发行
北京太平路 5 号(地铁万寿路站往南)
邮政编码:100036 电话:68214039 83219215
传真:68276683 网址:www.jdcbs.cn
封面印刷:北京印刷一厂
正文印刷:北京华正印刷有限公司
装订:北京华正印刷有限公司
各地新华书店经销
开本:787×1092 1/16 印张:15.5 字数:377 千字
2011 年 12 月第 1 版第 1 次印刷
印数:1~8 000 册 定价:38.00 元

(凡购买金盾出版社的图书,如有缺页、
倒页、脱页者,本社发行部负责调换)

序　言

随着我国社会主义市场经济的飞速发展,国家对建设工程的投资正逐年加大,建设工程造价体制改革正不断深入地发展,工程造价工作已经成为社会主义现代化建设事业中一项不可或缺的基础性工作。工程造价编制水平的高低关系到我国工程造价管理体制改革能否继续深入。

工程造价的确定是规范建设市场秩序、提高投资效益的重要环节,具有很强的政策性、经济性、科学性和技术性。现阶段我国正积极推行建设工程工程量清单计价制度,并颁布实施了《建设工程工程量清单计价规范》(GB 50500—2008)。清单计价规范的颁布实施,很大程度上推动了工程造价管理体制改革的深入发展,为我国社会主义经济建设提供了良好的发展机遇。

面对这种新的机遇和挑战,要求广大工程造价工作者不断学习,努力提高自己的业务水平,以适应工程造价领域发展形势的需要。同时,由于工程造价管理与编制工作的重要性,对从事工程造价工作的人员提出了更高的要求。工程造价工作人员不仅要具有现代管理人员的技术技能与管理能力,还须具备良好的职业道德和文化素养,能够在一定的时间内高效率、高质量地完成工程造价工作。

为帮助广大工程造价人员适应市场经济条件下工程造价工作的需要,我们特组织了一批具有丰富工程造价理论知识和实践工作经验的专家学者,编写了这套《建筑工程计价丛书》。本套丛书共分为以下几册:

《电气设备安装工程计价与应用》

《给排水、采暖、燃气工程计价与应用》

《土石方及桩基础工程计价与应用》

《砌筑及混凝土工程计价与应用》

《装饰装修工程计价与应用》

与市面上已经出版的同类书籍相比,本套丛书具有如下优点:

1. 应用新规范。丛书主要依据《建设工程工程量清单计价规范》(GB 50500—2008)进行编写。为突出丛书的实用性、科学性和可操作性,丛书还通过列举大量的工程造价计价计算实例的方法,更好地帮助读者掌握工程造价知识。

2. 理论联系实际。丛书的编写注重理论与实践的紧密结合,汲取以往建设工程造价领域的经验,将收集的资料和积累的信息与理论联系在一起,更好地帮助建设工程造价工作人员提高自己的工作能力和解决工作中遇到的实际问题。

3. 广泛性与实用性。丛书内容广泛,编写体例新颖,实用性和可操作性强,可供相应工程管理人员、工程概预算人员岗位技能培训使用。

本套丛书在编写过程中参考和引用了大量的参考文献和资料,在此,向参考资料原作者及材料收集人员表示衷心的感谢。由于编者水平有限,书中错误及疏漏之处在所难免,敬请读者批评指正。

丛书编委会

前　言

  自从我国实行改革开放以来，建筑业发展迅速，城镇建设规模日益扩大。建筑工程造价是建设工程的重要经济性文件，是整个建筑工程实施的前提和基础，在基本建设工作中起着十分重要的作用。作为其中的一个重要组成部分的砌筑及混凝土工程，更需要加强管理，配合好造价工作的实施与开展。

  本书从建筑构造与识图、建筑施工工艺入手，直接将砌筑及混凝土工程的整个轮廓展现在读者面前，然后分别具体介绍定额计价与清单计价两种方法及其应用，加深读者对砌筑及混凝土工程造价的认识和理解。本书具备知识脉络清晰、结构层次分明、实用性强等特点，值得广大砌筑及混凝土工程造价工作人员参考使用。

  本书由杜贵成主编，参加编写的有高美玲、张晓曦、杨礼辉、孙雷、孙明月、盛万娇、刘艳君、胡楠、孙丽娜、陶红梅。同时，在编写过程中，参阅和借鉴了许多优秀书籍和有关文献资料，并得到了砌筑及混凝土工程施工与造价方面的专家和技术人员的大力支持和帮助，在此一并致谢。

  由于编者水平有限，书中难免有疏漏之处，恳请广大读者热心指点，以便进一步修改和完善。

作　者

目　录

第一部分　砌筑及混凝土工程基础知识

第一章　建筑制图与识图基本知识

内容提要：

1. 熟悉三面投影图的形成与展开以及平面的三面正投影特性。

2. 了解投影图的识读方法与步骤。

3. 了解建筑制图的基本知识，包括：图线的表示，图纸的尺寸和比例，尺寸、标高的标注方法以及图用符号、定位轴线的表示方法。

4. 掌握建筑平面图、建筑立面图、建筑剖面图以及建筑详图的识图方法和步骤。

5. 熟悉常用建筑材料及构配件图例。

第一节　投影与投影图

一、投影的基本概念

1. 投影图

光线投射于物体产生影子的现象称为投影，在制图学上把此投影称为投影图（也称视图）。

2. 投影法

用一组假想的光线把物体的形状投射到投影面上，并在其上形成物体的图像，这种用投影图表示物体的方法称为投影法，它表示光源、物体和投影面三者间的关系。

投影法分为中心投影法和平行投影法两类。平行投影法又包括正投影法和斜投影法。

（1）中心投影法。投射光线从一点发射，对物体作投影图的方法称为中心投影法，如图 1-1a 所示。

（2）平行投影法。用互相平行的投射光线对物体作投影图的方法称为平行投影法。投射光线相互平行且垂直于投影面时，称为正投影法，如图 1-1b 所示；投射光线相互平行但与投影面斜交时，称为斜投影法，如图 1-1c 所示。正投影图能反映物体的真实形状和大小，在工程制图中得到广泛应用。

3. 正投影的基本特性

（1）显实性。直线、平面平行于投影面时，其投影反映实长、实形，形状和大小均不变，该特性称为投影的显实性，如图 1-2a 所示。

（2）积聚性。直线、平面垂直于投影面时，其投影积聚为一点、直线，该特性称为投影的积聚性，如图 1-2b 所示。

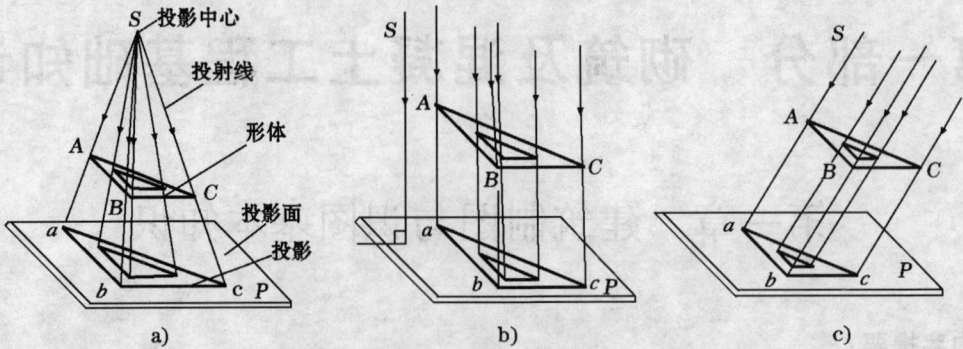

图 1-1　投影的种类
a)中心投影　b)正投影　c)斜投影

(3)类似性。直线、平面倾斜于投影面时,其投影仍为直线(长度缩短)、平面(形状缩小),该特性称为投影的类似性,如图 1-2c 所示。

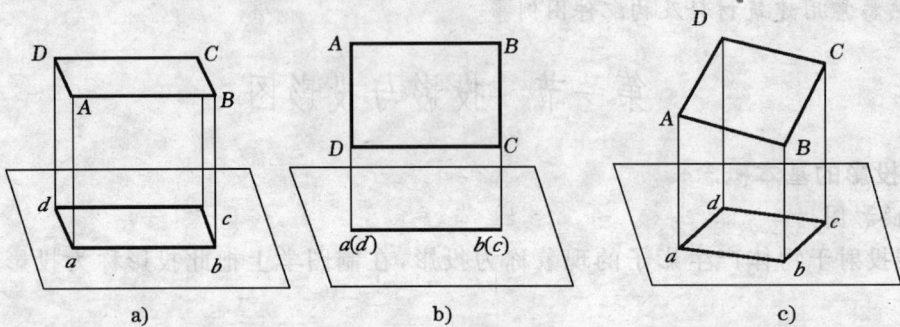

图 1-2　正投影规律
a)平面平行投影面　b)平面垂直投影面　c)平面倾斜投影面

二、三面投影图的基本概念

1. 三面投影体系

反映一个空间物体的全部形状需要六个投影面,但是一般物体用三个相互垂直的投影面上的三个投影图,就能比较充分地反映它的形状和大小,这三个相互垂直的投影面称为三面投影体系,如图 1-3 所示。三个投影面分别称为水平投影面(简称水平面,即 H 面)、正立投影面(简称立面,即 V 面)和侧立投影面(简称侧面,即 W 面)。各投影面间的交线称为投影轴。

2. 三面投影图的形成与展开

将物体置于三面投影体系之中,用三组分别垂直于 V 面、H 面和 W 面的平行投射线,向三个投影面作投影,即得物体的三面正投影图(图 1-3 中箭头所示)。

上述所得到的三个投影图是相互垂直的,为了能在平面上同时反映出这三个投影,需要将三个投影面及面上的投影图进行展开。展开的方法是：V 面不动，H 面绕 OX 轴向下转 $90°$；W 面绕 OZ 轴向右转 $90°$。这样三个投影面及投影图就展平在与 V 面重合的平面上，如图 1-4 所示。在实际制图中，投影面与投影轴省略不画，但是三个投影图的位置必须正确。

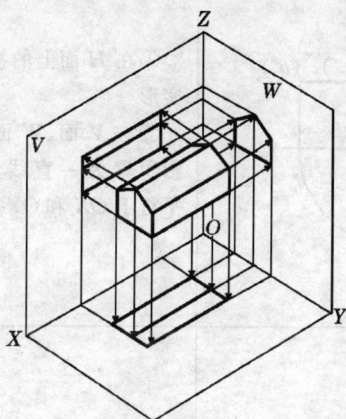

图 1-3　三面投影体系

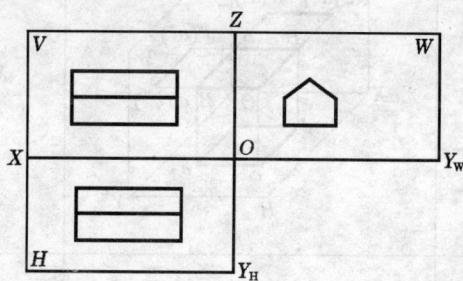

图 1-4　投影面展开图

3. 三面投影图的投影规律

①三个投影图中的每一个投影图表示物体的两个向度和一个面的形状。

a. V 面投影反映物体的长度和高度。

b. H 面投影反映物体的长度和宽度。

c. W 面投影反映物体的高度和宽度。

②三面投影图的"三等关系"。

a. 长对正，即 H 面投影图的长与 V 面投影图的长相等。

b. 高平齐，即 V 面投影图的高与 W 面投影图的高相等。

c. 宽相等，即 H 面投影图中的宽与 W 投影图的宽相等。

③三面投影图与各方位之间的关系。在三面投影图中物体左、右、前、后、上、下六个方向的对应关系如下。

a. V 面图反映物体的上、下和左、右的关系。

b. H 面图反映物体的左、右和前、后的关系。

c. W 面图反映物体的前、后和上、下的关系。

三、平面的三面正投影特性

1. 投影面平行面

投影面平面平行于一个投影面，同时垂直于另外两个投影面，见表 1-1，其投影特点如下：

①平面在它所平行的投影面上的投影反映实形。

②平面在另两个投影面上的投影积聚为直线，并且分别平行于相应的投影轴。

表1-1　投影面平行面

名称	直观图	投影图	投影特点
水平面	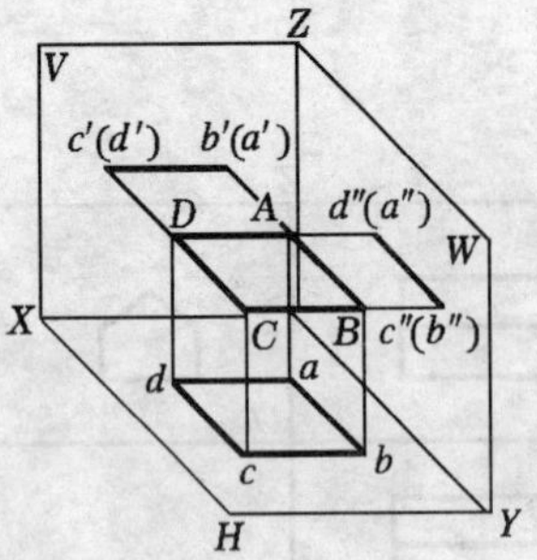	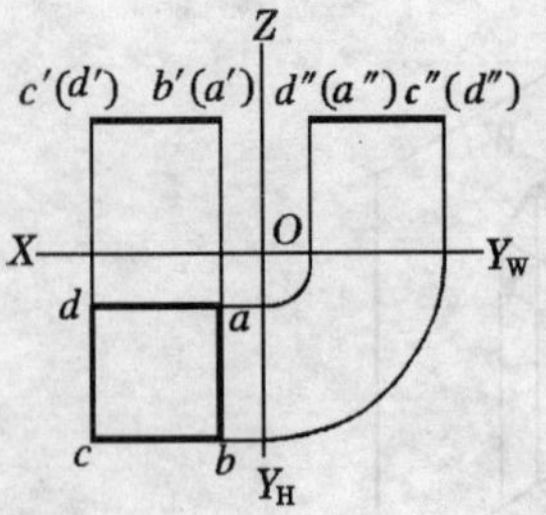	①在 H 面上的投影反映实形 ②在 V 面、W 面上的投影积聚为一直线,且分别平行于 OX 和 OYw 轴
正平面	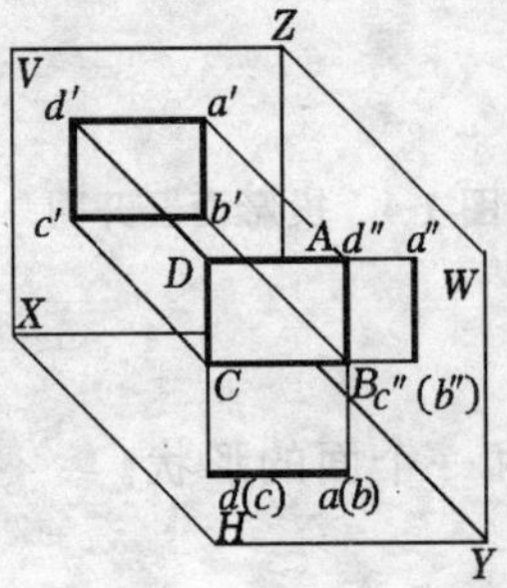	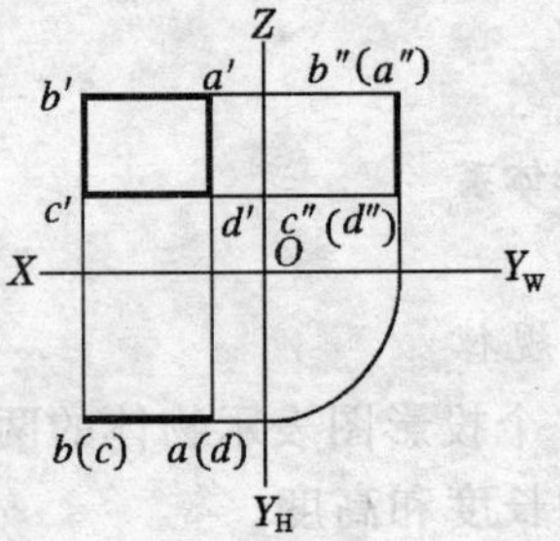	①在 V 面上的投影反映实形 ②在 H 面、W 面上的投影积聚为一直线,且分为平行于 OX 轴和 OZ 轴
侧平面	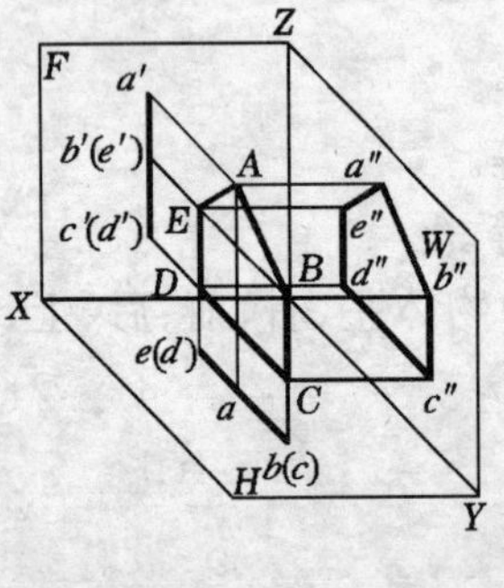	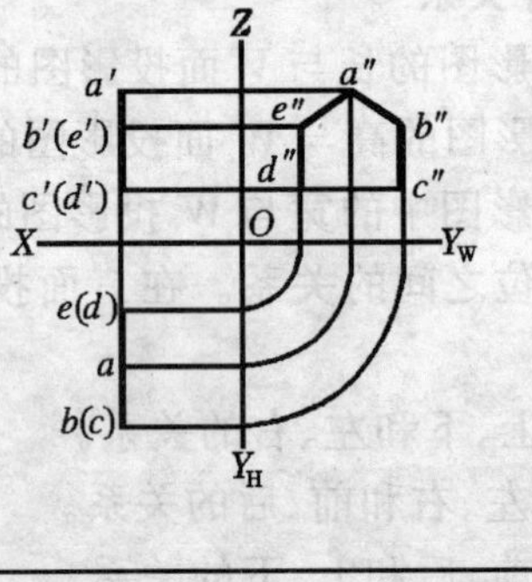	①在 W 面上的投影反映实形 ②在 V 面、H 面上的投影积聚为一直线,且分别平行于 OZ 轴和 OYH 轴

2. 投影面垂直面

投影面平面垂直于一个投影面,同时倾斜于另外两个投影面,见表 1-2,其投影图的特征如下:

①垂直面在它所垂直的投影面上的投影积聚为一条与投影轴倾斜的直线。

②垂直面在另两个面上的投影不反映实形。

表 1-2 投影面垂直面

名称	直观图	投影图	投影特点
铅垂面	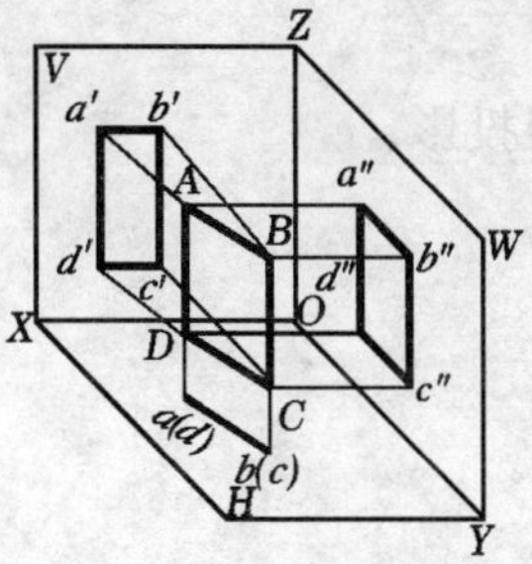	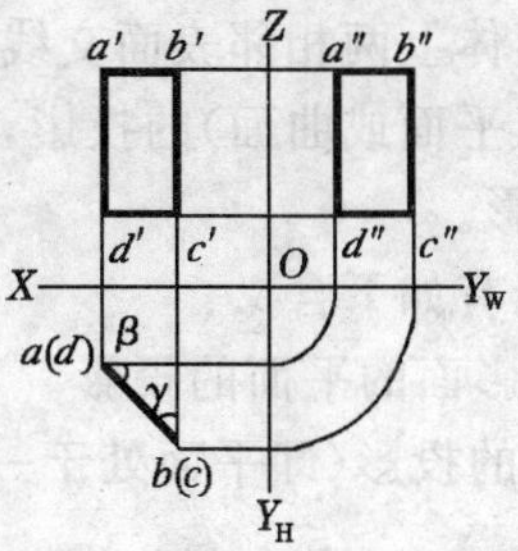	①在 H 面上的投影积聚为一条与投影轴倾斜的直线 ②β、γ 反映平面与 V、W 面的倾角 ③在 V、W 面上的投影小于平面的实形
正垂面	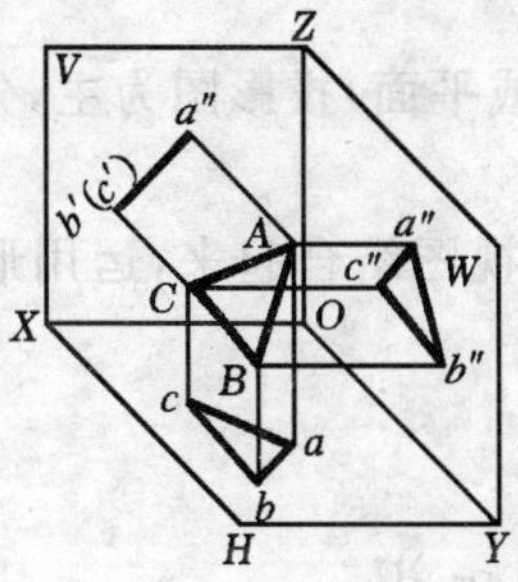	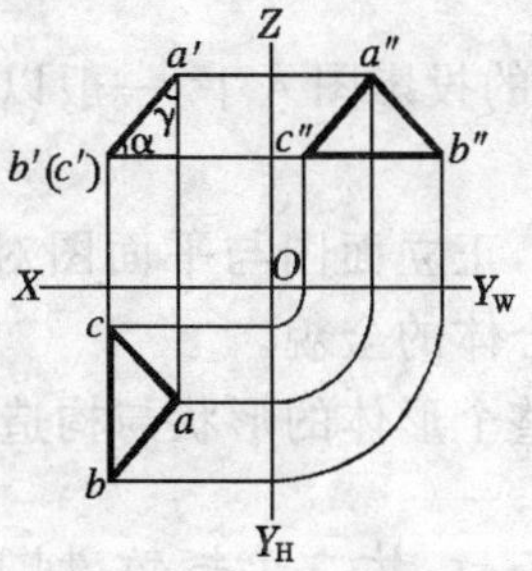	①在 V 面上的投影积聚为一条与投影轴倾斜的直线 ②α、γ 反映平面与 H、W 面的倾角 ③在 H、W 面上的投影小于平面的实形
侧垂面	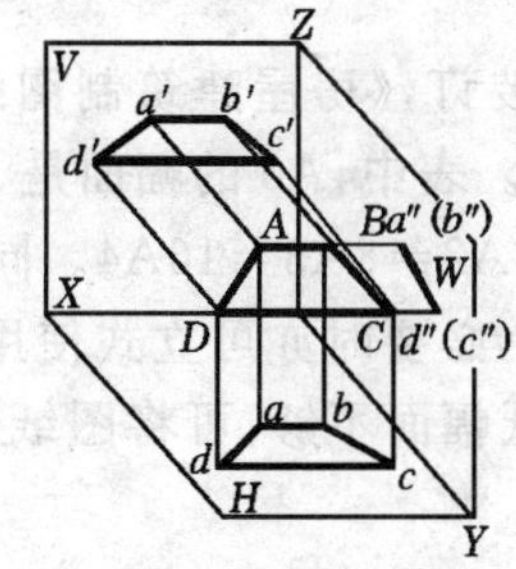	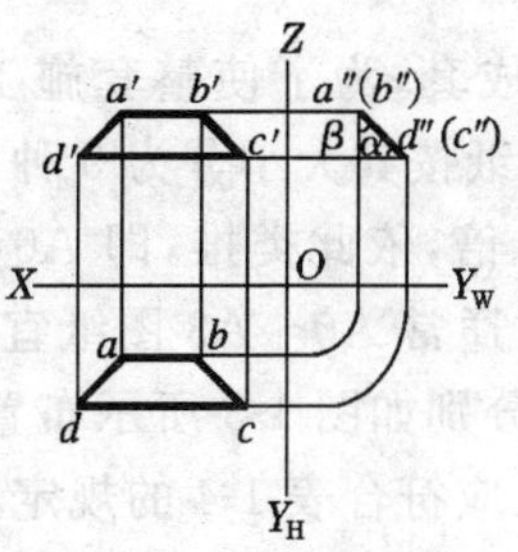	①在 W 面上的投影积聚为一条与投影轴倾斜的直线 ②α、β 反映平面与 H、V 面的倾角 ③在 V、H 面上的投影小于平面的实形

3. 一般位置平面

一般位置平面是对三个投影面都倾斜的平面,其投影的特点是三个投影均为封闭图形、小于实形、没有积聚性,但具有类似性。

四、投影图识读方法及步骤

1. 投影图识读方法

(1)形体分析法。形体分析法也称堆积法,是把复杂的组合体分解为多个简单的几何体(即基本形体),然后根据各部分的相对位置综合想象出组合形体的形状和样式。

　　(2)线面分析法。线面分析法是以线和面的投影规律为基础,根据投影图中的某些棱线和线框,分析它们的形状和相互位置,从而想象出它们所围成形体的整体形状。

　　只有掌握投影图上线和线框的含义,才能应用线面分析法综合分析,想象出物体的整体形状。投影图中的图线(直线或曲线)可能代表的含义包括以下几方面:

　　①形体的一条棱线,即形体上两相邻表面交线的投影。

　　②与投影面垂直的表面(平面或曲面)的投影,即为积聚投影。

　　③曲面的轮廓素线的投影。

　　④投影图中的线框,可能有如下含义:

　　a. 形体上某一平行于投影面的平面的投影。

　　b. 形体上某平面类似性的投影(即平面处于一般位置)。

　　c. 形体上某曲面的投影。

　　d. 形体上孔洞的投影。

　　2. 投影图识读步骤

　　①从最能反映形体特征的投影图入手,一般以正立面(或平面)投影图为主,分析形体的大致形状和组成。

　　②结合其他投影图阅读,正立面图与平面图对照,三个视图结合起来,运用形体分析和线面分析法,综合想象出组合体的全貌。

　　③综合各投影图,想象整个形体的形状与构造。

第二节　建筑制图基本知识

一、图纸的幅面和规格

　　单位工程的施工图装订成套,为了使整套施工图方便装订,《房屋建筑制图统一标准》(GB/T 50001—2010)规定图纸按其大小分为 5 种,见表1-3。表中,A0 的幅面是 A1 幅面的 2 倍,A1 幅面是 A2 幅面的 2 倍,依此类推,即 A0=2A1=4A2=8A3=16A4。同一项工程的图纸,幅面不宜多于两种。通常 A0~A3 图纸宜横式使用,必要时亦可立式使用。横式使用的图纸和立式使用的图纸分别如图 1-5 所示布置。若图纸幅面不够,可将图纸长边加长,但是短边不宜加长,长边加长应符合表 1-4 的规定。

表 1-3　幅面及图框尺寸　　　　　　　　　　　　　　(单位:mm)

幅面代号 尺寸代号	A0	A1	A2	A3	A4
$b \times l$	841×1 189	594×841	420×594	297×420	210×297
c		10			5
a			25		

注:表中 b 为幅面短边尺寸,l 为幅面长边尺寸,c 为图框线与幅面线间宽度,a 为图框线与装订边间宽度。

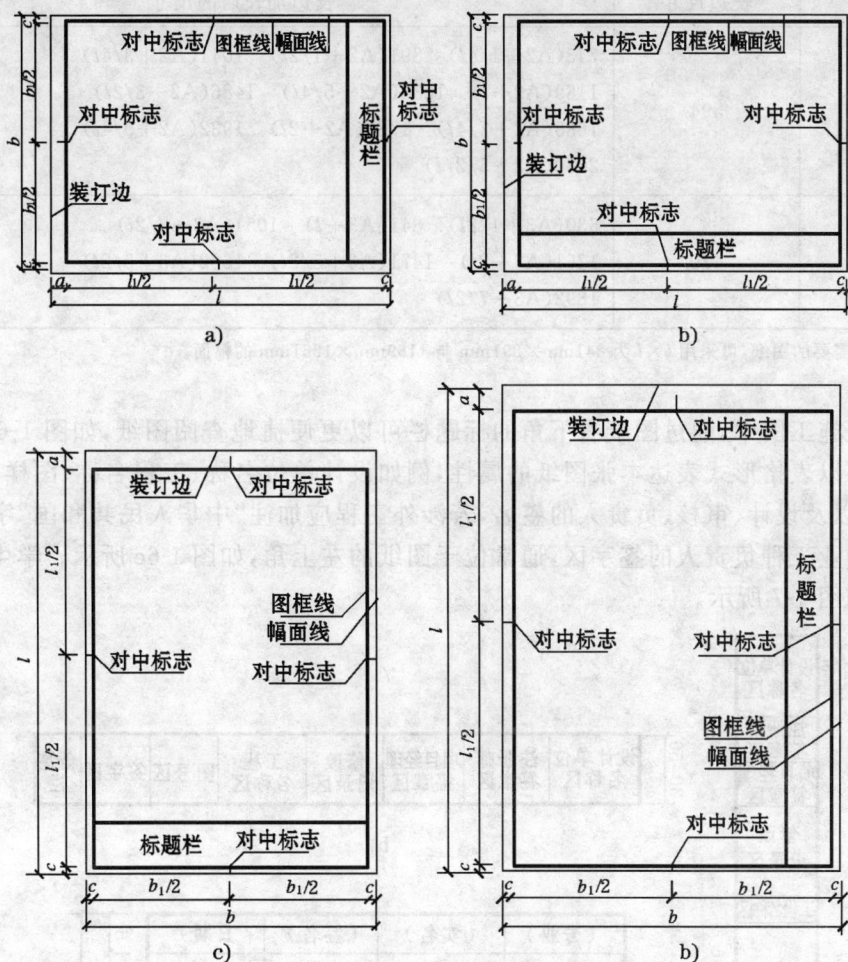

图 1-5　图纸的幅面格式

a) A0～A3 横式幅面(一)　b) A0～A3 横式幅面(二)

c) A0～A4 立式幅面(一)　d) A0～A4 立式幅面(二)

表 1-4　图纸长边加长尺寸　　　　　(单位:mm)

幅面代号	长边尺寸	长边加长后的尺寸
A0	1189	1486(A0+1/4*l*)　1635(A0+3/8*l*)　1783(A0+1/2*l*) 1932(A0+5/8*l*)　2080(A0+3/4*l*)　2230(A0+7/8*l*) 2378(A0+*l*)
A1	841	1051(A1+1/4*l*)　1261(A1+1/2*l*)　1471(A1+3/4*l*) 1682(A1+*l*)　1892(A1+5/4*l*)　2102(A1+3/2*l*)

续表 1-4

幅面代号	长边尺寸	长边加长后的尺寸
A2	594	743(A2+1/4l)　891(A2+1/2l)　1041(A2+3/4l) 1189(A2+l)　1338(A2+5/4l)　1486(A2+3/2l) 1635(A2+7/4l)　1783(A2+2l)　1932(A2+9/4l) 2080(A2+5/2/l)
A3	420	630(A3+1/2l)　841(A3+l)　1051(A3+3/2l) 1261(A3+2l)　1471(A3+5/2l)　1682(A3+3/2l) 1892(A3+7/2l)

注:有特殊需要的图纸,可采用 $b×l$ 为 841mm×891mm 与 1189mm×1261mm 的幅面。

在每张施工图中,通过图纸右下角的标题栏可以更便捷地查阅图纸,如图 1-6a、b 所示。标题栏主要以表格形式表达本张图纸的属性,例如设计单位名称、工程名称、图样名称、图样类别、编号以及设计、审核、负责人的签名,若涉外工程应加注"中华人民共和国"字样。会签栏则是各专业工种负责人的签字区,通常位于图纸的左上角,如图 1-6c 所示。学生制图作业的标题栏如图 1-7 所示。

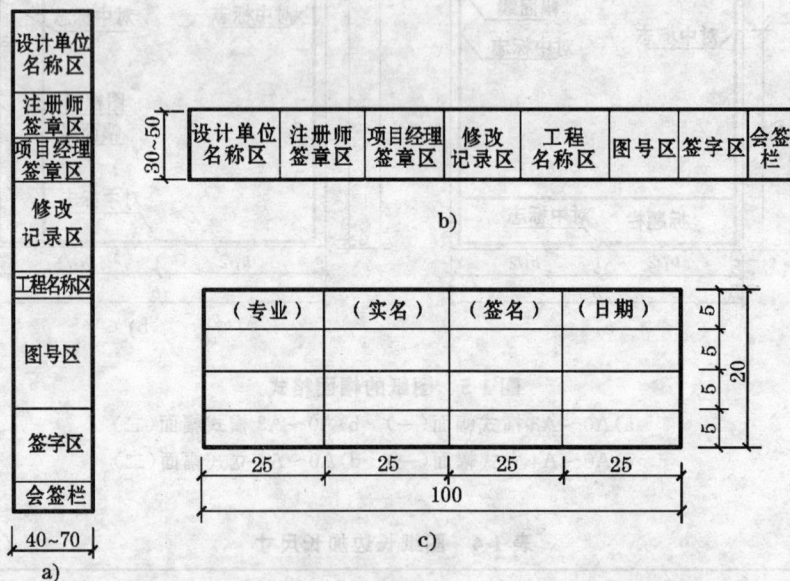

图 1-6　标题栏与会签栏
a)标题栏(一)　b)标题栏(二)　c)会签栏

二、图线

工程图样中的内容都用图线表达。为了使各种图线所表达的内容统一,《房屋建筑制图统一标准》(GB/T 50001—2010)对建筑工程图样中图线的种类、用途和画法都作了规定。在建筑工程图样中图线的线型、线宽及其作用见表 1-5。

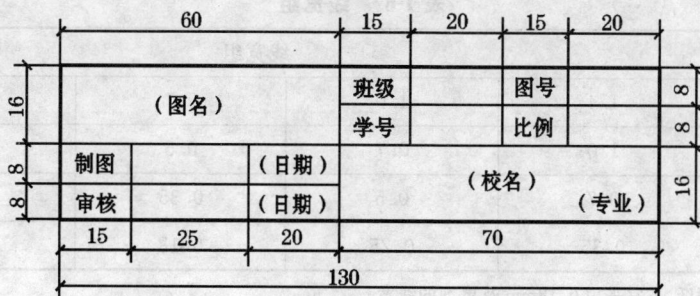

图 1-7 学生制图作业的标题栏

表 1-5 图线

名 称		线 型	线 宽	一般用途
实 线	粗		b	主要可见轮廓线
	中粗		$0.7b$	可见轮廓线
	中		$0.5b$	可见轮廓线、尺寸线、变更云线
	细		$0.25b$	图例填充线、家具线
虚 线	粗		b	见各有关专业制图标准
	中粗		$0.7b$	不可见轮廓线
	中		$0.5b$	不可见轮廓线、图例线等
	细		$0.25b$	图例填充线、家具线
单点长画线	粗		b	见各有关专业制图标准
	中		$0.5b$	见各有关专业制图标准
	细		$0.25b$	中心线、对称线、轴线等
双点画线	粗		b	见各有关专业制图标准
	中		$0.5b$	见各有关专业制图标准
	细		$0.25b$	假想轮廓线、成型前原始轮廓线
折断线			$0.25b$	断开界线
波浪线			$0.25b$	断开界线

图线的宽度可从表 1-6 中选用。

表 1-6 线宽组 （单位：mm）

线宽比	线宽组			
b	1.4	1.0	0.7	0.5
0.7b	1.0	0.7	0.5	0.35
0.5b	0.7	0.5	0.35	0.25
0.25b	0.35	0.25	0.18	0.13

注：1. 需要缩微的图纸，不宜采用 0.18mm 及更细的线宽。

2. 同一张图纸内，各不同线宽中的细线，可统一采用较细的线宽组的细线。

图纸的图框线和标题栏的线宽可从表 1-7 中选用。

表 1-7 图框线、标题栏的线宽 （单位：mm）

幅面代号	图框线	标题栏外框线	标题栏分格线
A0、A1	b	0.5b	0.25b
A2、A3、A4	b	0.7b	0.35b

三、字体

建筑工程图样除用不同的图线表示建筑及其构件的形状、大小外，还有一些无法用图线表达的内容，例如建筑装修的颜色、对各部位施工的要求、尺寸标注等，因此，在图样中必须用文字加以注释。在建筑施工图中的文字包括汉字、拉丁字母、阿拉伯数字、符号、代号等。为了保持图样的严肃性，图样中的字体应笔画清晰、字体端正、排列整齐、间隔均匀。文字的字高应从表 1-8 中选用。字高大于 10mm 的文字宜采用 True type 字体，若要书写更大的字，其高度应按 $\sqrt{2}$ 的倍数递增。

表 1-8 文字的字高 （单位：mm）

字体种类	中文矢量字体	True type 字体及非中文矢量字体
字高	3.5、5、7、10、14、20	3、4、6、8、10、14、20

（1）汉字。图样及说明中的汉字，宜采用长仿宋体或黑体，宽度与高度的关系应符合表 1-9 的规定。长仿宋体字的书写要领是横平竖直、起落分明、笔锋满格、结构匀称、间隔均匀、排列整齐、字体端正。

表 1-9 长仿宋体字高宽关系 （单位：mm）

字高	20	14	10	7	5	3.5
字宽	14	10	7	5	3.5	2.5

（2）拉丁字母、阿拉伯数字和罗马数字。图样及说明中的拉丁字母、阿拉伯数字与罗马数字，宜采用单线简体或 ROMAN 字体。拉丁字母、阿拉伯数字与罗马数字的书写规则，应

符合表 1-10 的规定。

表 1-10　拉丁字母、阿拉伯数字与罗马数字的书写规则

书写格式	字体	窄字体
大写字母高度	h	h
小写字母高度（上下均无延伸）	$7/10h$	$10/14h$
小写字母伸出的头部或尾部	$3/10h$	$4/14h$
笔画宽度	$1/10h$	$1/14h$
字母间距	$2/10h$	$2/14h$
上下行基准线的最小间距	$15/10h$	$21/14h$
词间距	$6/10h$	$6/14h$

拉丁字母、阿拉伯数字和罗马数字,若写成斜体字,其斜度应是从字的底线逆时针向上倾斜 75°。斜体字的高度与宽度应与相应的直体字相等。这三种字体的字高均不应小于 2.5mm。

四、比例

建筑物是较大的物体,不可能也没有必要按 1:1 的比例绘制,应根据其大小采用适当的比例绘制,图样的比例是指图形与实物相应要素的线性尺寸之比。比例的大小是指其比值的大小,例如 1:10 大于 1:50。比例通常注写在图名的右侧,与文字的基准线应取平,字高比图名小一号或两号,如图 1-8 所示。

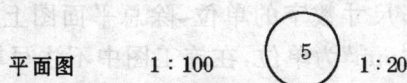

平面图　　1:100　　　⑤　　1:20

图 1-8　比例的注写

绘图所用的比例应根据图样的用途和被绘对象的复杂程度,从表 1-11 中选用,并优先选用常用比例。

表 1-11　绘图所用的比例

常用比例	1:1、1:2、1:5、1:10、1:20、1:30、1:50、1:100、1:150、1:200、1:500、1:1000、1:2000
可用比例	1:3、1:4、1:6、1:15、1:25、1:40、1:60、1:80、1:250、1:300、1:400、1:600、1:5000、1:10000、1:20000、1:50000、1:100000、1:200000

五、尺寸标注

1. 尺寸的组成

尺寸由尺寸界线、尺寸线、尺寸起止符号和尺寸数字四部分组成,如图 1-9 所示。

（1）尺寸界线。尺寸界线用细实线绘制,与所要标注轮廓线垂直。其一端应离开图样轮廓线不小于 2mm,另一端超过尺寸线 2～3mm,图样轮廓线、轴线和中心线可以作为尺寸界线。

（2）尺寸线。尺寸线表示所要标注轮廓线的方向,用细实线绘制,与所要标注轮廓线平行,与尺寸界线垂直,不得超越尺寸界线,也不得用其他图线代替。互相平行的尺寸线的间距应大于 7mm,并应保持一致,尺寸线离图样轮廓线的距离不应小于 10mm,如图 1-9 所示。

（3）尺寸起止符号。尺寸起止符号是尺寸的起点和止点,用中粗斜短线绘制,长度宜为 2～3mm,其倾斜方向应与尺寸界线成顺时针 45°角。半径、直径、角度和弧长的尺寸起止符号,宜用箭头表示,箭头的画法如图 1-10 所示。

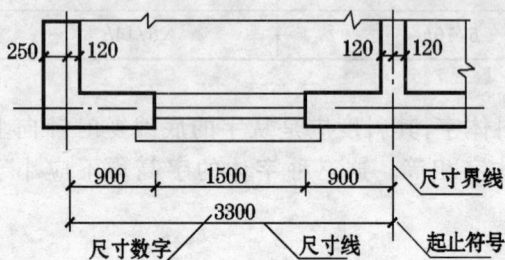

图 1-9　尺寸的组成

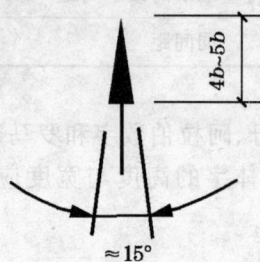

图 1-10　箭头尺寸起止符号

（4）尺寸数字。尺寸数字必须用阿拉伯数字注写。建筑工程图样中的尺寸数字表示建筑物或构件的实际大小,与所绘图样的比例和精确度无关。在《房屋建筑制图统一标准》（GB/T 50001—2010）中规定,尺寸数字的单位,除总平面图上的尺寸单位和标高的单位以"m"为单位外,其余尺寸均以"mm"为单位,在施工图中不注写单位。尺寸标注时,当尺寸线是水平线时,尺寸数字应写在尺寸线的上方,字头朝上;当尺寸线是竖线时,尺寸数字应写在尺寸线的左侧,字头向左。当尺寸线为其他方向时,其注写方向如图 1-11 所示。

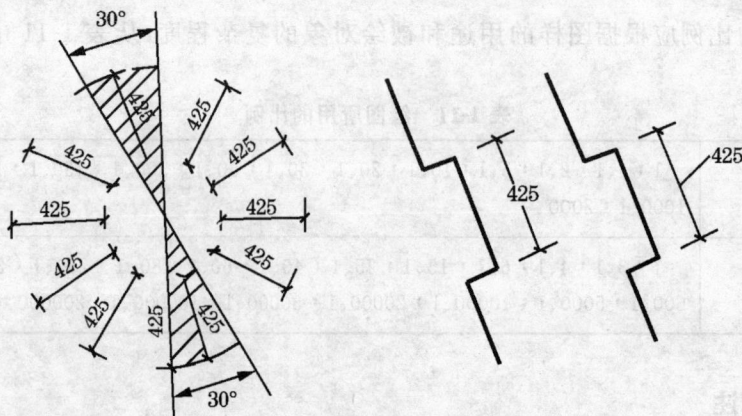

图 1-11　尺寸数字的注写方向

尺寸宜标注在图样轮廓线以外,不宜与图线、文字及符号等相交,如图 1-12 所示。尺寸数字应依据其方向注写在靠近尺寸线的上方中部。如没有足够的注写位置,最外边的尺寸数字可注写在尺寸界线的外侧,中间相邻的尺寸数字可上下错开注写,引出线端部用圆点表示标注尺寸的位置,如图 1-13 所示。

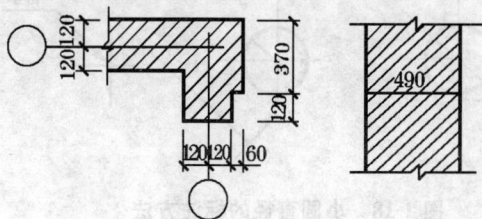

图 1-12　尺寸数字的注写　　　　　　图 1-13　尺寸数字的注写位置

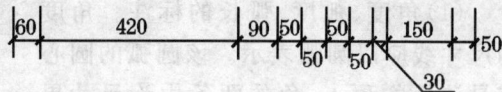

2. 半径、直径、球的尺寸标注

半径的尺寸线应一端从圆心开始,另一端画箭头指向圆弧。半径数字前应加注半径符号"*R*",如图 1-14 所示。

较小圆弧的半径可按图 1-15 形式标注。

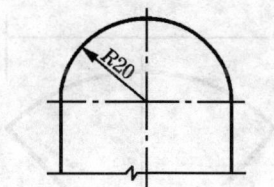

图 1-14　半径标注方法　　　　　图 1-15　小圆弧半径的标注方法

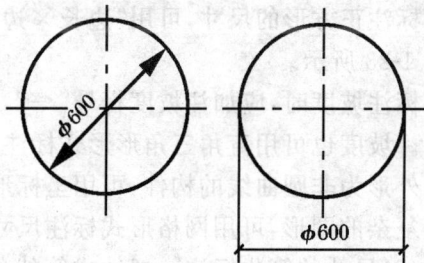

较大圆弧的半径可按图 1-16 形式标注。

标注圆的直径尺寸时,直径数字前应加直径符号"*ϕ*"。在圆内标注的尺寸线应通过圆心,两端画箭头指至圆弧,如图 1-17 所示。

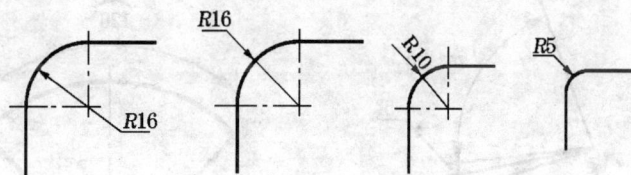

图 1-16　大圆弧半径的标注方法　　　　　图 1-17　圆直径的标注方法

较小圆的直径尺寸可标注在圆外,如图 1-18 所示。

标注球的半径尺寸时,应在尺寸前加注符号"SR"。标注球的直径尺寸时,应在尺寸数字前加注符号"Sϕ"。注写方法与圆弧半径和圆直径的尺寸标注方法相同。

3. 其他尺寸标注

(1)角度、弧度、弧长的标注。角度的尺寸线应以圆弧表示。该圆弧的圆心应是该角的顶点,角的两条边为尺寸界线。起止符号应以箭头表示,如没有足够位置画箭头,可用圆点代替,角度数字应沿尺寸线方向注写,如图1-19所示。

图1-18 小圆直径的标注方法

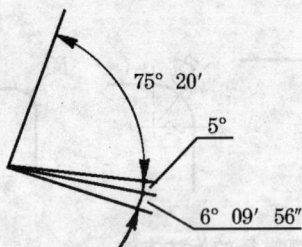

标注圆弧的弧长时,尺寸线应以与该圆弧同心的圆弧线表示,尺寸界线应指向圆心,起止符号用箭头表示,弧长数字上方应加注圆弧符号"⌒",如图1-20所示。

标注圆弧的弦长时,尺寸线应以平行于该弦的直线表示,尺寸界线应垂直于该弦,起止符号用中粗斜短线表示,如图1-21所示。

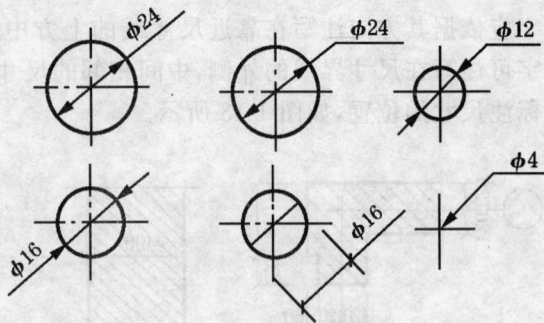

图1-19 角度的标注方法   图1-20 弧长标注方法   图1-21 弦长标注方法

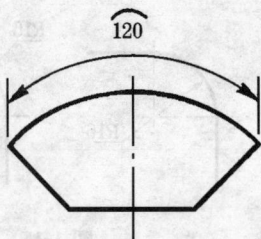

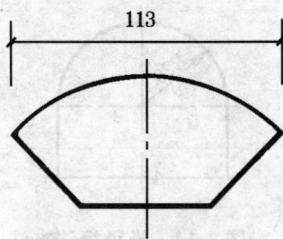

(2)薄板厚度、正方形、坡度、非圆曲线等尺寸标注。在薄板板面标注板厚尺寸时,应在厚度数字前加厚度符号"t",如图1-22所示。

标注正方形的尺寸,可用"边长×边长"的形式,也可在边长数字前加正方形符号"□",如图1-23所示。

标注坡度时,应加注坡度符号"◿",如图1-24a、b,该符号为单面箭头,箭头应指向下坡方向。坡度也可用直角三角形形式标注,如图1-24c所示。

外形为非圆曲线的构件,可用坐标形式标注尺寸,如图1-25所示。

复杂的图形,可用网格形式标注尺寸,如图1-26所示。

(3)尺寸的简化标注。杆件或管线的长度,在单线图(桁架简图、钢筋简图、管线简图)上,可直接将尺寸数字沿杆件或管线的一侧注写,如图1-27所示。

连续排列的等长尺寸,可用"等长尺寸×个数=总长"或"等分×个数=总长"的形式标注,如图1-28所示。

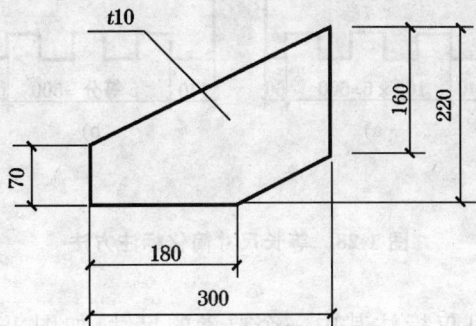

图 1-22　薄板厚度标注方法

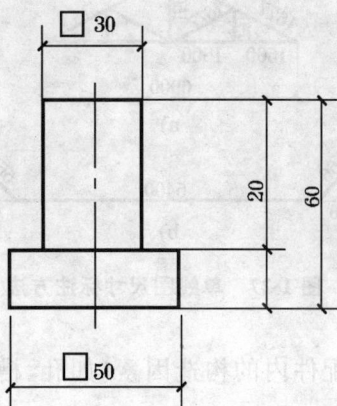

图 1-23　标注正方形尺寸

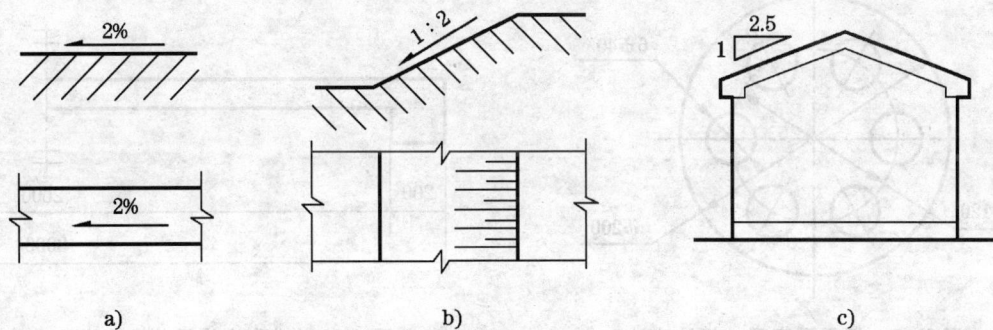

a)　　　　　　　　　b)　　　　　　　　　c)

图 1-24　坡度标注方法

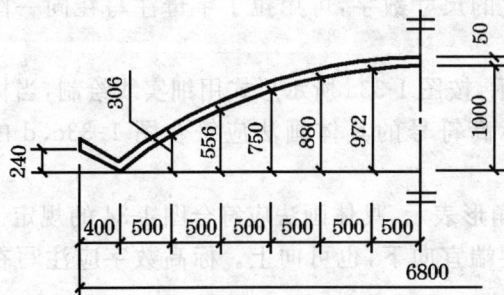

图 1-25　坐标法标注曲线尺寸

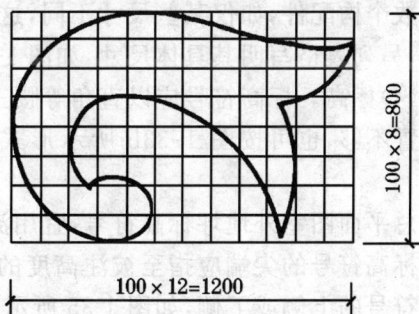

图 1-26　网格法标注曲线尺寸

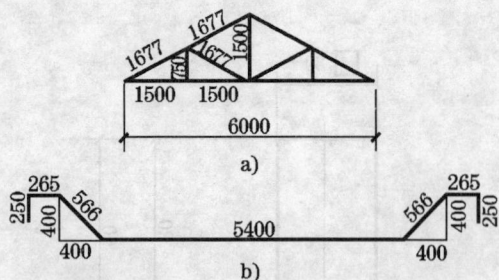

图 1-27 单线图尺寸标注方法

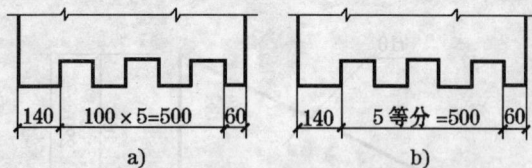

图 1-28 等长尺寸简化标注方法

构配件内的构造因素（如孔、槽等）如相同，可仅标注其中一个要素的尺寸，如图 1-29 所示。

对称构配件采用对称省略画法时，该对称构配件的尺寸线应略超过对称符号，仅在尺寸线的一端画尺寸起止符号，尺寸数字应按整体全尺寸注写，其注写位置宜与对称符号对齐，如图 1-30 所示。

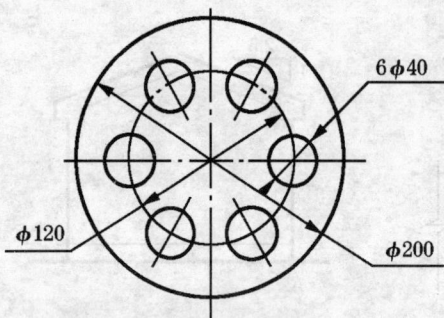

图 1-29 相同要素尺寸标注方法

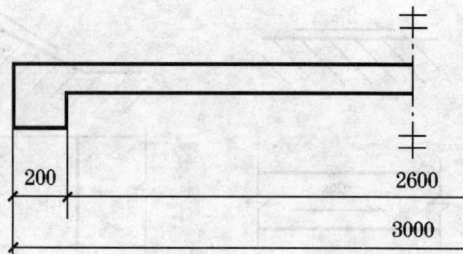

图 1-30 对称构件尺寸标注方法

两个构配件，如个别尺寸数字不同，可在同一图样中将其中一个构配件的不同尺寸数字注写在括号内，该构配件的名称也应注写在相应的括号内，如图 1-31 所示。

数个构配件，如仅某些尺寸不同，这些有变化的尺寸数字，可用拉丁字母注写在同一图样中，另列表格写明其具体尺寸，如图 1-32 所示。

（4）标高。标高符号应以直角等腰三角形表示，按图 1-33a 所示形式用细实线绘制，当标注位置不够，也可按图 1-33b 所示形式绘制。标高符号的具体画法应符合图 1-33c、d 的规定。

总平面图室外地坪标高符号，宜用涂黑的三角形表示，具体画法应符合图 1-34 的规定。

标高符号的尖端应指至被注高度的位置。尖端宜向下，也可向上。标高数字应注写在标高符号的上侧或下侧，如图 1-35 所示。

标高数字应以米为单位，注写到小数点以后第三位。在总平面图中，可注写到小数点以后第二位。

零点标高应注写成 ±0.000，正数标高不注"＋"，负数标高应注"－"，例如 3.000、－0.600。

在图样的同一位置需表示几个不同标高时,标高数字可按图 1-36 的形式注写。

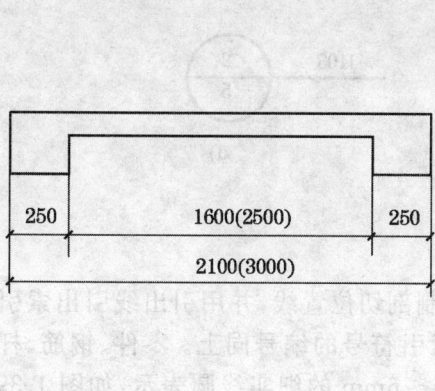

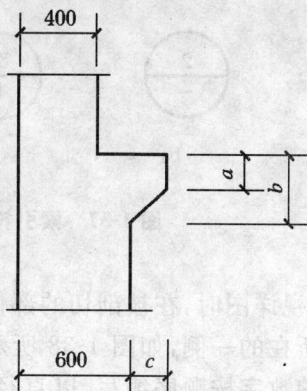

构件编号	a	b	c
Z-1	200	200	200
Z-2	250	450	200
Z-3	200	450	250

图 1-31 相似构件尺寸标注方法   **图 1-32 相似构配件尺寸表格式标注方法**

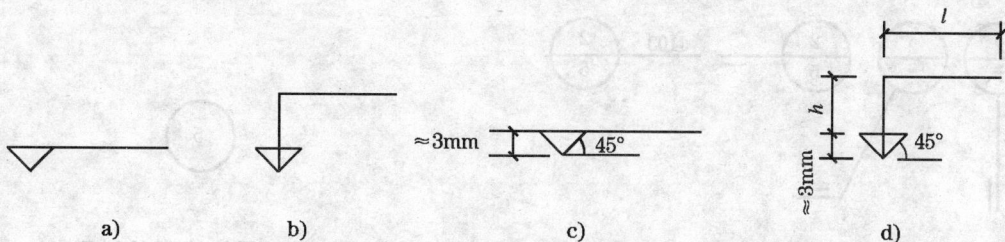

图 1-33 标高符号

l. 取适当长度注写标高数字   *h.* 根据需要取适当高度

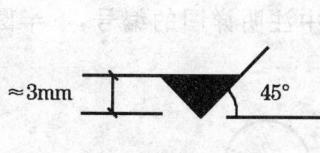

图 1-34 总平面图室外地坪标高符号   **图 1-35 标高的指向**   **图 1-36 同一位置注写多个标高数字**

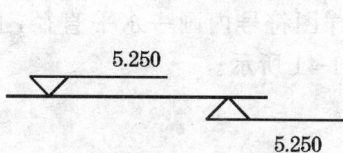

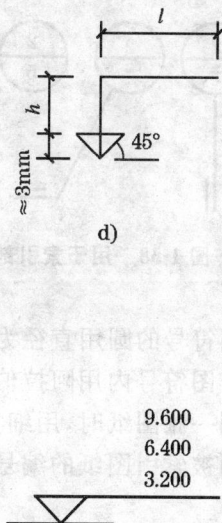

六、图用符号、定位轴线的表示方法

1. 索引符号与详图符号

图样中的某一局部或构件需另见详图时,以索引符号索引,如图 1-37a 所示。索引符号由直径为 8~10mm 的圆和水平直径组成,圆和水平直径用细实线表示。索引出的详图与被索引出的详图同在一张图纸时,在索引符号的上半圆中用阿拉伯数字注明该详图的编号,在下半圆中间画一段水平细实线,如图 1-37b 所示。索引出的详图与被索引出的详图不在同一张图纸时,在索引符号的上半圆中用阿拉伯数字注明该详图的编号,在下半圆中用阿拉伯数字注明该详图所在图纸的编号,如图 1-37c 所示,数字较多时,也可加文字标注。

索引出的详图采用标准图时,在索引符号水平直径的延长线上加注该标准图册的编号,如图 1-37d 所示。

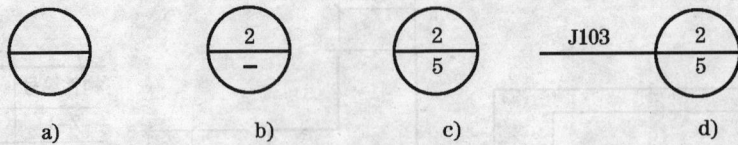

图 1-37　索引符号

　　索引符号用于索引剖视详图时,在被剖切的部位绘制剖切位置线,并用引出线引出索引符号,投射方向为引出线所在的一侧,如图 1-38 所示,索引符号的编号同上。零件、钢筋、杆件、设备等的编号用阿拉伯数字按顺序编写,以直径为 5～6mm 的细实线圆表示,如图 1-39 所示,同一图样圆的直径要相同。

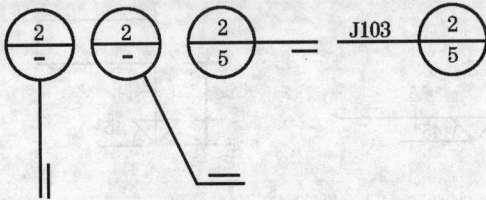

图 1-38　用于索引剖面详图的索引符号

图 1-39　零件、杆件的编号

　　详图符号的圆用直径为 14mm 的粗实线绘制,当详图与被索引出的图样在同一张图纸内时,在详图符号内用阿拉伯数字注明该详图编号,如图 1-40 所示。当详图与被索引出的图样不在同一张图纸时,用细实线在详图符号内画一水平直径,上半圆中注明详图的编号,下半圆注明被索引图纸的编号,如图 1-41 所示。

**图 1-40　与被索引出的图样在
同一张图纸的详图符号**

**图 1-41　与被索引出的图样不在
同一张图纸的详图符号**

2. 引出线

　　引出线应以细实线绘制,宜采用水平方向的直线、与水平方向成 30°、45°、60°、90°的直线,或经上述角度再折为水平线。文字说明宜注写在水平线的上方,如图 1-42a 所示,也可注写在水平线的端部,如图 1-42b 所示。索引详图的引出线,应对准索引符号的圆心,如图 1-42c所示。

　　同时引出几个相同部分的引出线,宜互相平行,如图 1-43a 所示,也可画成集中于一点的放射线,如图 1-43b 所示。

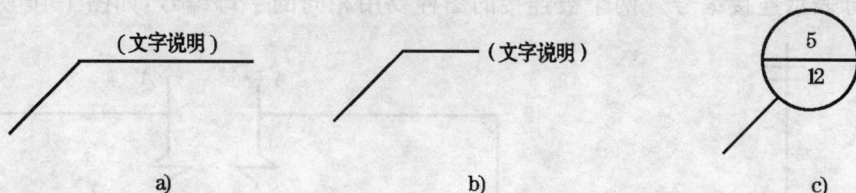

图 1-42　引出线

图 1-43　共用引出线

多层构造或多层管道共用引出线,应通过被引出的各层,并用圆点示意对应各层次。文字说明宜注写在水平线的上方,或注写在水平线的端部,说明的顺序应由上至下,并应与被说明的层次相互一致;若层次为横向排序,则由上至下的说明顺序应与由左至右的层次相互一致,如图 1-44 所示。

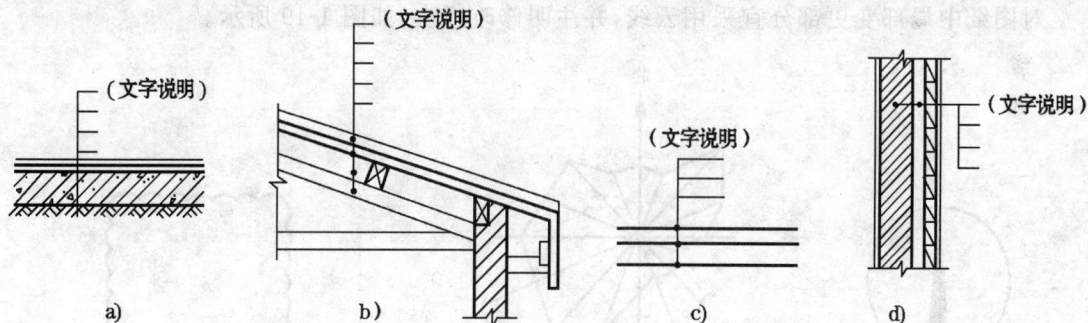

图 1-44　多层共用引出线

3. 对称符号

施工图中的对称符号由对称线和两端的两对平行线组成。对称线用细单点长画线表示,平行线用细实线表示。平行线长度为 6～10mm,每对平行线的间距为 2～3mm,对称线垂直平分于两对平行线,两端超出平行线 2～3mm,如图 1-45 所示。

4. 连接符号

施工图中,当构件详图的纵向较长、重复较多时,可省略重复部分,用连接符号相连。连接符号用折断线表示所需连接的部位,当两部位相距过远时,折断线两端靠图样一侧要标注大写拉丁字母表示连接编号。两个被连接的图样要用相同的字母编号,如图 1-46 所示。

図 1-45　对称符号　　　　　　　　　　图 1-46　连接符号

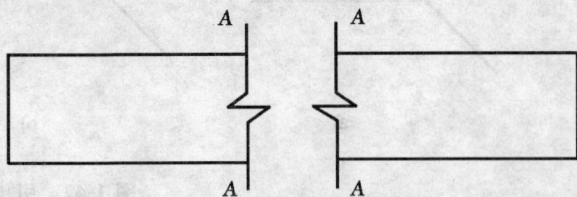

5. 指北针

在总平面图中应画有指北针,以表示建筑物的方向。指北针的形状如图 1-47 所示,其圆的直径宜为 24mm,用细实线绘制;指针尾部的宽度宜为 3mm,指针头部应注"北"或"N"字。需用较大直径绘制指北针时,指针尾部宽度宜为直径的 1/8。

6. 风向频率玫瑰图

为表示某一地区常年的风向情况,在总平面图中要画上风向频率玫瑰图(简称风玫瑰图),如图 1-48 所示。图中把东南西北划分为 16 个方位,各方位上的长度,就是把多年来各方位平均刮风的次数占刮风总次数的百分数值,按一定的比例定出的。图中所示的风向是指从外面刮向地区中心的方向。实线指全年的风向,虚线指夏季的风向。

7. 变更云线

对图纸中局部变更部分宜采用云线,并注明修改版次,如图 1-49 所示。

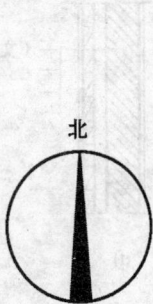

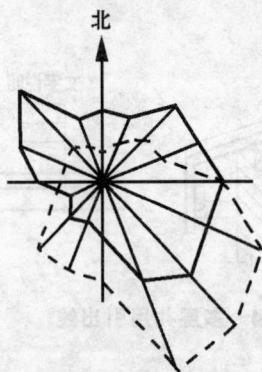

图 1-47　指北针　　　　　图 1-48　风向频率玫瑰图　　　　　图 1-49　变更云线

8. 定位轴线

建筑都是由墙、柱等部件组成的。为了在平面和与平面相对应的立面和剖面上,对墙、柱等建筑的主体结构构件面的关系进行定位,以便于控制建筑的大小和施工的精确,须对墙、柱等主体结构构件进行编号并标注相应的尺寸,称为定位轴线的标注。定位轴线应用细单点长画线绘制。定位轴线应编号,编号应注写在轴线端部的圆内。圆应用细实线绘制,直径为 8～10mm。定位轴线圆的圆心应在定位轴线的延长线上或延长线的折线上。除较复杂需采用分区编号或圆形、折线形外，平面图上定位轴线的编号，宜标注在图样的下方或左侧。横向编号应用阿拉伯数字，从左至右顺序编写；竖向编号应用大写拉丁字母，从下至上顺序编写，如图 1-50 所示。拉丁字母作为轴线号时，应全部采用大写字母，不应用同一个字母的大小写来区分轴线号。拉丁字母的 I、O、Z 不得用做轴线编号。当字母数量不够用时，可增用双字母或单字母加数字注脚。

　　组合较复杂的平面图中定位轴线也可采用分区编号。编号的注写形式应为"分区号—该分区编号"。"分区号—该分区编号"采用阿拉伯数字或大写拉丁字母表示，如图 1-51 所示。

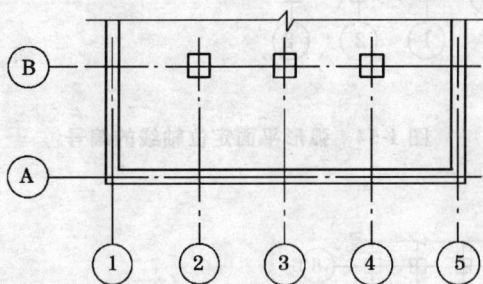

图 1-50　定位轴线的编号顺序

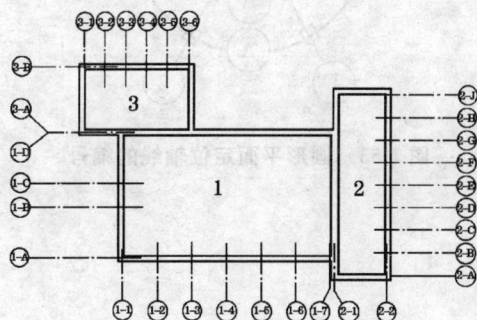

图 1-51　定位轴线的分区编号

附加定位轴线的编号，应以分数形式表示，并应符合下列规定：

　　(1)两根轴线的附加轴线，应以分母表示前一轴线的编号，分子表示附加轴线的编号。编号宜用阿拉伯数字顺序编写。

　　(2)1 号轴线或 A 号轴线之前的附加轴线的分母应以 01 或 0A 表示。

　　一个详图适用于几根轴线时，应同时注明各有关轴线的编号，如图 1-52 所示。

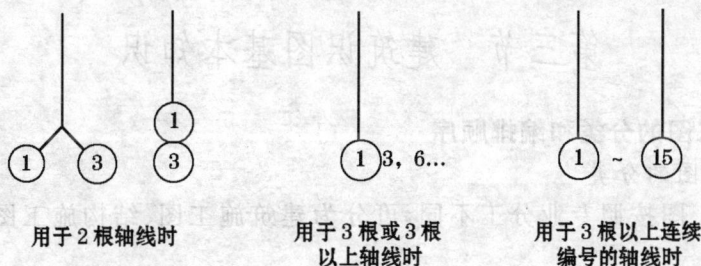

用于2根轴线时　　　　用于3根或3根　　　　用于3根以上连续
　　　　　　　　　　　以上轴线时　　　　　编号的轴线时

图 1-52　详图的轴线编号

通用详图中的定位轴线，应只画圆，不注写轴线编号。

圆形与弧形平面图中的定位轴线，其径向轴线应以角度进行定位，其编号宜用阿拉伯数字表示，从左下角或−90°(若径向轴线很密，角度间隔很小)开始，按逆时针顺序编写；其环向轴线宜用大写拉丁字母表示,从外向内顺序编写。圆形与弧形平面定位轴线如图 1-53、图 1-54 所示。折线形平面图中定位轴线的编号可按图 1-55 的形式编写。

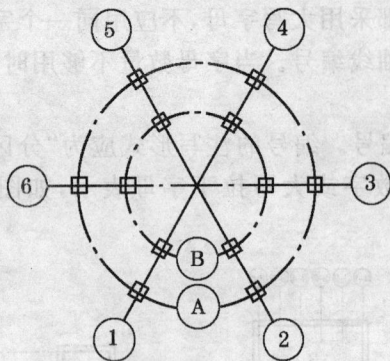

图 1-53　圆形平面定位轴线的编号

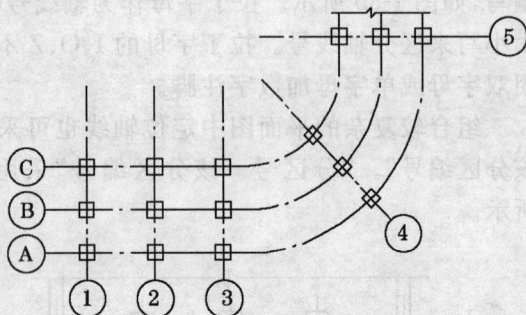

图 1-54　弧形平面定位轴线的编号

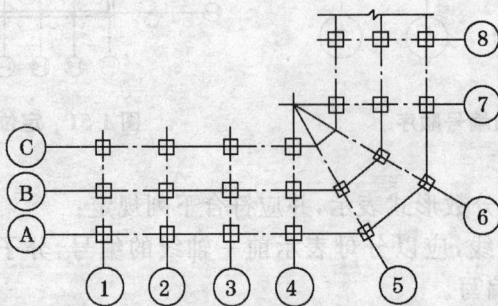

图 1-55　折线形平面定位轴线的编号

第三节　建筑识图基本知识

一、建筑施工图的分类和编排顺序

1. 建筑施工图的分类

建筑工程施工图按照专业分工不同,可分为建筑施工图、结构施工图和设备施工图三类。

(1)建筑施工图。建筑施工图包括建筑总平面图、各层平面图、各个立面图、必要的剖视图和建筑施工详图及其说明书等。

(2)结构施工图。结构施工图包括基础平面图、基础详图、结构平面图、楼梯结构图和结构构件详图及其说明书等。

(3)设备施工图。设备施工图包括给排水、采暖通风、电气照明等设备的平面布置图、系统图和施工详图及其说明书等。

2. 建筑施工图的编排顺序

编排建筑工程施工图的一般顺序是：首页图（包括图纸目录、施工总说明、汇总表等）、建筑施工图、结构施工图、给水排水施工图、采暖通风施工图、电气施工图等。如果以某专业工程为主体的工程，则应突出该专业的施工图而另外编排。

各专业的施工图，应按图样内容的主次系统地排列，例如：基本图在前、详图在后；总体图在前、局部图在后；主要部分在前、次要部分在后；布置图在前、构件图在后；先施工的图在前、后施工的图在后等。

二、建筑平面图的识读

1. 平面图的形成

假设用一个剖切平面在适当的高度将建筑物水平切开，移去剖切面以上的部分，然后用正投影的方法绘制出剖切平面以下的面的投影，就可以清楚地表现出内部的情况，这就是平面图，如图 1-56 所示。

平面图是建筑设计中最基本的图样之一，主要用于表达建筑物墙、柱的位置，大小和所围成的房间的平面布置情况。多层的建筑物每层都应有一个平面图，但对其中完全相同的层，可以用同一个平面图表示，称为标准层平面图。

2. 平面图的识读方法和步骤

识读建筑平面图应先了解该平面图的绘制比例及尺寸。平面图中的尺寸是根据其实际的尺寸大小以"mm"为单位进行标注的，所以，从平面图看到的尺寸即是该建筑的实际尺寸。

看平面图的尺寸时，通常先看其第二道尺寸（轴线尺寸），以确定各房间的开间、进深尺寸和墙、柱的位置；然后看第一道尺寸（细部尺寸），明确墙、柱的轮廓，门、窗等细部构造的形式和尺寸；最后看第三道尺寸，即房屋总的轴线长度。

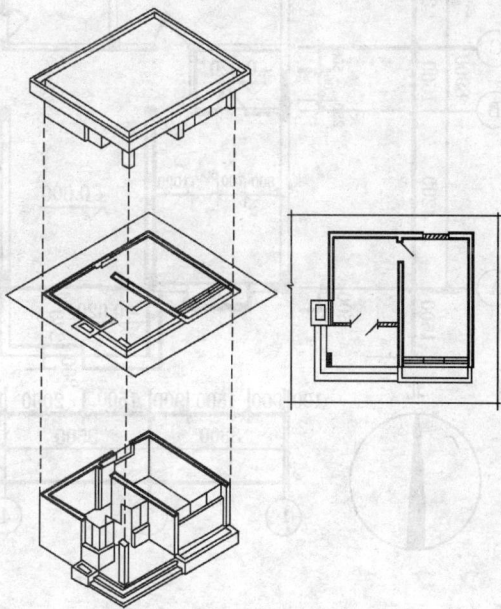

图 1-56　平面图的形成

在知道尺寸的大小后，还要结合线型的规定，认识各种线型在图中的表达内容。在平面图中被剖到的墙、柱轮廓线为粗实线，未剖到的墙、柱轮廓线为中粗实线或细实线。门、窗用细实线或中粗实线绘制，其平面形式应符合图例中的要求。楼梯、卫生设备、平台、散水、栏杆、花池等建筑细部未剖到时应用细实线绘制。

3. 识图举例

建筑平面图形式如图 1-57 所示。

①了解图名、比例及文字说明，一楼房的首层平面图，绘图比例为 1∶100。

②了解平面图的总长、总宽的尺寸,以及内部房间的功能关系、布置方式等,房屋的总长为 19400,总宽为 8900。

③了解纵横定位轴线及其编号;主要房间的开间、进深尺寸;墙(或柱)的平面布置,水平方向轴线编号为①～⑪,竖直方向轴线编号为Ⓐ～Ⓓ。

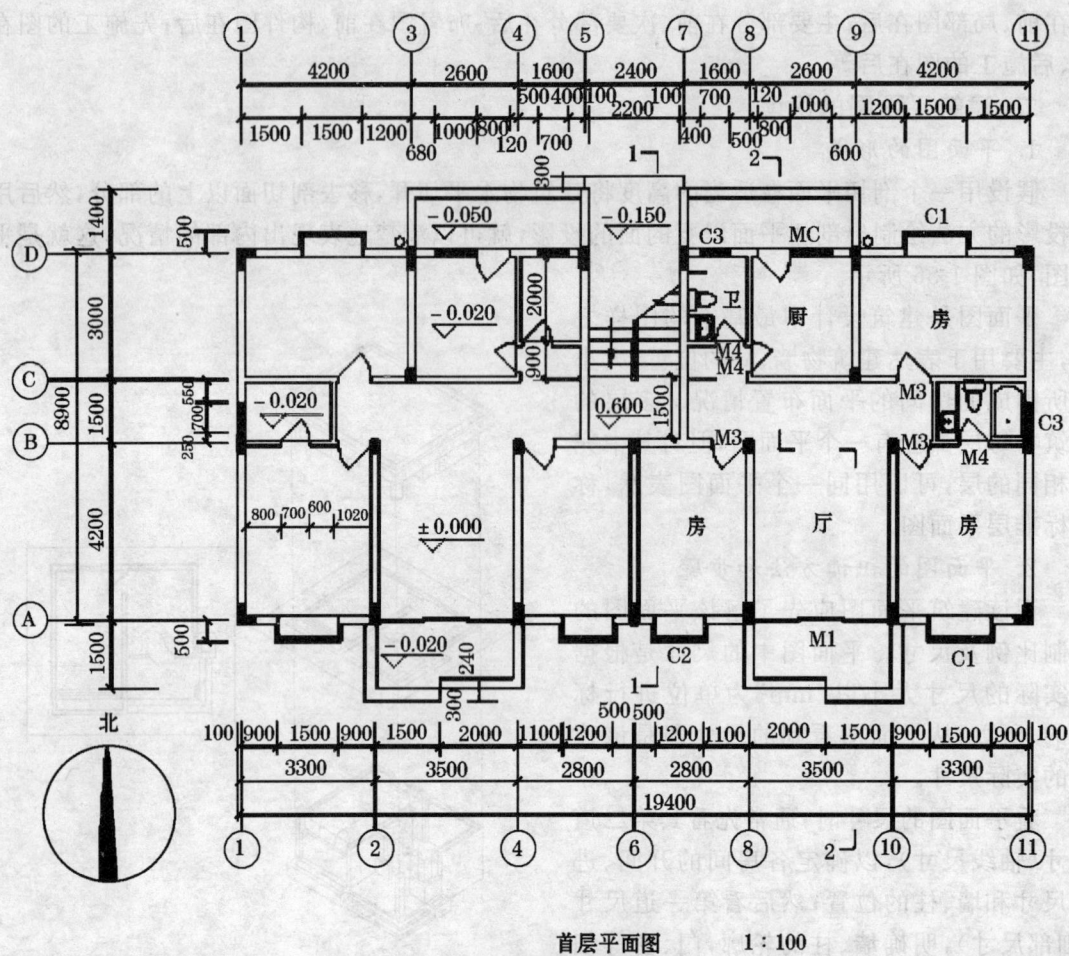

首层平面图　　　1:100

图 1-57　建筑平面图

④了解平面各部分的尺寸。

⑤了解门窗的布置、数量及型号。门的代号是 M,窗的代号是 C。在代号后面写上编号,同一编号表示同一类型的门窗。如 M1、C1。

⑥了解房屋室内设备配备等情况。

⑦了解房屋外部的设施,如雨水管、台阶等的位置及尺寸。

⑧了解房屋的朝向及剖面图的剖切位置、索引符号等,指北针尖端指向北方,有 1 和 2 两个剖切符号及编号。

⑨注出室内外的有关尺寸及室内楼、地面的标高,首层的室内地面标高为±0.000,南阳台地面标高为-0.020。

⑩表示电梯、楼梯位置及上下方向及主要尺寸,箭头表示上楼梯的方向。

三、建筑立面图的识读

1. 立面图的形成

以平行于房屋外墙面的投影面,用正投影的原理绘制的房屋投影图,就是房屋的立面图。房屋的立面有多个,而各个立面往往各不相同,因此,需要增设几个投影面以表现房屋的各个立面。一般房屋的立面图有四个,当然,根据具体的情况也可增加或减少。

立面图主要表现建筑物的外形和外墙面的装饰做法,是设计和施工必不可少的主要图样之一,特别是在建筑设计阶段,立面图可以充分表现建筑物的外观造型。图1-58所示是房屋四个方向投影形成的四个立面图示意,可帮助读者了解立面图的形成和绘制原理。

2. 立面图的识读方法和步骤

识读建筑立面图应同平面图结合起来,建筑立面图是在建筑平面图的基础上,根据其建筑物的层数,层高,门、窗的尺寸,屋顶的形式和造型要求得到的。建筑立面是平面的具体反映,因此,建筑立面图应建立在看懂建筑平面图的基础上。

建筑立面图有较强的形象性,因此,建筑立面图较平面图更为易懂;但是,识读立面图不应只看其外形和轮廓,还应对立面图中高度的尺寸标注、轴线的位置、装饰的标注与相应的位置及其各个部分所对应在平面图的位置等有全面准确的掌握。

建筑立面图的图名是根据平面图中的轴线位置情况编写的,如一幢建筑物有四个立面时,其图名为①～⑩立面图,则此立面图为正立面图;⑩～①立面图,则此立面图为背立面图;Ⓐ～⑩立面图和

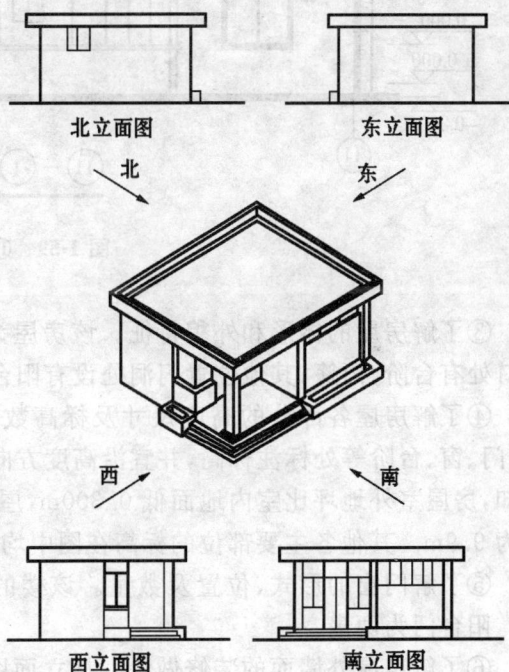

图1-58　立面图的形成

⑩～Ⓐ立面图为侧立面图(编号中n代表任意数字和字母)。

立面图也是由一定的比例绘制的,识读绘制比例的方法和要注意的问题与识读建筑平面图相同,此处不再阐述。

3. 识图举例

建筑立面图的形式如图1-59所示。

①了解图名及比例。从图名或轴线的编号可知,结合图1-57和图1-59知道,该图是表示房屋北面的立面图(⑪-①立面图),比例1:100。

　　②了解立面图与平面图的对应关系。对照图 1-57 中房屋首层平面图上的指北针或定位轴线编号,可知北立面图的左端轴线编号为⑪,右端轴线编号为①,与建筑平面图(图 1-57)相对应。

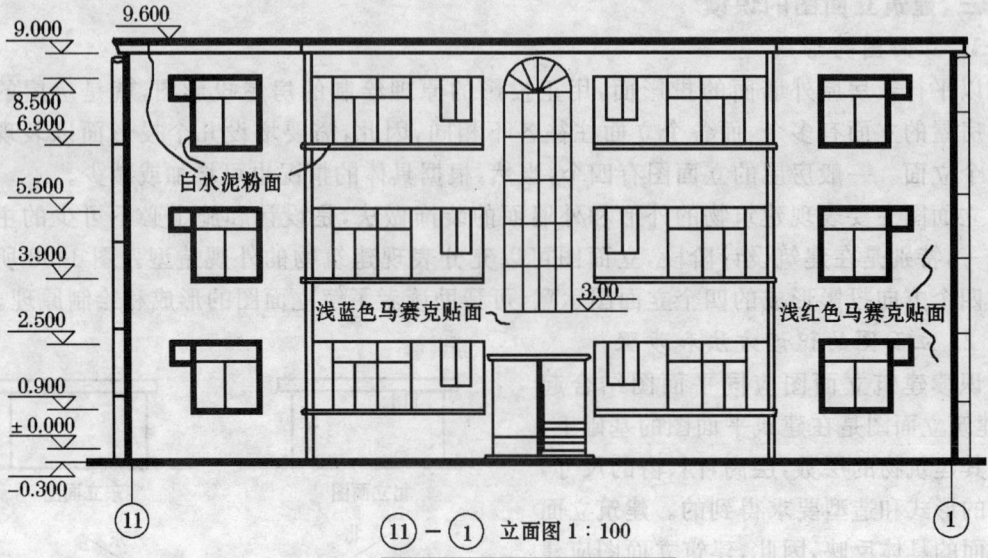

图 1-59　⑪-①立面图

　　③了解房屋的体形和外貌特征。该房屋为三层,立面造型对称布置,局部为斜坡屋顶。入口处有台阶、雨篷;其他位置门洞处设有阳台;墙面设有雨水管。

　　④了解房屋各部分的高度尺寸及标高数值。立面图上一般应在室内外地坪、阳台、檐口、门、窗、台阶等处标注标高,并宜沿高度方向注写某些部位的高度尺寸。从图中所注标高可知,房屋室外地坪比室内地面低 0.300m,屋顶标高 9.6m,由此可推算出房屋外墙的总高度为 9.9m。其他各主要部位的标高在图中均已注出。

　　⑤了解门窗的形式、位置及数量。该楼的窗户均为塑钢双扇推拉窗,并预留空调安装孔。阳台门为两扇。

　　⑥了解房屋外墙面的装修做法。从立面图文字说明可知,外墙面为浅蓝色马赛克贴面和浅红色马赛克贴面;屋顶所有檐边、阳台边、窗台线条均刷白水泥粉面。

四、建筑剖面图的识读

1. 剖面图的形成

　　设想用一个铅垂切面将建筑垂直切开,并以该铅垂切平面为投影面,以正投影的方法绘制的切开面的投影图,称为建筑剖面图。剖面图可以表达房屋内部的高度和剖切位置长度等方面的情况,如层数,层高,门、窗的位置等,其形成如图 1-60 所示。

2. 剖面图的识读方法和步骤

　　识读建筑剖面图应首先根据平面图中的剖切位置和与之对应的立面图,观察被剖切处的墙体和其他构造在平面图和立面图中的做法和尺寸,即把平面和立面统一起来看。然后对该建筑剖面图中所反映的建筑物层数,各层层高,墙体厚度和位置,门、窗的高度,楼梯长度,平台标高,屋顶形式,室内外高差,按地面的构造、阳台、雨篷的设置位置和尺寸等全面识读。

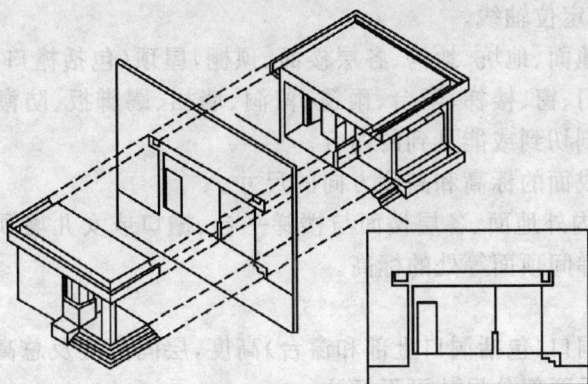

图1-60 剖面图的形成

一幢建筑的剖面图数量是根据建筑物的复杂程度确定的,有时仅须画一个,有时须画很多个,直到将建筑表示清楚为止。

3. 识图举例

建筑剖面图的形式如图1-61所示。

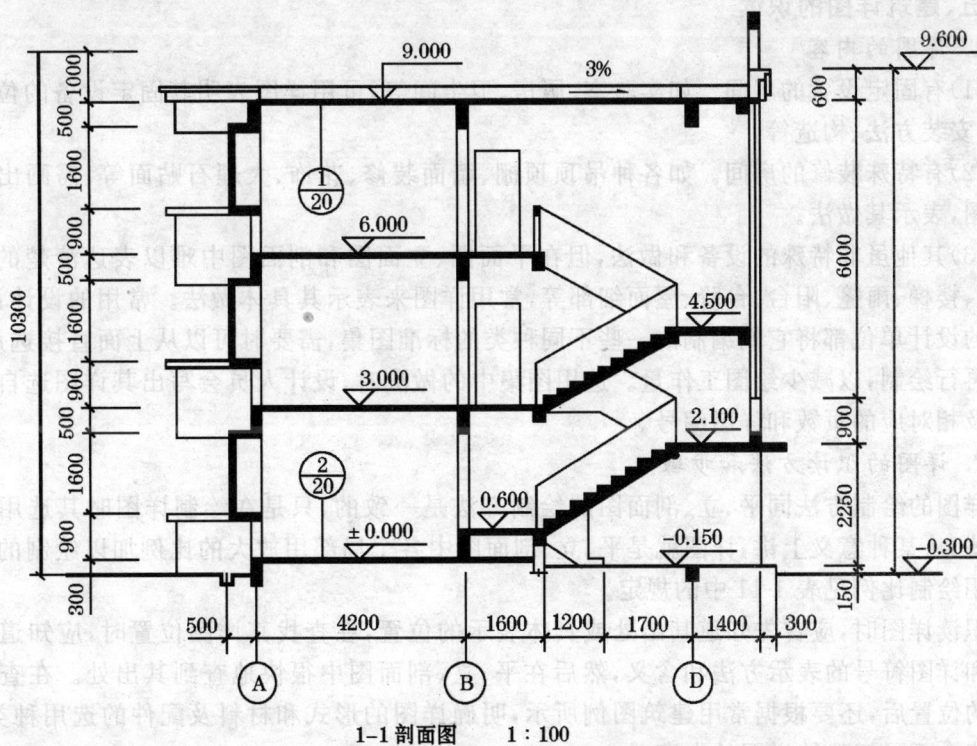

1—1剖面图 1:100

图1-61 建筑剖面图

①了解图名及比例。从图名可知,结合图 1-57 和图 1-61 知道,该图是表示房屋 1-1 的剖面图,绘图比例为 1:100。

②表示墙、柱及其定位轴线。

③表示室内底层地面、地坑、地沟、各层楼面、顶棚,屋顶(包括檐口、女儿墙、隔热层或保温层、天窗、烟囱等)、门、窗、楼梯、阳台、雨篷、留洞、墙裙、踢脚扳、防潮层、室外地面、散水、排水沟及其他装修等剖切到或能见到的内容。

④标出各部位完成面的标高和高度方向的尺寸。

a. 标高内容。室内外地面、各层楼面与楼梯平台、檐口或女儿墙顶面、高出屋面的烟囱顶面、楼梯间顶面、电梯间顶面等处的标高。

b. 高度尺寸内容。

外部尺寸:门、窗洞口(包括洞口上部和窗台)高度,层间高度及总高度(室外地面至檐口或女儿墙顶)。有时,后两部分尺寸可不标注。

内部尺寸:地坑深度和隔断、搁板、平台、墙裙及室内门、窗等的高度。

注写标高及尺寸时,注意与立面图和平面图相一致。

⑤表示楼、地面各层构造。一般可用引出线说明。引出线指向所说明的部位,并按其构造的层次顺序,逐层加以文字说明。若另画有详图,或已有"构造说明一览表"时,在剖面图中可用索引符号引出说明(如果是后者,习惯上这时可不作任何标注)。

⑥表示需画详图之处的索引符号。

五、建筑详图的识读

1. 详图的内容

(1)有固定设备的房间。如实验室、厨房、卫生间等,可用详图表明其固定设备的位置和尺寸、安装方法、构造等。

(2)有特殊装修的房间。如各种吊顶顶棚、墙面装修、花饰、大理石贴面等,需画出其构造详图,表示其做法。

(3)其他虽非特殊的设备和做法,但在平面图、立面图和剖面图中难以表达清楚的。如门、窗、楼梯、雨篷、阳台、台阶、屋面细部等,常用详图来表示其具体做法。常用的设计详图,通常的设计单位都将它们编制成一些不同种类的标准图集,需要时可以从上面直接选用,而不必再行绘制,以减少绘图工作量。选用图集中的做法时,设计人员会写出其详图选自什么图集及相对应的页数和详图编号。

2. 详图的识读方法和步骤

详图的绘制方法同平、立、剖面图的绘制方法是一致的,只是在绘制详图时其选用比例要大些,从某种意义上讲,详图就是平、立、剖面图中各个局部用放大的比例加以绘制的。详图常用绘制比例见表 1-11 中的规定。

识读详图时,应首先知道其出处或具体表示的位置,在查找其详图位置时,应知道索引符号和详图符号的表示方法和含义,然后在平、立、剖面图中很快地查到其出处。在查找到详图的位置后,还要根据常用建筑图例所示,明确详图的形式和材料及配件的选用种类,这样才能全面了解建筑详图的内容。

3. 识图举例

(1)楼梯平面图识读。现以图 1-62 住宅楼梯平面图说明楼梯平面图的读图方法。

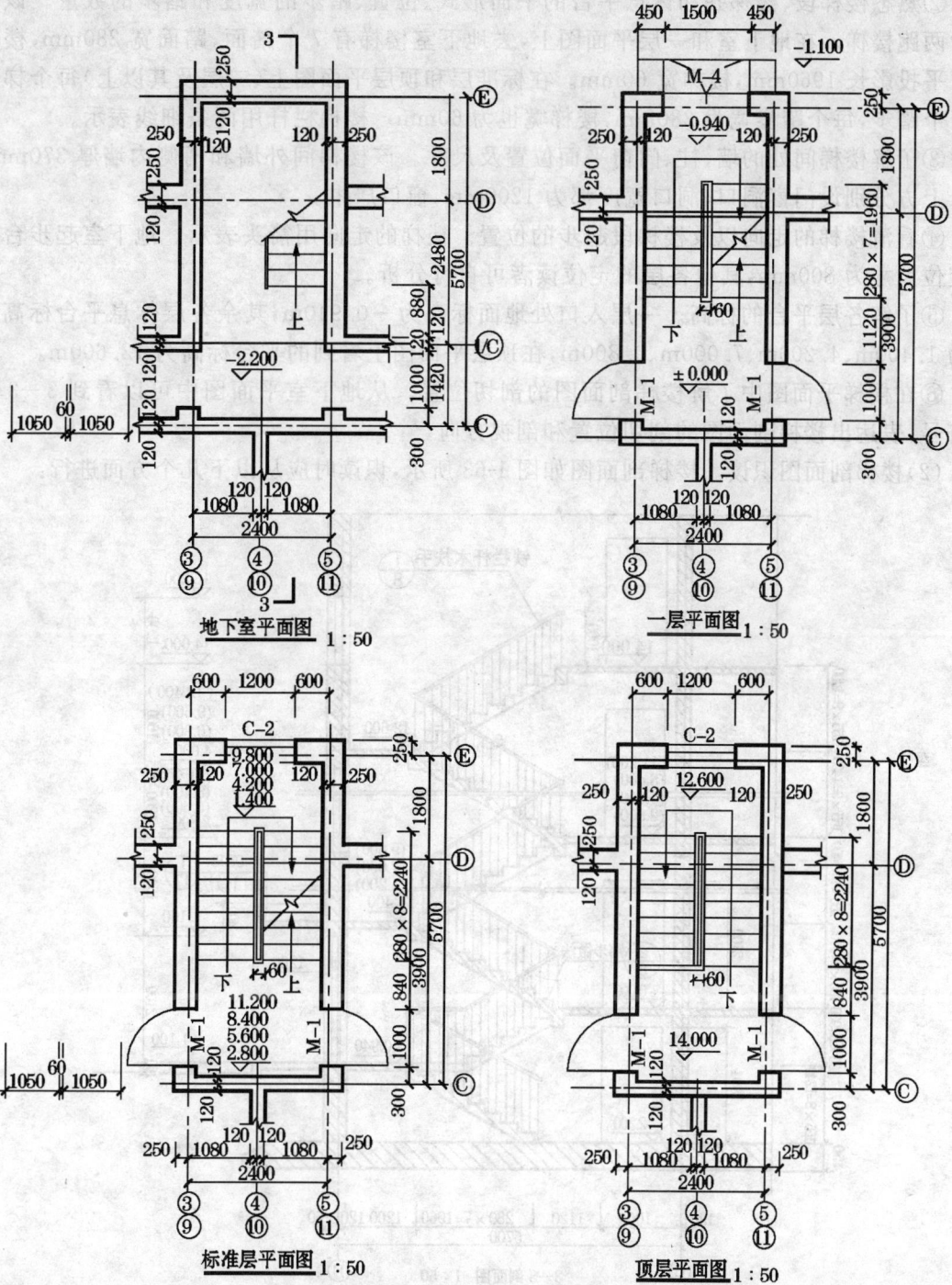

图 1-62　楼梯平面图

①了解楼梯或楼梯间在房屋中的平面位置。如图可知该住宅楼的两部楼梯分别位于横轴③～⑤与⑨～⑩范围内以及纵轴Ⓒ～Ⓔ区域中。

②熟悉楼梯段、楼梯井和休息平台的平面形式、位置、踏步的宽度和踏步的数量。该楼梯为两跑楼梯。在地下室和一层平面图上,去地下室楼梯有 7 个踏面,踏面宽 280mm,楼梯段水平投影长 1960mm,楼梯宽 60mm。在标准层和顶层平面图上(二层及其以上)每个梯段有 8 个踏步,每个踏步宽为 280mm,楼梯宽也为 60mm。楼梯栏杆用两条细线表示。

③了解楼梯间处的墙、柱、门窗平面位置及尺寸。该楼梯间外墙和两侧内墙厚 370mm,平台上方分别设门窗洞口,洞口宽度都为 1200mm,窗口居中。

④看清楼梯的走向以及楼梯段起步的位置。楼梯的走向用箭头表示。地下室起步台阶的定位尺寸为 800mm,其他各层的定位读者可自行分析。

⑤了解各层平台的标高。一层入口处地面标高为 -0.940m,其余各层休息平台标高分别为 1.400m、4.200m、7.000m、9.800m,在顶层平面图上看到的平台标高为 12.600m。

⑥在楼梯平面图中了解楼梯剖面图的剖切位置。从地下室平面图中可以看到 3—3 剖切符号,表达出楼梯剖面图的剖切位置和剖视方向。

(2)楼梯剖面图识读。楼梯剖面图如图 1-63 所示,识读时应从以下几个方面进行:

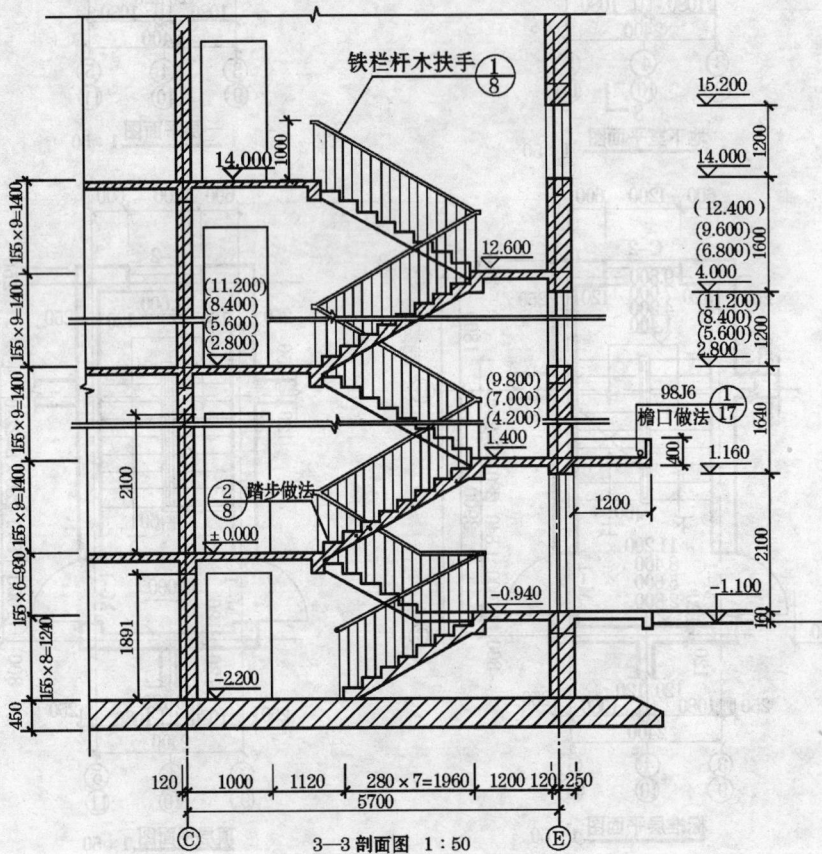

图 1-63　楼梯剖面图

①了解楼梯的构造形式。从图中可以看出该楼梯为板式楼梯,并为双跑式。

②熟悉楼梯在竖向和进深方向的有关标高、尺寸和详图索引符号。该楼梯间层高 2.800m,进深 5.700m。在图中扶手上有一索引符号,选自 98J8 中的栏杆、扶手做法。

③了解楼梯段、平台、栏杆、扶手等相互间的连接构造。该楼梯为现浇钢筋混凝土板式楼梯,梯段板放在平台梁上,平台梁将力传至楼梯间横墙上。栏杆、扶手构造在节点详图中表示。

④明确踏步的宽度、高度及栏杆的高度。每个梯段的竖向尺寸常采用乘积的形式来表达,如"155×8＝1240"表示地下室梯段的踏步高 155mm、踏步个数为 8、梯段垂直高为 1240mm。楼梯栏杆高为 1000mm。

第四节　常用建筑材料及构配件图例

建筑施工图中,常用很多规定的图线来表示建筑配件和材料等。它具有一定的形象性,使人一看就能明白其所代表的东西,这就是建筑图例。

建筑图例的种类很多,这里仅介绍砌筑及混凝土工程常用的一部分建筑材料、构配件图例,在看施工图时,能知道它们所代表的含义,做到正确施工。常用的图例见表 1-12 和表1-13。

一、常用建筑材料图例

表 1-12　常用建筑材料图例　(摘自 GB/T 50001—2010)

序号	名称	图　例	备　注
1	自然土壤		包括各种自然土壤
2	夯实土壤	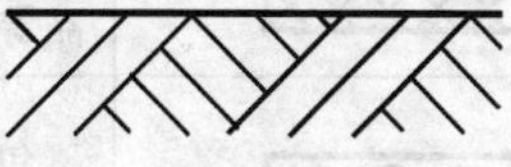	—
3	砂、灰土	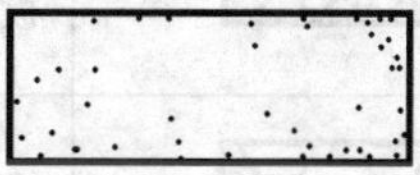	—
4	砂砾石、碎砖三合土	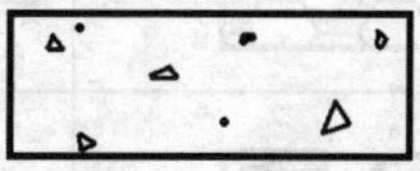	—
5	石材	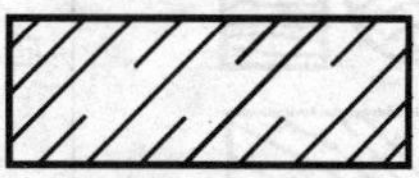	—
6	毛石		

续表 1-12

序号	名称	图例	备注
7	普通砖	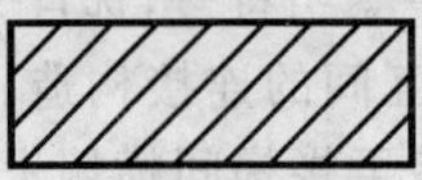	包括实心砖、多孔砖、砌块等砌体。断面较窄不易绘出图例线时,可涂红,并在图纸备注中加注说明,画出该材料图例
8	耐火砖		包括耐酸砖等砌体
9	空心砖	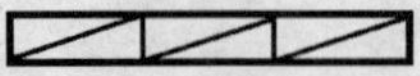	指非承重砖砌体
10	饰面砖		包括铺地砖、马赛克、陶瓷锦砖、人造大理石等
11	焦渣、矿渣	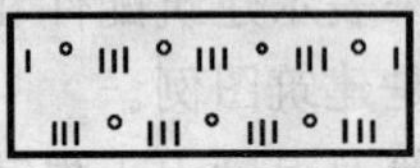	包括与水泥、石灰等混合而成的材料
12	混凝土	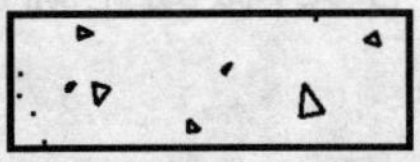	(1)本图例指能承重的混凝土及钢筋混凝土 (2)包括各种强度等级、骨料、添加剂的混凝土 (3)在剖面图上画出钢筋时,不画图例线 (4)断面图形小,不易画出图线时,可涂黑
13	钢筋混凝土		
14	多孔材料		包括水泥珍珠岩、沥青珍珠岩、泡沫混凝土、非承重加气混凝土、软木、蛭石制品等
15	纤维材料	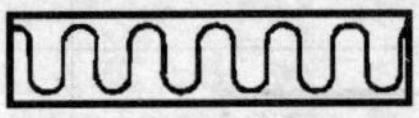	包括矿棉、岩棉、玻璃棉、麻丝、木丝板、纤维板等
16	泡沫塑料材料	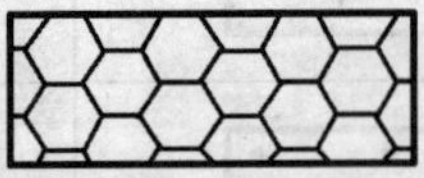	包括聚苯乙烯、聚乙烯、聚氨酯等多孔聚合物类材料
17	木材		(1)上图为横断面,左上图为垫木、木砖或木龙骨 (2)下图为纵断面
18	胶合板	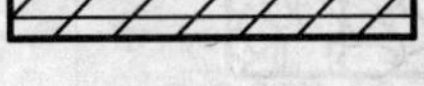	应注明为×层胶合板

续表 1-12

序号	名称	图 例	备 注
19	石膏板	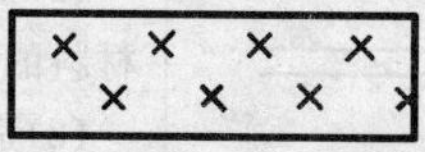	包括圆孔、方孔石膏板,防水石膏板,硅钙板,防火板等
20	金属	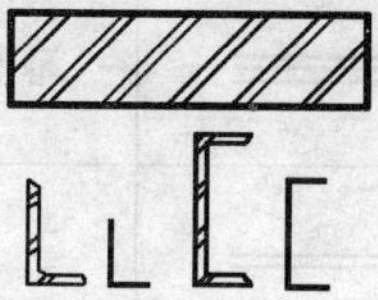	(1)包括各种金属 (2)图形小时,可涂黑
21	网状材料		(1)包括金属、塑料网状材料 (2)应注明具体材料名称
22	液体	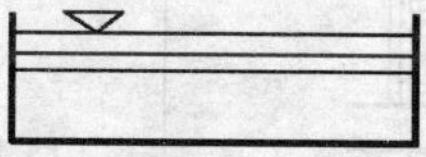	应注明具体液体名称
23	玻璃		包括平板玻璃、磨砂玻璃、夹丝玻璃、钢化玻璃、中空玻璃、夹层玻璃、镀膜玻璃等
24	橡胶		—
25	塑料		包括各种软、硬塑料及有机玻璃等
26	防水材料		构造层次多或比例大时,采用上图例
27	粉刷		本图例采用较稀的点

注:序号 1、2、5、7、8、13、14、16、17、18 图例中的斜线、短斜线、交叉斜线等均为 45°。

二、构造及配件图例

表 1-13　构造及配件图例(摘自 GB/T 50104—2010)

序号	名称	图 例	备 注
1	墙体	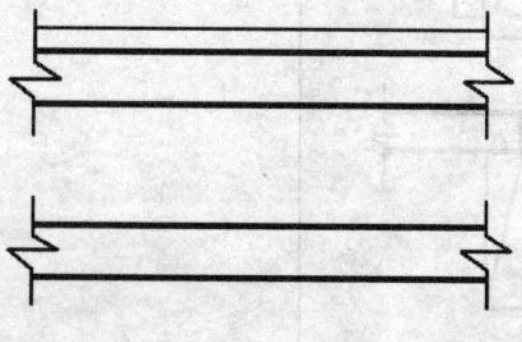	(1)上图为外墙,下图为内墙 (2)外墙细线表示有保温层或有幕墙 (3)应加注文字、涂色或图案填充表示各种材料的墙体 (4)在各层平面图中防火墙宜着重以特殊图案填充表示

续表 1-13

序号	名称	图 例	备 注
2	隔断		(1)加注文字或涂色或图案填充表示各种材料的轻质隔断 (2)适用于到顶与不到顶隔断
3	玻璃幕墙		幕墙龙骨是否表示由项目设计决定
4	栏杆		—
5	楼梯	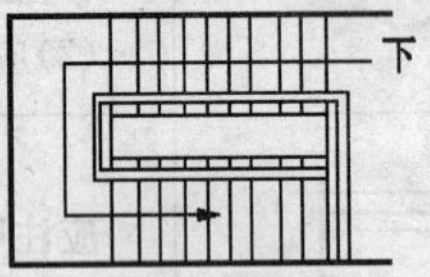 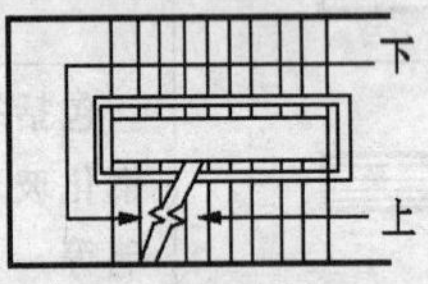 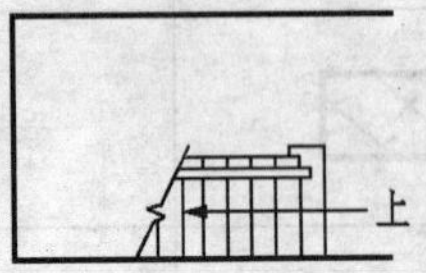	(1)上图为顶层楼梯平面,中图为中间层楼梯平面,下图为底层楼梯平面 (2)需设置靠墙扶手或中间扶手时,应在图中标示
6	坡道	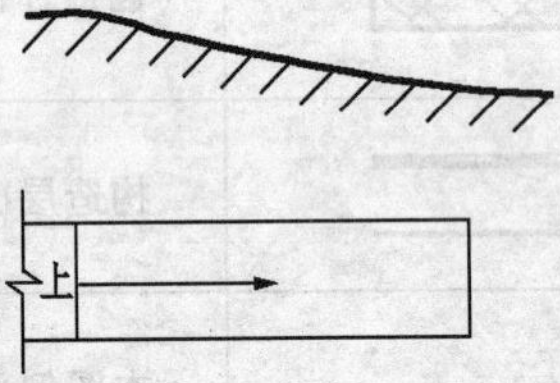	长坡道
		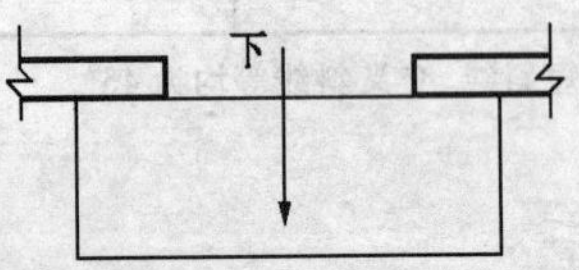 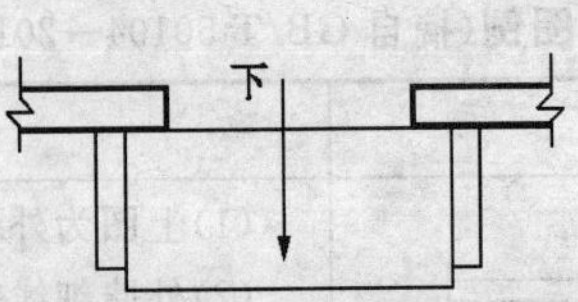 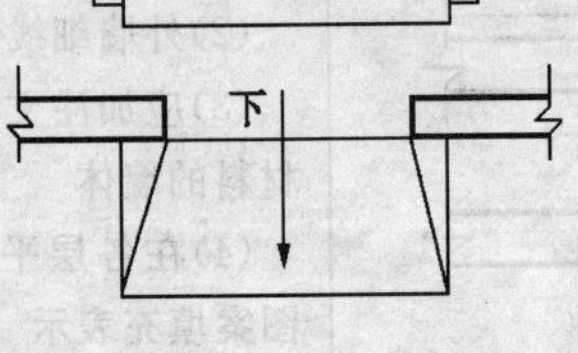	上图为两侧垂直的门口坡道,中图为有挡墙的门口坡道,下图为两侧找坡的门口坡道

续表 1-13

序号	名称	图 例	备 注
7	台阶	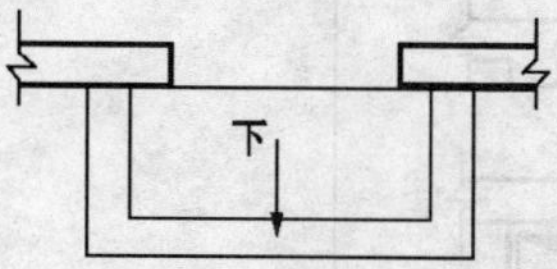	—
8	平面高差	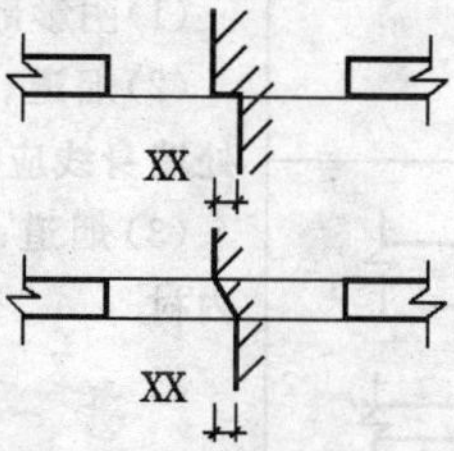	用于高差小的地面或楼面交接处,并应与门的开启方向协调
9	检查口		左图为可见检查口,右图为不可见检查口
10	孔洞		阴影部分亦可填充灰度或涂色代替
11	坑槽		—
12	墙预留洞、槽	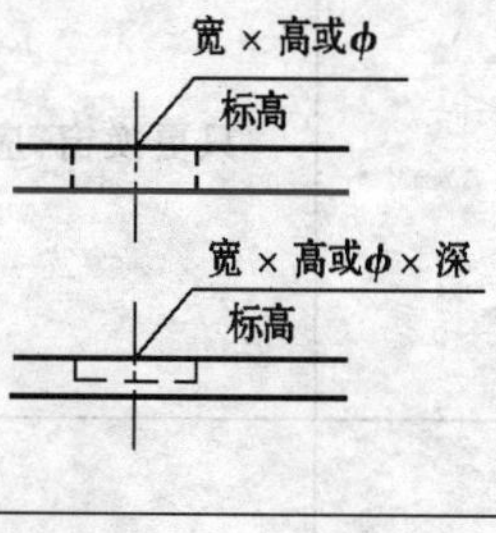	(1)上图为预留洞,下图为预留槽 (2)平面以洞(槽)中心定位 (3)标高以洞(槽)底或中心定位 (4)宜以涂色区别墙体和预留洞(槽)
13	地沟		上图为有盖板地沟,下图为无盖板明沟

续表 1-13

序号	名称	图例	备注
14	烟道	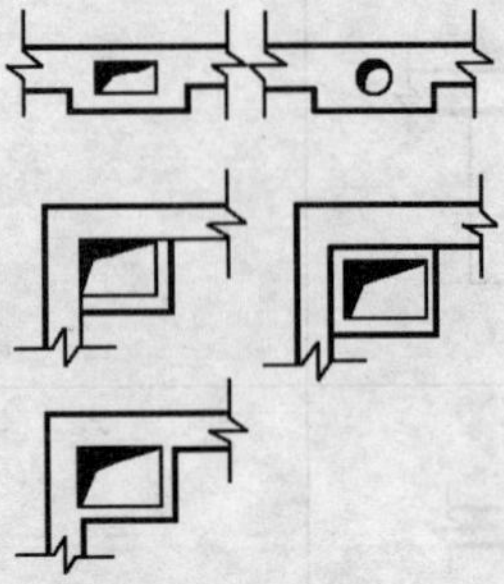	(1)阴影部分亦可填充灰度或涂色代替 (2)烟道、风道与墙体为相同材料,其相接处墙身线应连通 (3)烟道、风道根据需要增加不同材料的内衬
15	风道	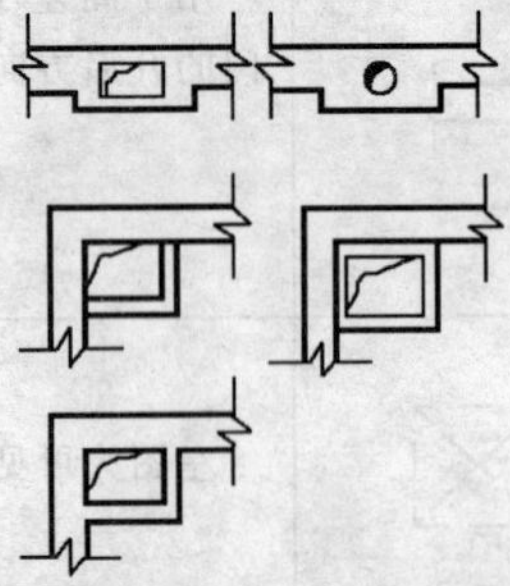	
16	新建的墙和窗	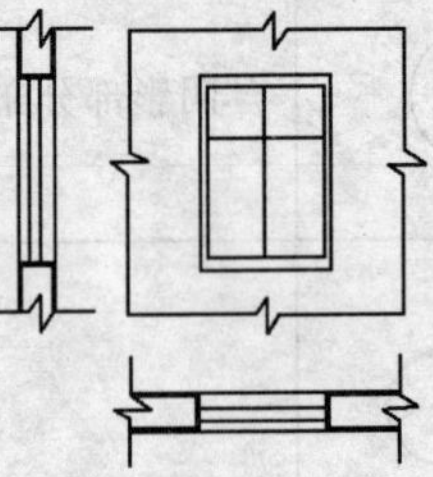	—
17	改建时保留的墙和窗	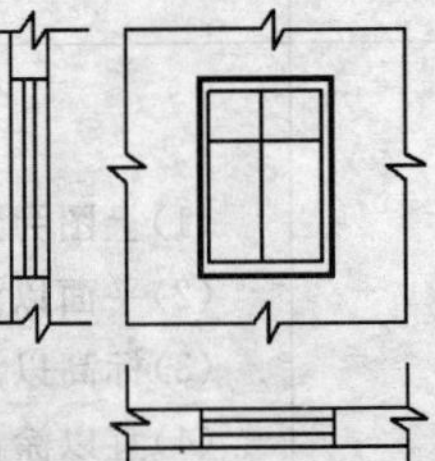	只更换窗,应加粗窗的轮廓线
18	拆除的墙	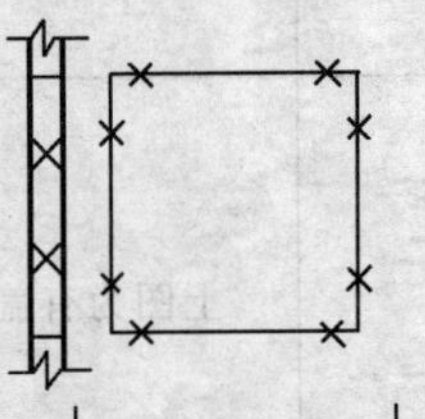	—

续表 1-13

序号	名称	图　例	备　注
19	改建时在原有墙或楼板新开的洞	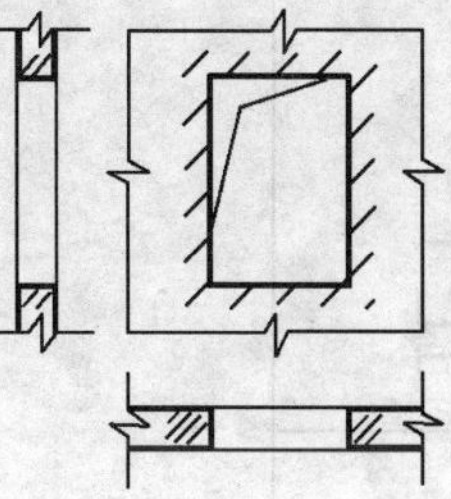	—
20	在原有墙或楼板洞旁扩大的洞	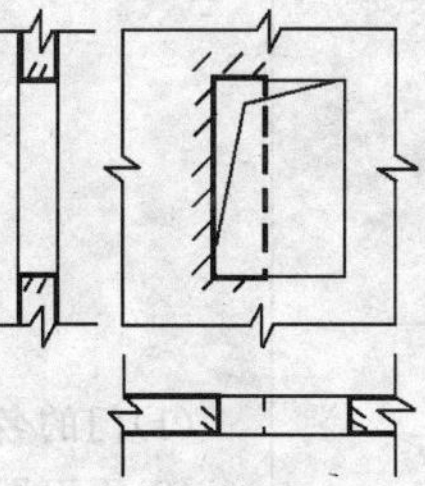	图示为洞口向左边扩大
21	在原有墙或楼板上全部填塞的洞	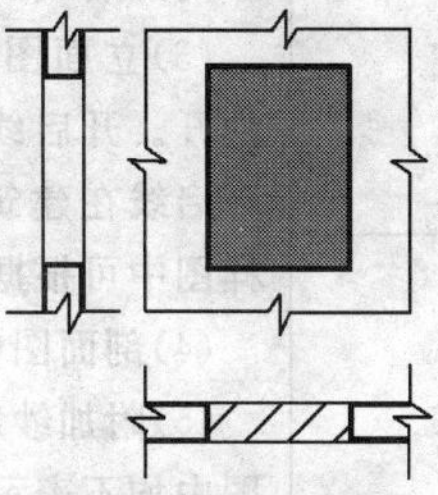	全部填塞的洞 图中立面填充灰度或涂色
22	在原有墙或楼板上局部填塞的洞	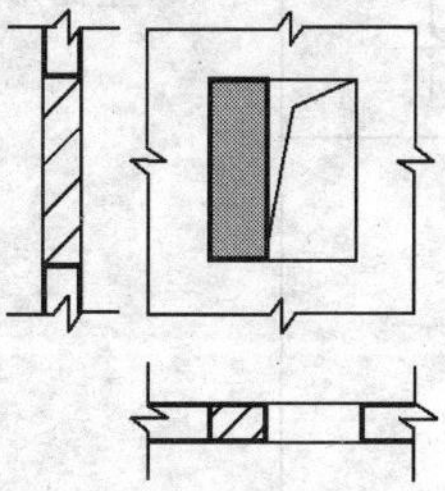	左侧为局部填塞的洞 图中立面填充灰度或涂色
23	空门洞	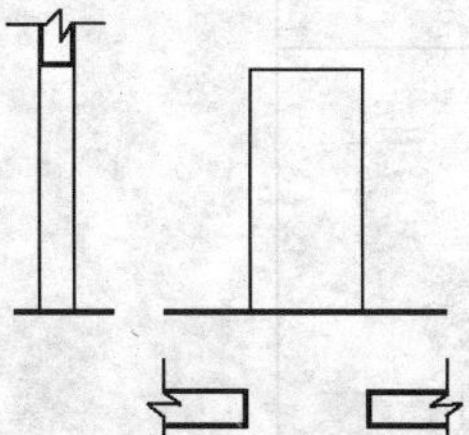 $h=$	h 为门洞高度

续表 1-13

序号	名称	图　例	备　注
24	单面开启单扇门(包括平开或单面弹簧)		
	双面开启单扇门(包括双面平开或双面弹簧)		
	双层单扇平开门		(1)门的名称代号用 M 表示 (2)平面图中,下为外,上为内 门开启线为 90°、60°或 45°,开启弧线宜绘出 (3)立面图中,开启线实线为外开,虚线为内开。开启线交角的一侧为安装合页一侧。开启线在建筑立面图中可不表示,在立面大样图中可根据需要绘出 (4)剖面图中,左为外,右为内 (5)附加纱扇应以文字说明,在平、立、剖面图中均不表示 (6)立面形式应按实际情况绘制
25	单面开启双扇门(包括平开或单面弹簧)		
	双面开启双扇门(包括双面平开或双面弹簧)		
	双层双扇平开门		

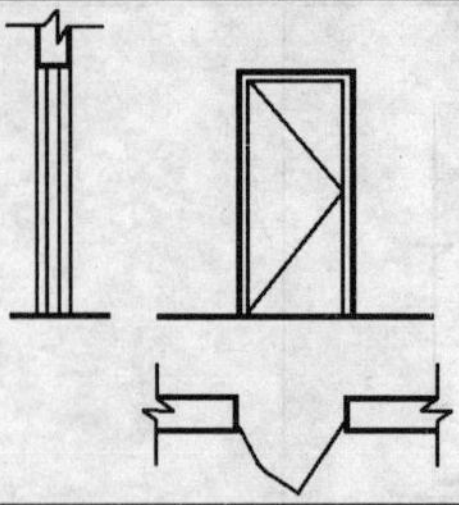

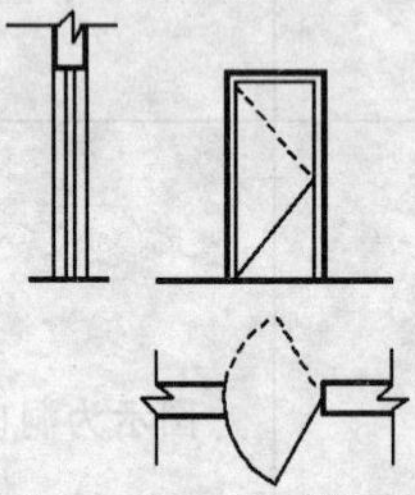

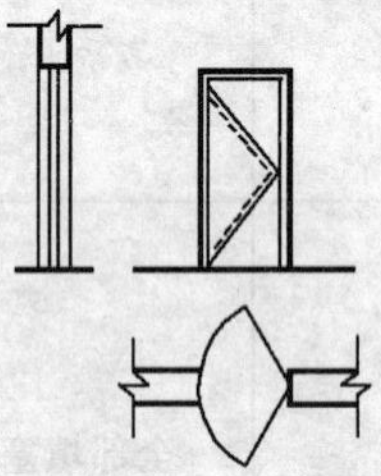

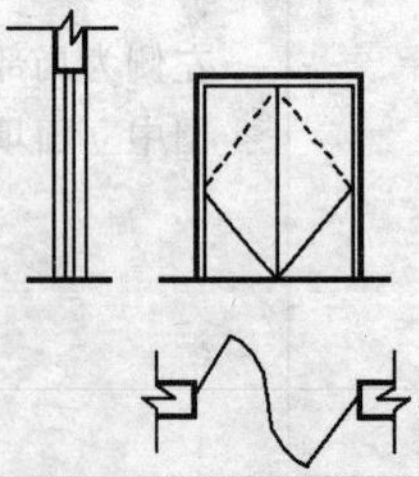

续表 1-13

序号	名称	图 例	备 注
26	折叠门	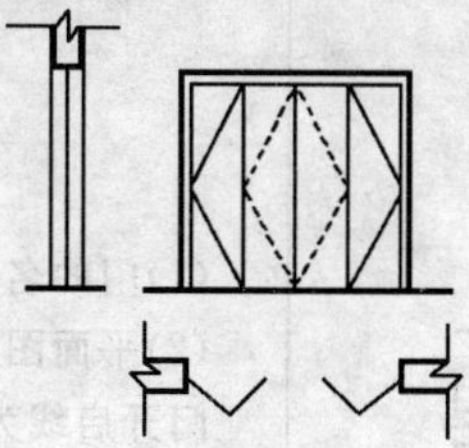	(1)门的名称代号用 M 表示 (2)平面图中,下为外上为内 (3)立面图中,开启线实线为外开,虚线为内开。开启线交角的一侧为安装合页一侧 (4)剖面图中,左为外,右为内 (5)立面形式应按实际情况绘制
	推拉折叠门	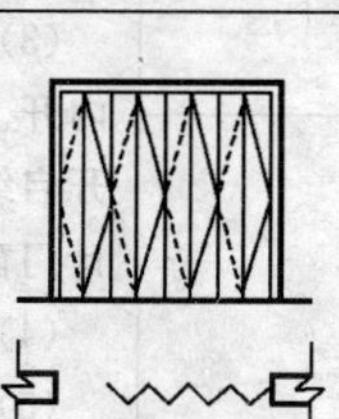	
27	墙洞外单扇推拉门	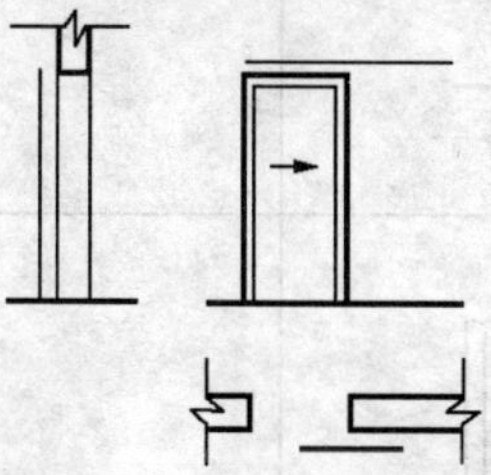	(1)门的名称代号用 M 表示 (2)平面图中,下为外,上为内 (3)剖面图中,左为外,右为内 (4)立面形式应按实际情况绘制
	墙洞外双扇推拉门	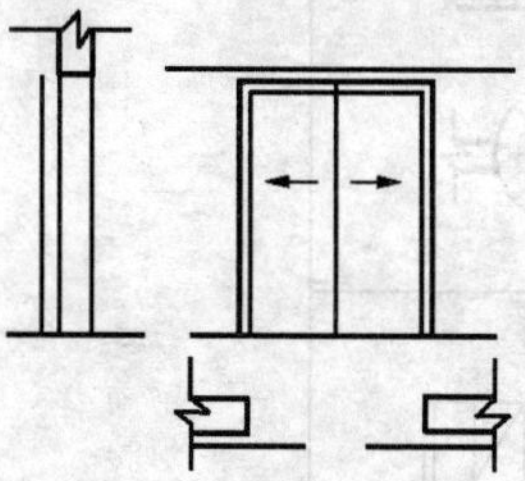	
	墙中单扇推拉门	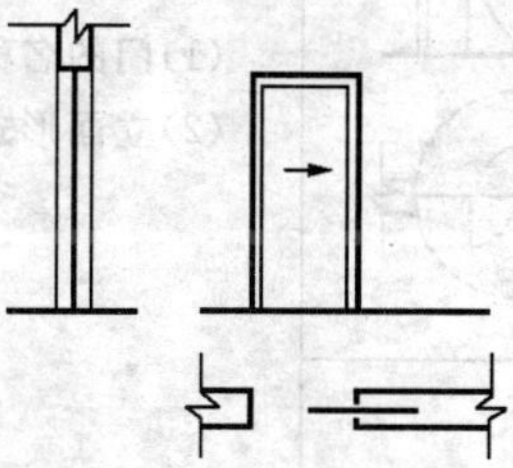	(1)门的名称代号用 M 表示 (2)立面形式应按实际情况绘制
	墙中双扇推拉门	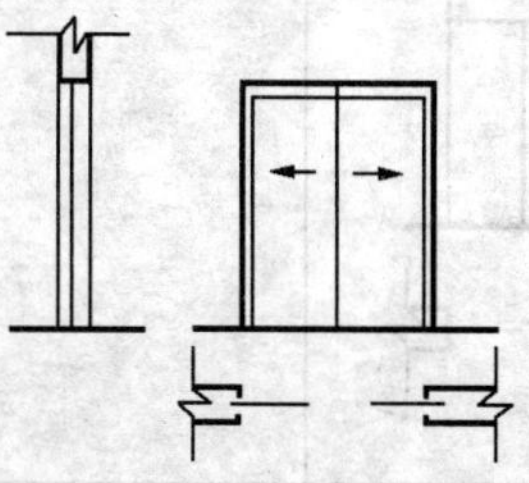	

续表 1-13

序号	名称	图　例	备　注
28	推杠门	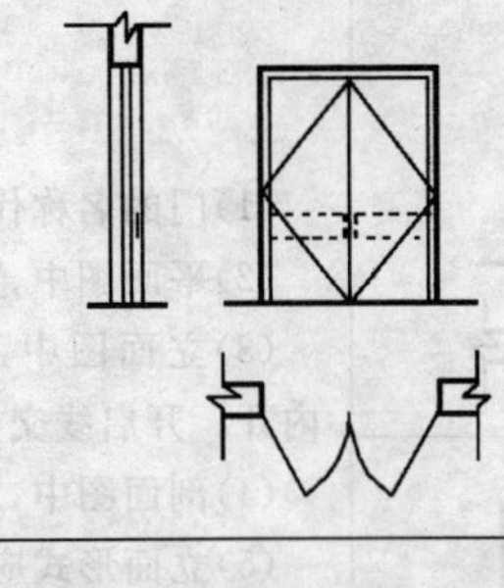	(1)门的名称代号用 M 表示 (2)平面图中,下为外,上为内 门开启线为 90°、60°或 45° (3)立面图中,开启线实线为外开,虚线为内开。开启线交角的一侧为安装合页一侧。开启线在建筑立面图中可不表示,在室内设计门窗立面大样图中需绘出 (4)剖面图中,左为外,右为内 (5)立面形式应按实际情况绘制
29	门连窗	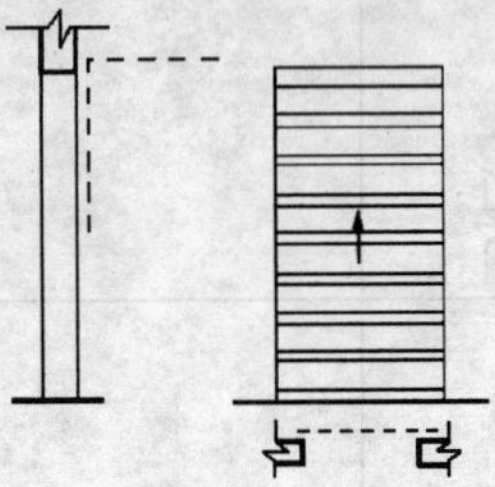	
30	旋转门	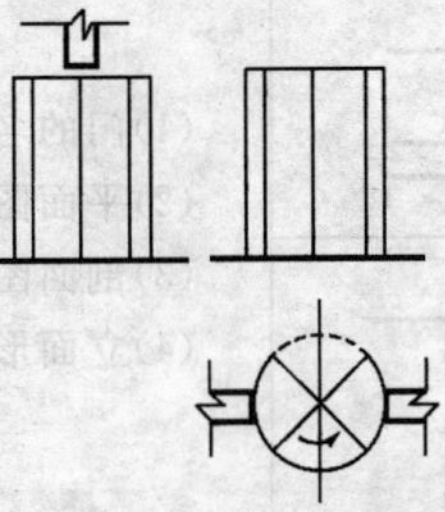	
	两翼智能旋转门	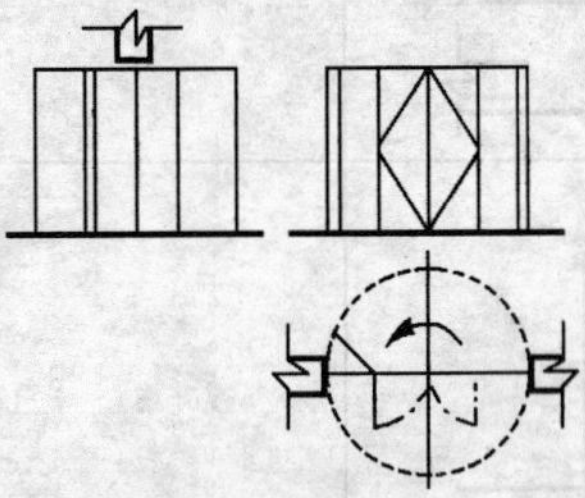	(1)门的名称代号用 M 表示 (2)立面形式应按实际情况绘制
31	自动门	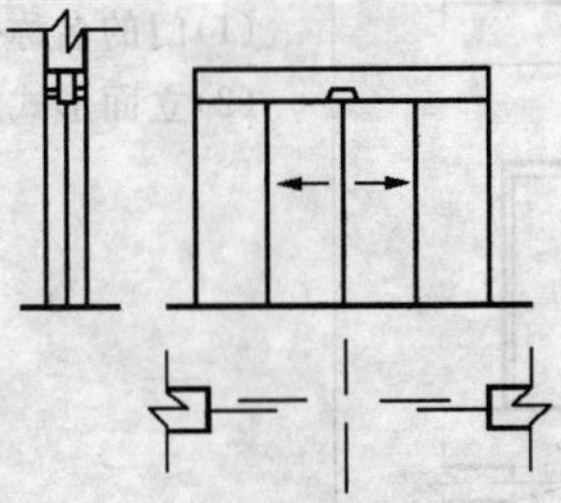	

续表 1-13

序号	名称	图 例	备 注
32	折叠上翻门	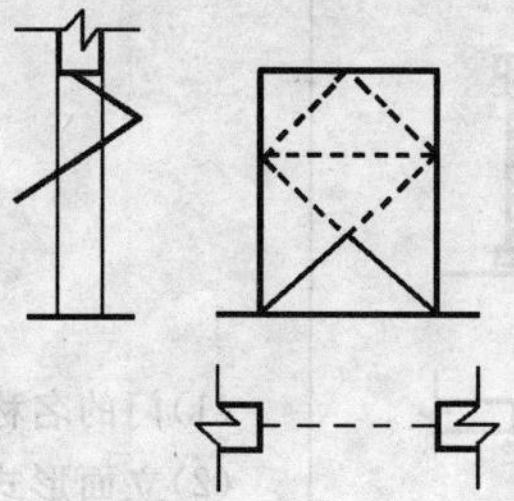	(1)门的名称代号用 M 表示 (2)平面图中,下为外,上为内 (3)剖面图中,左为外,右为内 (4)立面形式应按实际情况绘制
33	提升门	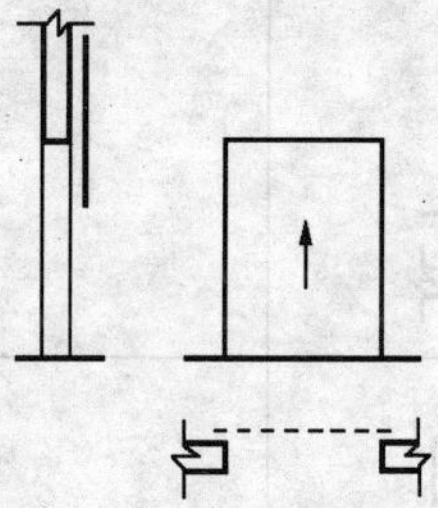	(1)门的名称代号用 M 表示 (2)立面形式应按实际情况绘制
34	分节提升门	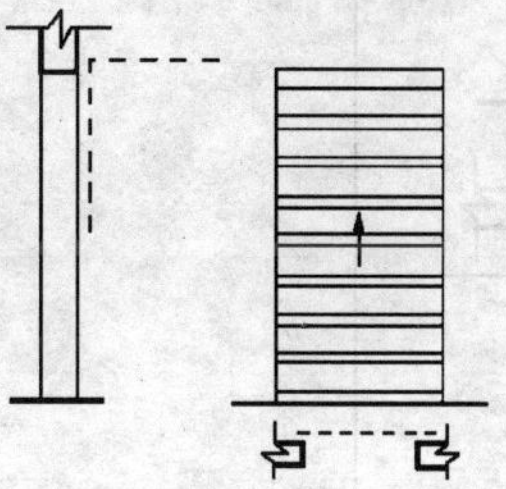	
35	人防单扇防护密闭门	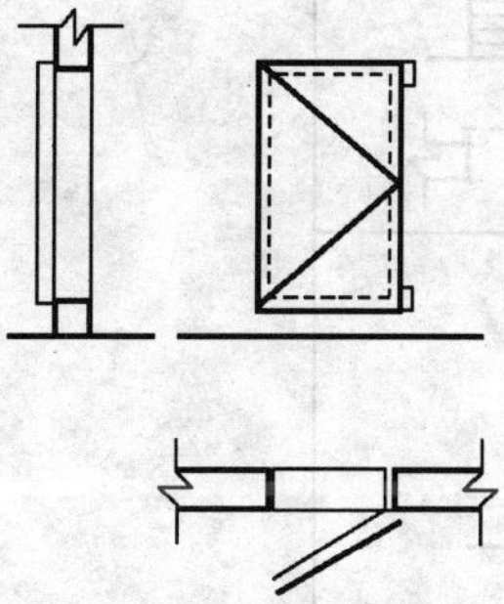	(1)门的名称代号按人防要求表示 (2)立面形式应按实际情况绘制
	人防单扇密闭门	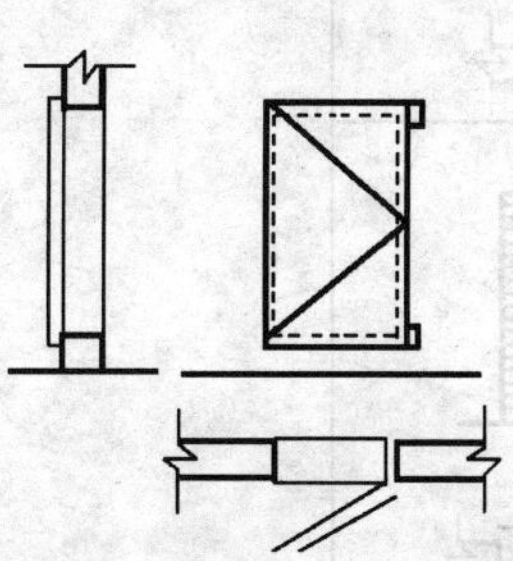	

续表 1-13

序号	名称	图　例	备　注
36	人防双扇防护密闭门	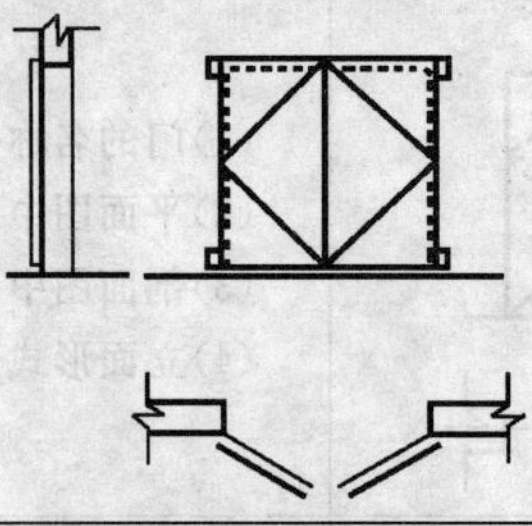	(1)门的名称代号按人防要求表示 (2)立面形式应按实际情况绘制
	人防双扇密闭门	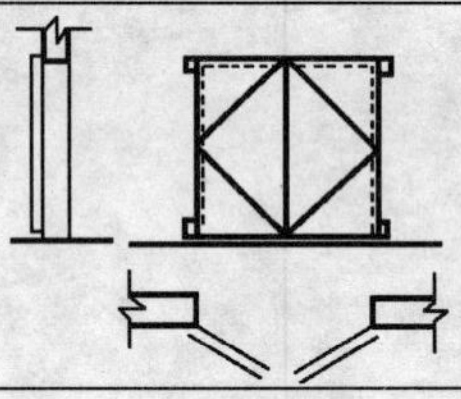	
37	横向卷帘门	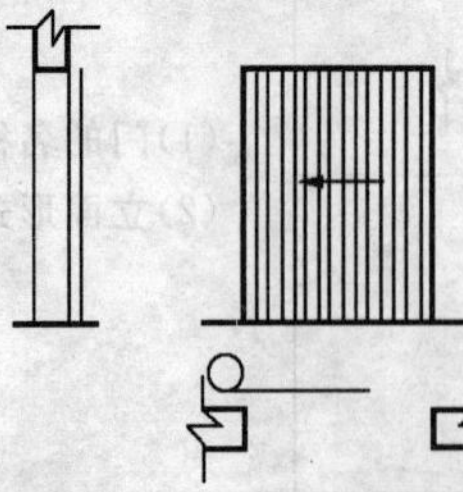	—
	竖向卷帘门	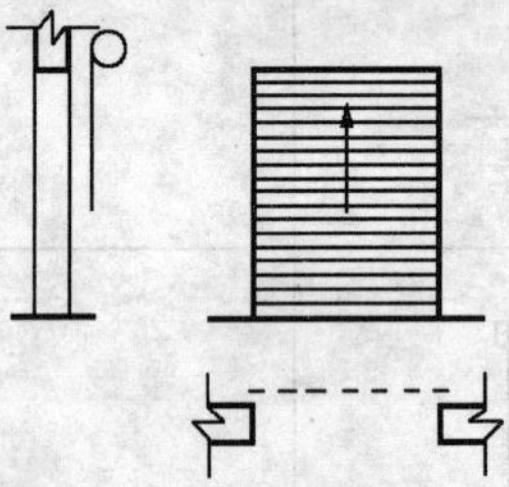	
	单侧双层卷帘门	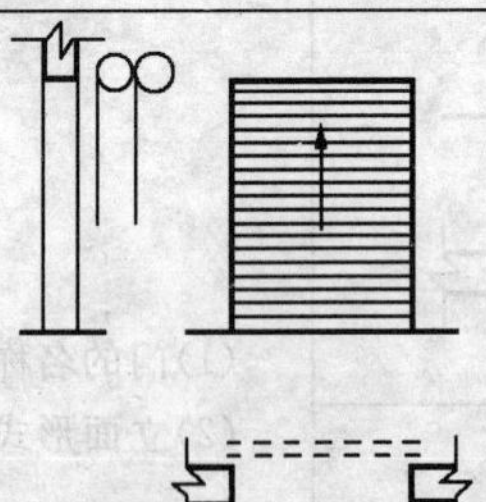	
	双侧单层卷帘门	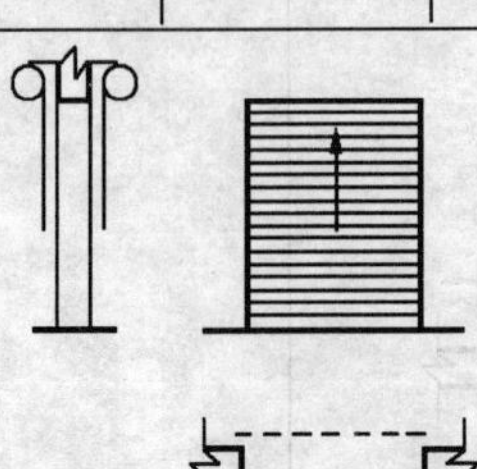	

续表 1-13

序号	名称	图　例	备　注
38	固定窗	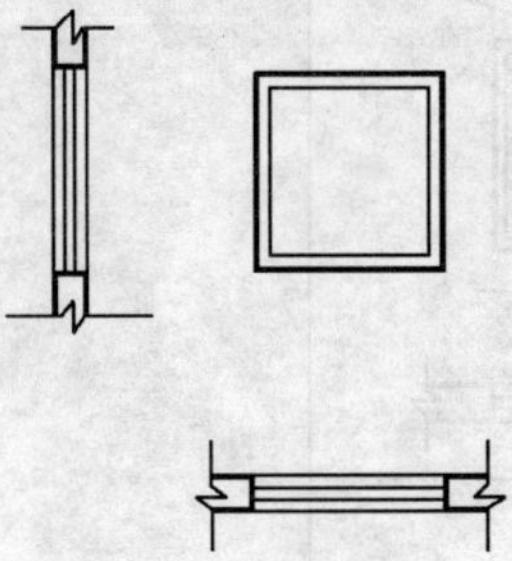	
39	上悬窗	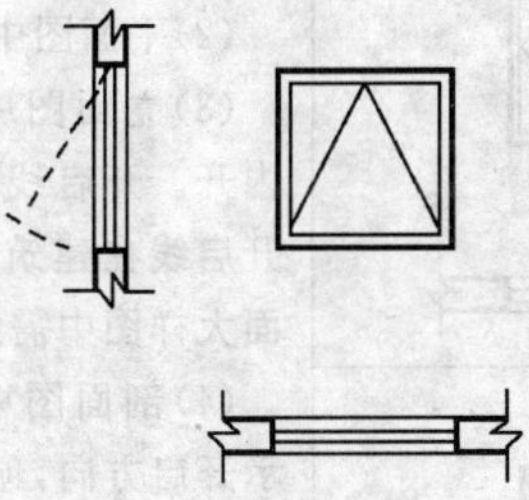	(1)窗的名称代号用C表示 (2)平面图中,下为外,上为内 (3)立面图中,开启线实线为外开,虚线为内开。开启线交角的一侧为安装合页一侧。开启线在建筑立面图中可不表示,在门窗立面大样图中需绘出 (4)剖面图中,左为外,右为内。虚线仅表示开启方向,项目设计不表示 (5)附加纱窗应以文字说明,在平、立、剖面图中均不表示 (6)立面形式应按实际情况绘制
39	中悬窗	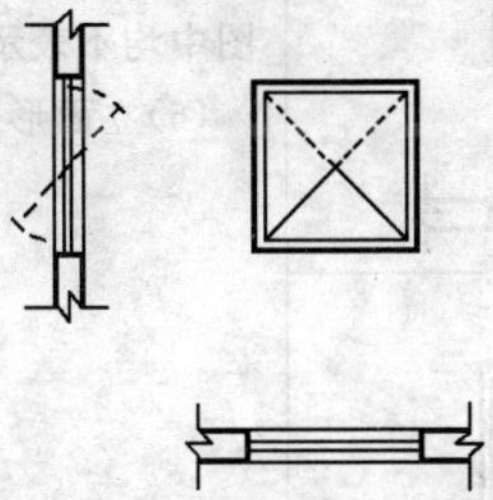	
40	下悬窗	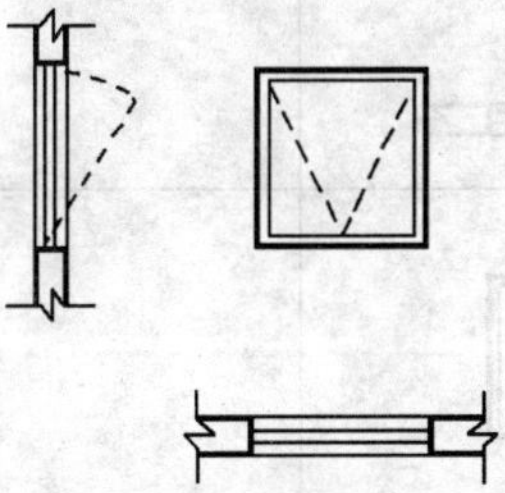	
41	立转窗	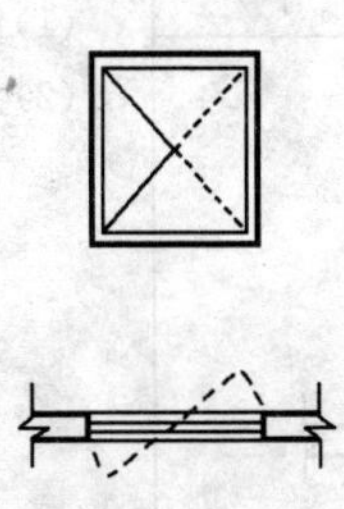	

续表 1-13

序号	名称	图　例	备　注
42	内开平开内倾窗	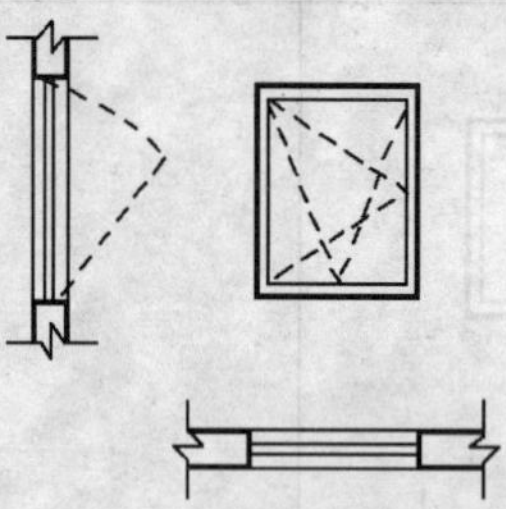	
43	单层外开平开窗	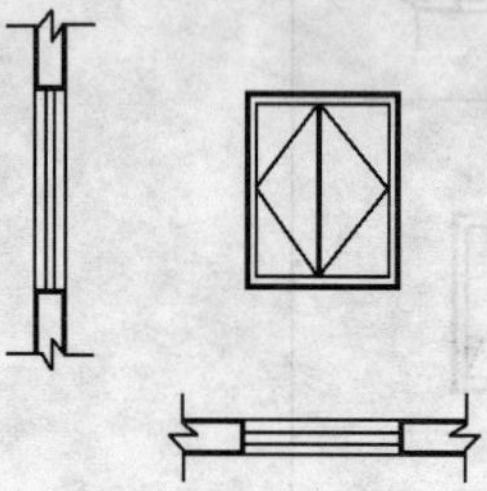	(1)窗的名称代号用 C 表示 (2)平面图中,下为外,上为内 (3)立面图中,开启线实线为外开,虚线为内开。开启线交角的一侧为安装合页一侧。开启线在建筑立面图中可不表示,在门窗立面大样图中需绘出 (4)剖面图中,左为外,右为内。虚线仅表示开启方向,项目设计不表示 (5)附加纱窗应以文字说明,在平、立、剖面图中均不表示 (6)立面形式应按实际情况绘制
	单层内开平开窗	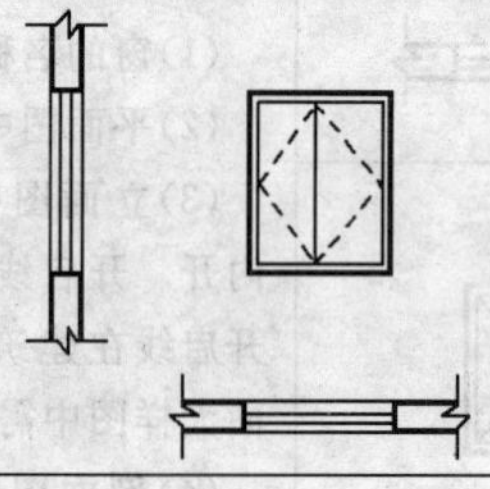	
	单层内开平开窗	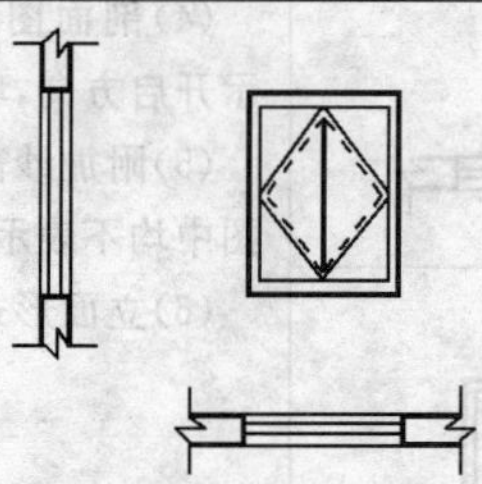	
44	单层推拉窗	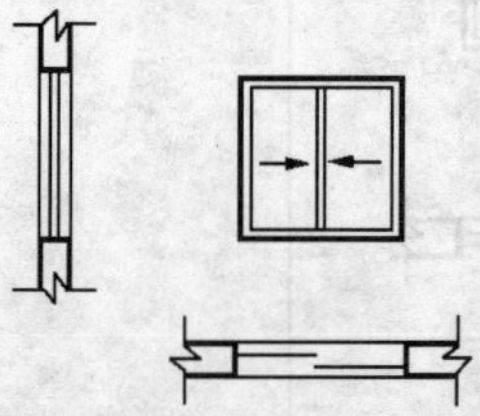	(1)窗的名称代号用 C 表示 (2)立面形式应按实际情况绘制
	双层推拉窗	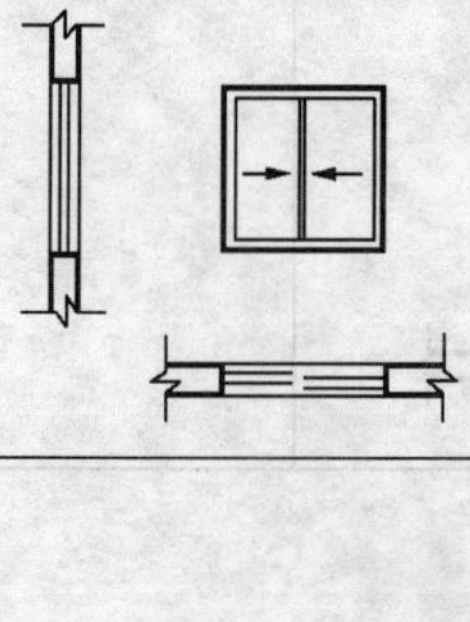	

续表 1-13

序号	名称	图　例	备　注
45	上推窗	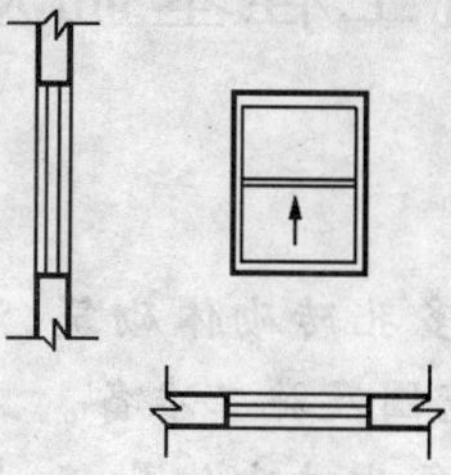	(1)窗的名称代号用 C 表示 (2)立面形式应按实际情况绘制
46	百叶窗	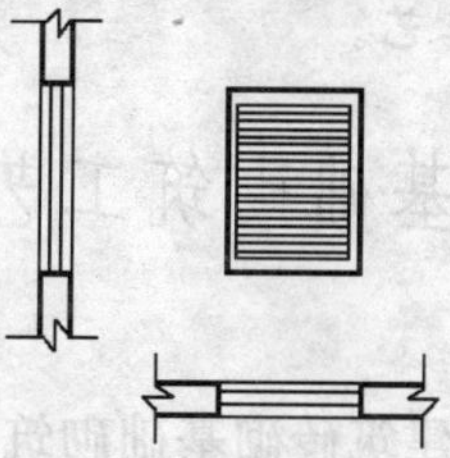	
47	高窗	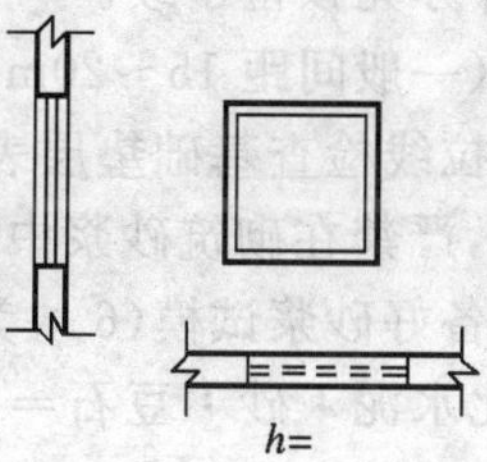 $h=$	(1)窗的名称代号用 C 表示 (2)立面图中,开启线实线为外开,虚线为内开。开启线交角的一侧为安装合页一侧。开启线在建筑立面图中可不表示,在门窗立面大样图中需绘出 (3)剖面图中,左为外、右为内 (4)立面形式应按实际情况绘制 (5)h 表示高窗底距本层地面高度 (6)高窗开启方式参考其他窗型
48	平推窗	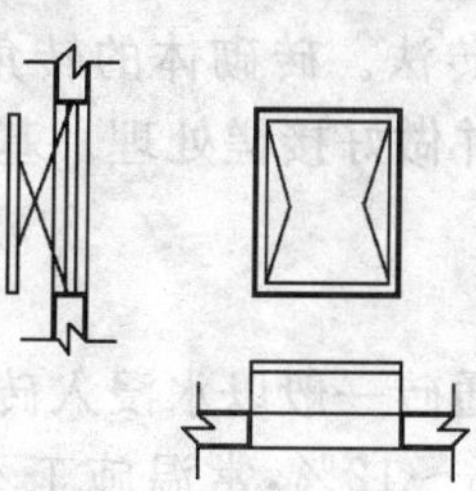	(1)窗的名称代号用 C 表示 (2)立面形式应按实际情况绘制

第二章 砌筑工程基础知识

内容提要：

1. 了解砖基础砌筑、一般砖砌体砌筑、多孔砖砌体砌筑、混凝土小型空心砌块砌体施工、石砌体砌筑以及填充墙砌体砌筑的适用范围及施工准备。

2. 掌握砖基础砌筑、一般砖砌体砌筑、多孔砖砌体砌筑、混凝土小型空心砌块砌体施工、石砌体砌筑以及填充墙砌体砌筑的操作工艺。

第一节 砖基础砌筑工艺

一、适用范围

砖基础砌筑工艺适用于一般工业与民用建筑砖砌基础砌筑施工。

二、施工准备

①基槽、混凝土或灰土垫层均已完成，并办完预检手续。

②已放好基础轴线及边线；立好皮数杆（一般间距15～20m，转角处均应设立）。

③根据皮数杆最下面一层砖的底标高，拉线检查基础垫层表面标高，如第一层砖的水平灰缝大于20mm时，应先用细石混凝土找平，严禁在砌筑砂浆中掺细石代替或用砂浆垫平。

④砂浆配合比已由试验室确定，现场准备好砂浆试模（6块为一组）。

⑤局部补打豆石混凝土可以采用体积比水泥∶砂∶豆石＝1∶2∶4。

三、操作工艺

1. 确定组砌方法

组砌一般采用一顺一丁（满丁、满条）排砖法。砖砌体的转角处和内外墙体交接处应同时砌筑，当不能同时砌筑时，应按规定留槎，并做好接槎处理。基底标高不同时，应从低处砌起，并应由高处向低处搭接。

2. 砖浇水

砖应在砌筑前1～2d浇水湿润，烧结普通砖一般以水浸入砖四边15mm为宜，含水率为10%～15%；煤矸石页岩实心砖含水率为8%～12%，常温施工不得用干砖或含水率达饱和状态的砖砌墙。冬期施工清除冰霜，砖可以不浇水，但应加大砂浆稠度。

3. 拌制砂浆

(1)干拌砂浆的拌制。

①干拌砂浆的强度等级必须符合设计要求。

②干拌砂浆宜采用机械搅拌。如采用连续式搅拌器，应以产品使用说明书要求的加水量为基准，并根据现场施工稠度微调拌和加水量；如采用手持式电动搅拌器，应严格按照产品使用说明书规定的加水量进行搅拌，先在容器内放入规定量的拌和水，接着在不断搅拌的情况下陆续加入干拌砂浆，搅拌时间宜为3～5min，静停10min后再搅拌不少于0.5min。

③不得自行添加某种成分变更干拌砂浆的用途及等级。

④拌和好的砂浆拌和物应在使用说明书规定的时间内用完,在炎热或大风天气时应采取措施防止水分过快蒸发,超过初凝时间严禁二次加水搅拌使用。

⑤散装干拌砂浆应储存在专用储料罐内,储罐上应有标识。不同品种,强度等级的产品必须分别存放,不得混用。袋装干拌砂浆宜采用糊底袋,在施工现场储存应采取防雨、防潮措施,并按品种、强度等级分别堆放,严禁混用。

⑥如在有效存放期内发现干拌砂浆有结块,应在过筛后取样检验,检验合格后全部过筛方可继续使用。

(2)普通砂浆的拌制。

①砂浆的配合比应由试验室试配确定。在砂浆中掺入有机塑化剂、早强剂、缓凝剂及防冻剂等,经检验和试配符合要求后,方可使用。有机塑化剂应有砌体强度的检验报告。

②砂浆配合比应采取重量比。计量精度:水泥为±2％,砂、灰膏控制在±5％以内。

③水泥砂浆应采取机械搅拌,先倒砂子、水泥、掺和料,最后倒水。搅拌时间不少于2min。水泥粉煤灰砂浆和掺用外加剂的砂浆搅拌时间不得少于3min,掺用有机塑化剂的砂浆应搅拌3～5min。

④砂浆应随拌随用,水泥砂浆和水泥混合砂浆必须在拌成后3h和4h内使用完毕;当施工期间最高温度超过30℃时,应分别在拌成后2h和3h内使用完毕。超过上述时间的砂浆,不得使用。对掺用缓凝剂的砂浆,其使用时间可根据具体情况延长。

4. 排砖撂底(干摆砖样)

①基础大放脚的撂底尺寸及收退方法必须符合设计图样规定,如果是一层一退,里外均应砌丁砖;如果是两层一退,第一层砌条砖,第二层砌丁砖。

②大放脚的转角处应按规定放七分头,其数量为一砖厚墙放两块、一砖半厚墙放三块、二砖厚墙放四块,依此类推。

5. 砖基础砌筑

①砖基础砌筑前,基底垫层表面应清扫干净,洒水湿润。先盘墙角,每次盘角高度不应超过五层砖,随盘随靠平、吊直。

②砖基础墙应挂线,240mm 墙反手挂线,370mm 以上墙应双面挂线。

③基础大放脚砌到基础墙时要拉线检查轴线及边线,保证基础墙身位置正确,同时要对照皮数杆的砖层及标高。如有高低差时,应在水平灰缝中逐渐调整,使墙的层数与皮数杆相一致。

④基础垫层标高不一致或有局部加深部位,应从深处砌起,并应由浅处向深处搭砌。

⑤暖气沟挑檐砖及上一层压砖,均应整砖丁砌,灰缝要严实,挑檐砖标高必须符合设计要求。

⑥各种预留洞、埋件及拉结筋按设计要求留置,避免后剔凿,影响砌体质量。

⑦变形缝的墙角应按直角要求砌筑,先砌的墙要把舌头灰刮尽;后砌的墙可采用缩口灰,掉入缝内的杂物随时清理。

⑧安装管沟和洞口过梁其型号、标高必须正确,底灰饱满;如坐灰超过 20mm 厚,应采用细石混凝土铺垫,两端搭墙长度应一致。

6. 抹防潮层

抹防潮层砂浆前,将墙顶活动砖重新砌好,清扫干净,浇水湿润,基础墙体应超出标高线(一般以外墙室外控制水平线为基准),墙上顶两侧用木八字尺杆卡牢,复核标高尺寸无误后,倒入防水砂浆,随即用木抹子搓平。设计无规定时,阶潮层一般厚度为 20mm,防水粉掺量为水泥重量的 3‰~5‰。

7. 留槎

流水段分段位置应在变形缝或门窗口角处,隔墙与墙或柱不同时砌筑时,可留阳槎加预埋拉结筋。沿墙高每 500mm 预埋 φ6 钢筋 2 根,其埋入长度从墙的留槎计算起,一般每边均不小于 1000mm,末端应加 180°弯钩。

8. 冬期施工

①当室外日平均气温连续 5d 平均气温低于+5℃或当日最低温度低于 0℃时即进入冬期施工,应采取冬期施工措施。当室外日平均气温连续 5d 稳定高于+5℃时解除冬期施工。

②冬期施工使用的砖,要求在砌筑前清除冰霜。施工时,砖可适当浇水,随浇随用;负温施工不应浇水,可适当加大砂浆稠度。

③现场拌制砂浆。水泥宜用普通硅酸盐水泥,灰膏应防冻,如已受冻要融化后方可使用。砂中不得含有大于 10mm 的冻结块。拌和砌筑砂浆宜采用两步投料法。材料加热时,水加热不超过 80℃,砂加热不超过 40℃。冬期施工砂浆稠度较常温适当加大 1~3cm,但加大的砂浆稠度不宜超过 13cm。

④使用干拌砂浆。当气温或施工基面的温度低于 5℃时,无有效的保温、防冻措施不得施工。

⑤冬期施工时,对低于 M10 强度等级的砌筑砂浆,应比常温施工提高一级,且砂浆使用时的温度不应低于 5℃。

⑥施工中忽遇雨雪,应采取有效措施防止雨雪损坏未凝结的砂浆。

⑦砌筑后应及时用保温材料对新砌筑的砌体进行覆盖,砌筑面不得留有砂浆,继续砌筑前,应清扫砌筑面。

⑧在基槽、基坑回填土前应采取防止地基受冻结的措施。基土不冻胀时,基础可在冻结的地基上砌筑;基土有冻胀时,必须在未冻结的地基上砌筑。

9. 雨季施工

雨季施工时应防止基槽灌水和雨水冲刷砂浆,砂浆的稠度应适当减小。每日砌筑高度不宜大于 1.2m,收工时应覆盖砌体表面。

第二节　一般砖砌体砌筑工艺

一、适用范围

一般砖砌体砌筑工艺适用于一般工业与民用砖砌体结构的烧结普通砖、蒸压粉煤灰砖和蒸压灰砂砖的砌筑施工。

二、施工准备

①完成室外及房心回填土,安装好暖气沟盖板,办完地基、基础工程等隐检手续。

②按标高抹好水泥砂浆防潮层。

③弹好轴线墙身线,根据进场砖的实际规格尺寸,弹出门窗位置线,经验线符合设计图样尺寸要求,办完预检手续。

④按设计要求立好皮数杆,皮数杆间距以 15～20m 为宜,转角处均应设立。

⑤砂浆配合比已由试验室确定,现场准备好砂浆试模(6 块为一组)。

三、操作工艺

1. 确定组砌方法

砖墙砌体一般采用一顺一丁(满丁、满条)、梅花丁或三顺一丁砌法。砖柱不得采用先砌四周后填心的包心砌法。

2. 砖浇水

详见"砖基础砌筑工艺中操作工艺的 2. 砖浇水"的内容。

3. 拌制砂浆

详见"砖基础砌筑工艺中操作工艺的 3. 拌制砂浆"的内容。

4. 排砖撂底(干摆砖样)

一般外墙第一层砖撂底时,两山墙排丁砖,前后檐纵墙排条砖。根据弹好的门窗洞口位置线认真核对窗间墙、垛尺寸,按其长度排砖。窗口尺寸不符合排砖好活时,可以将门窗洞口的位置在 60mm 范围内左右移动。破活应排在窗口中间、附墙垛或其他不明显的部位。移动门窗洞口位置时,应注意暖卫立管安装及门窗开启时不受影响。排砖时必须做全盘考虑,前后檐墙排第一皮砖时,要考虑甩窗口后砌条砖,窗角上应砌七分头砖才是好活。

5. 砖墙砌筑

(1)选砖。砌清水墙应选棱角整齐,无弯曲、裂纹,颜色均匀,规格基本一致的砖。敲击时声音响亮,焙烧过火变色,变形的砖可用在不影响外观的内墙上。灰砂砖不宜与其他品种砖混合砌筑。

(2)盘角。砌砖前应先盘角,每次盘角不应超过五皮。新盘的大角应及时进行吊、靠,如有偏差要及时修整。盘角时应仔细对照皮数杆的砖层和标高,控制好灰缝大小,使水平灰缝均匀一致。大角盘好后再复查一次,平整和垂直完全符合要求后,再挂线砌墙。

(3)挂线。砌筑砖墙厚度超过一砖半厚时,应双面挂线。超过 10m 的长墙,中间应设支线点,小线要拉紧,每皮砖都要穿线看平,使水平缝均匀一致,平直通顺;砌一砖厚混水墙时宜采用外手挂线,使砖墙两面平整,为下道工序控制抹灰厚度奠定基础。

(4)砌砖。砌砖时砖要放平,里手高,墙面就要张;里手低,墙面就要背。砌砖应"上跟线,下跟棱,左右相邻要对平"。

①烧结普通砖水平灰缝厚度和竖向灰缝宽度一般为 10mm,但不应小于 8mm,也不应大于 12mm;蒸压(养)砖水平灰缝厚度和竖向灰缝宽度一般为 10mm,但不应小于 9mm,也不应大于 12mm。

②为保证清水墙面立缝垂直,不游丁走缝,当砌完一步架高时,宜每隔 2m 水平间距,在丁砖立棱位置弹两道垂直立线,以分段控制游丁走缝。

③清水墙不允许有三分头,保证破活上下留在同一位置,不得在上部随意变活、乱缝。

④砌筑砂浆应随搅拌随使用,一般水泥砂浆应在 3h 内用完,水泥混合砂浆应在 4h 内用完。

⑤砌清水墙应随砌、随划缝,划缝深度为 8~10mm,深浅一致,墙面应清扫干净。混水墙应随砌随将舌头灰刮尽。

⑥在操作过程中要认真进行自检,如有偏差,应随时纠正。

⑦清水墙留施工洞部位应留置足够数量的同期进场的砖备用,以达到施工洞后堵的墙体色泽与先砌墙体基本一致。

(5)整砖丁砌。240mm 厚承重墙的每层墙的最上一皮砖、砖砌体的台阶水平面上和挑出层应整砖丁砌。

(6)留槎。

①除构造柱外,砖砌体的转角处和交接处应同时砌筑,严禁无可靠措施的内外墙分砌施工。对不能同时砌筑而又必须留置的临时间断处应砌成斜槎,斜槎水平投影长度不应小于高度的 2/3,如图 2-1 所示。槎子必须平直、通顺。

②施工洞口也应按以上要求留水平拉结筋。隔墙顶应用立砖斜砌挤紧。其他要求详见砖基础砌筑工艺中操作工艺的"7. 留槎"的内容。

(7)施工洞口留设。洞口侧边离交接处外墙面不应小于 500mm,洞口净宽度不应超过 1m。施工洞口可留直槎,如图 2-2 所示。

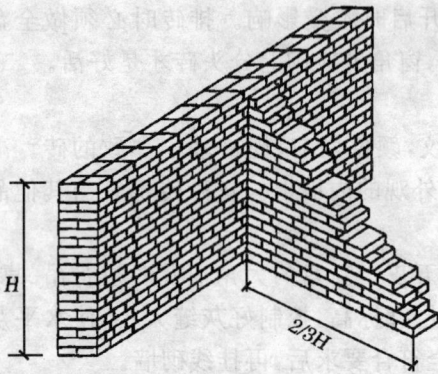

图 2-1　砖砌体转角或交接处留斜槎　　　　图 2-2　砌体门窗洞口留直槎

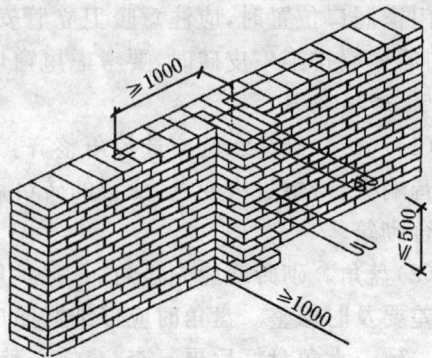

(8)预埋混凝土砖、木砖。户门框、外窗框处采用预埋混凝土砖,室内门框采用木砖或混凝土砖。混凝土砖采用 C15 混凝土现场制作而成,和砖尺寸大小相同;木砖预埋时应小头在外、大头在内,数量按洞口高度确定。洞口高在 1.2m 以内,每边放 2 块;高为 1.2~2m 时,每边放 3 块;高为 2~3m 时,每边放 4 块。预埋砖的部位一般在洞口上边或下边四皮砖,中间均匀分布。木砖要提前做好防腐处理。

(9)预留孔。钢门窗安装、硬架支撑、暖卫管道的预留孔均应按设计要求留置,不得事后剔凿。

(10)墙体拉结筋。墙体拉结筋的位置、规格、数量及间距均应按设计要求留置,不应错放、漏放。

(11)过梁、梁垫的安装。安装过梁、梁垫时,其标高、位置及型号必须准确,坐灰饱满。如坐灰厚度超过 20mm 时,要用细石混凝土铺垫。过梁安装时,两端支承点的长度应一致。

(12)构造柱做法。凡设有构造柱的工程,在砌砖前先根据设计图样将构造柱位置进行弹线,并把构造柱插筋处理顺直。砌砖墙时,与构造柱连接处砌成马牙搓。每一个马牙搓沿高度方向的尺寸不应超过 300mm,马牙搓应先退后进。拉结筋按设计要求放置,设计无要求时,一般沿墙高 500mm 设置 2 根 φ6 水平拉结筋,每边深入墙内不应小于 1m。

(13)有防水要求做法。有防水要求的房间楼板四周,除门洞口外,必须浇筑不低于 120mm 高的混凝土坎台,混凝土强度等级不小于 C20。

6. 不设置脚手眼的墙体或部位

①120mm 厚墙和独立柱。

②过梁上与过梁成 60°角的三角形范围及过梁净跨度 1/2 的高度范围内。

③宽度小于 1m 的窗间墙。

④砌体门窗洞口两侧 200mm 和转角处 450mm 范围内。

⑤梁或梁垫下及其左右 500mm 范围内。

⑥设计上不允许设置脚手眼的部位。

7. 冬期施工

①埋有未经防腐处理的钢筋(网片)的砖砌体不应采用掺氯盐砂浆法施工。

②对装饰工程有特殊要求的建筑物,处于潮湿环境的建筑物,经常处于地下水变化范围内而又没有防水措施的砌体,接近高压电线的建筑物,不得使用掺氯盐的砂浆。

其他要求详见"砖基础砌筑工艺中操作工艺的 8. 冬期施工的①~⑦"。

8. 雨季施工

详见"砖基础砌筑工艺操作工艺中的 9. 雨季施工"的内容。

第三节 多孔砖砌体砌筑工艺

一、适用范围

多孔砖砌体砌筑工艺适用于一般工业与民用建筑砌体结构的烧结多孔砖的砌筑施工。

二、施工准备

详见"一般砖砌体砌筑工艺中施工准备"的内容。

三、操作工艺

1. 确定组砌方法

应综合兼顾墙体尺寸、洞口位置、组合柱位置确定组砌方法。多孔砖一般采用一顺一丁(满丁、满条)、梅花丁砌法。砖柱不得采用包心砌法。

2. 砖浇水

详见"砖基础砌筑工艺中操作工艺 2. 砖浇水"的内容。

3. 拌制砂浆

详见"砖基础砌筑工艺中操作工艺 3. 拌制砂浆"的内容。

4. 砖墙砌筑

(1)砖墙排砖撂底(干摆砖样)。窗口尺寸不符合排砖好活的时候,可以适当移动。其他要求详见"一般砖砌体砌筑工艺中操作工艺的 4. 排砖撂底(干摆砖样)"的内容。

(2)选砖。详见"一般砖砌体砌筑工艺中操作工艺的 5. 砖墙砌筑中(1)选砖"的内容。

(3)盘角。详见"一般砖砌体砌筑工艺中操作工艺的 5. 砖墙砌筑中(2)盘角"的内容。

(4)挂线。详"见一般砖砌体砌筑工艺中操作工艺的 5. 砖墙砌筑中(3)挂线"的内容。

(5)砌砖。对抗震设防地区砌砖应采用一铲灰、一块砖、一挤压的砌砖法砌筑;对非抗震地区可采用铺浆法砌筑,铺浆长度不得超过 750mm。当施工期间最高气温高于 30℃时,铺浆长度不得超过 500mm。砌砖时砖要放平,多孔砖的孔洞应垂直于砌筑面砌筑。

水平灰缝厚度和竖向灰缝宽度一般为 10mm,但不应小于 8mm,也不应大于 12mm。水平灰缝的砂浆饱满度不得小于 80%;竖向灰缝宜采用挤浆或加浆方法,不得出现透明缝,严禁用水冲浆灌缝。

为保证清水墙面主缝垂直,不游丁走缝,当砌完一步架高时,宜每隔 2m 水平间距,在丁砖立棱位置弹两道垂直立线,以分段控制游丁走缝。

在操作过程中,要认真进行自检,如出现有偏差,应随时纠正。

墙面勾缝应横平竖直、深浅一致、搭接平顺。勾缝时应采用加浆勾缝,并宜采用细砂拌制的 1:1.5 水泥砂浆。当勾缝为凹缝时,凹缝深度宜为 4~5mm。内墙也可用原浆勾缝,但必须随砌随勾,并使灰缝光滑密实。

(6)整砖丁砌。详见"一般砖砌体砌筑工艺中操作工艺的 5. 砖墙砌筑中(5)整砖丁砌"的内容。

(7)留槎。详见"一般砖砌体砌筑工艺中操作工艺的 5. 砖墙砌筑中(6)留槎的①条"内容。

(8)施工洞口留设。洞口侧边离交接处外墙面不应小于 500mm,洞口净宽度不应超过 1m。施工洞口可留直槎,但直槎必须设成凸槎,并须加设拉结钢筋,在后砌施工洞口内的钢筋搭接长度不应小于 330mm。

(9)预埋混凝土砖、木砖。详见"一般砖砌体砌筑工艺中操作工艺的 5. 砖墙砌筑中(8)预埋混凝土砖、木砖"的内容。

(10)预留槽洞及埋设管道。施工中应准确预留槽洞位置,不得在已砌墙体上凿孔打洞;不应在墙面上留(凿)水平槽、斜槽或埋设水平暗管和斜暗管。

墙体中的竖向暗管宜预埋;无法预埋需留槽时,预留槽深度及宽度不宜大于 95mm×95mm。管道安装完毕后,应采用强度等级不低于 C10 的细石混凝土或 M10 的水泥砂浆填塞。

在宽度小于 500mm 的承重小墙段及壁柱内不应埋设竖向管线。

(11)墙体拉结筋。详见"一般砖砌体砌筑工艺中操作工艺的 5. 砖墙砌筑中(10)墙体拉结筋"的内容。

(12)墙体顶面(圈梁底)砖孔封堵。墙体顶面(圈梁底)砖孔应采用砂浆封堵,防止混凝土浆下漏。

(13)过梁、梁垫的安装。详见"一般砖砌体砌筑工艺中操作工艺的 5. 砖墙砌筑中(11)过梁、梁垫的安装"的内容。

(14)构造柱做法。详见"一般砖砌体砌筑工艺中操作工艺的 5. 砖墙砌筑中(12)构造柱做法"。

(15)有防水要求做法。详见"一般砖砌体砌筑工艺操作工艺的5.砖墙砌筑(13)有防水要求做法"的内容。

5. 不设置脚手眼的墙体或部位

详见"一般砖砌体砌筑工艺中操作工艺的6.不设置脚手眼的墙体或部位的①～④及⑥"的内容。

6. 冬期施工

①砂浆宜用普通硅酸盐水泥拌制,石灰膏要防冻,掺和料应有防冻措施,如已受冻要融化后方能使用。砂中不得含有大于10mm的冻块。

②材料加热时,水加热不超过80℃,砂加热不超过40℃。应采用两步投料法,即先拌和水泥和砂,再加水拌和。

③砂浆使用温度不应低于+5℃。

其他详见"砖基础砌筑工艺中操作工艺的8.冬期施工的①、②、④"。

7. 雨季施工

详见"砖基础砌筑工艺中操作工艺的9.雨季施工"的内容。

第四节　混凝土小型空心砌块砌体施工工艺

一、适用范围

混凝土小型空心砌块砌体施工工艺适用于一般工业与民用建筑砌体结构普通混凝土小型空心砌块和轻集料混凝土小型空心砌块砌体的施工。

二、施工准备

①小型空心砌块砌筑施工前,必须做完混凝土基础,办完隐检预检手续。

②放好砌体墙身位置线、门窗口等位置线,经验线符合设计图样要求,预检合格。

③按砌筑操作需要,找好标高、立好皮数杆(一般间距10m,转角处均应设立)。皮数杆应垂直、牢固、标高一致。

④搭设好操作和卸料架子。

⑤配制异形尺寸砌块。

⑥小型空心砌块砌筑施工前不得浇水。在施工期间气候异常干燥时,可提前稍喷水湿润。轻集料小砌块,应根据施工时实际气温和砌筑情况而定,必要时按当地气温情况提前洒水湿润。严禁雨天施工;小砌块表面有浮水时,也不得施工。

三、操作工艺

1. 墙体放线

砌体施工前,应将基础面或楼层结构面按标高找平,依据砌筑图样放出一皮砌块的轴线、砌体边线和洞口线。

2. 砌块排列

(1)砌块排列。按砌块排列图在墙体线范围内分块定尺、画线,排列砌块的方法和要求如下：

①小型空心砌块在砌筑前应根据工程设计施工图,结合砌块的品种、规格,绘制砌体砌块的排列图。围护结构或二次结构应预先设计好地导墙、混凝土带、接顶方法等,经审核无误,按图排列砌块。

②小型空心砌块排列应从基础面开始,排列时尽可能采用主规格的砌块(390mm×190mm×190mm),砌体中主规格砌块应占总量的75%～80%。

③外墙转角及纵横墙交接处应将砌块分皮咬槎,交错搭砌,如果不能咬槎时,按设计要求采取其他的构造措施。

(2)小砌块墙砌筑。小砌块墙内不得混砌其他墙体材料。镶砌时,应采用与小砌块材料强度同等级的预制混凝土块。

(3)施工洞口留设。洞口侧边离交接处墙面不应小于500mm,洞口净宽度不应超过1m。洞口两侧应沿墙高每3皮砌块设$2\phi4$拉结钢筋网片,锚入墙内的长度不小于1000mm。

(4)样板墙砌筑。在正式施工前应先砌筑样板墙,经各方验收合格后方可正式砌筑。

3. 拌制砂浆

详见"砖基础砌筑工艺中操作工艺的3.拌制砂浆"的内容。

4. 砌筑

①每层应从转角处或定位砌块处开始砌筑。应砌一皮、校正一皮,拉线控制砌体标高和墙面平整度。皮数杆应竖立在墙的转角处和交接处,间距宜不小于15m。

②在基础梁顶和楼面圈梁顶砌筑第一皮砌块时,应满铺砂浆。

③砌筑时,小砌块包括多排孔封底小砌块、带保温夹芯层的小砌块均应底面朝上反砌于墙上。

④小砌块墙体砌筑形式应每皮顺砌,上下皮应对孔错缝搭砌,竖缝应相互错开1/2主规格小砌块长度,搭接长度不应小于90mm,墙体的个别部位不能满足上述要求时,应在灰缝中设置拉结钢筋或$4\phi4$钢筋点焊网片。网片两端与竖缝的距离不得小于400mm。但竖向通缝仍不能超过两皮小砌块。

⑤墙体转角处和纵横墙交接处应同时砌筑。临时间断处应砌成斜槎,斜槎水平投影长度不应小于斜槎高度。

⑥设置在水平灰缝内的钢筋网片和拉接筋应放置在小砌块的边肋上(水平墙梁、过梁钢筋应放在边肋内侧),且必须设置在水平灰缝的砂浆层中,不得有露筋现象。拉结筋的搭接长度不应小于$55d$,单面焊接长度不小于$10d$。钢筋网片的纵横筋不得重叠点焊,应控制在同一平面内。

⑦砌筑小砌块的砂浆应随铺随砌,墙体灰缝应横平竖直。水平灰缝宜采用坐浆法满铺小砌块全部壁肋或多排孔小砌块的封底面;竖向灰缝应采取满铺端面法,即将小砌块端面朝上铺满砂浆再上墙挤紧,然后加浆插捣密实。墙体的水平灰缝厚度和竖向灰缝宽度宜为8～12mm。

⑧砌体水平灰缝的砂浆饱满度,应按净面积计算不得低于90%;小砌块应采用双面碰头灰砌筑,竖向灰缝饱满度不得小于80%,不得出现瞎缝、透明缝。

⑨小砌块墙体孔洞中需填充隔热或隔声材料时,应砌一皮灌填一皮,应填满,不得捣实。

充填材料必须干燥、洁净,品种、规格应符合设计要求。有防水要求的房间,当设计选用灌孔方案时,应及时灌注混凝土。

⑩砌筑带保温夹芯层的小砌块墙体时,应将保温夹芯层一侧靠置室外,并应对孔错缝。左右相邻小砌块中的保温夹芯层应相互衔接,上下皮保温夹芯层之间的水平灰缝处应砌入同质保温材料。

⑪小砌块夹芯墙施工宜符合下列要求:

a. 内外墙均应按皮数杆依次往上砌筑。

b. 内外墙应按设计要求及时砌入拉结件。

c. 砌筑时灰缝中挤出的砂浆与空腔槽内掉落的砂浆应在砌筑后及时清理。

⑫固定圈梁、挑梁等构件侧模的水平拉杆、扁铁或螺栓应从小砌块灰缝中预留 4ϕ10 孔穿入,不得在小砌块块体上凿安装洞。内墙可利用侧砌的小砌块孔洞进行支模,模板拆除后应采用 C20 混凝土将孔洞填实。

⑬墙体顶面(圈梁底)砌块孔洞应采取封堵措施(如铺细钢丝网、窗纱等),防止混凝土下漏。

⑭安装预制梁、板时,必须先找平后灌浆,不得干铺。预制楼板安装也可采用硬架支模法施工。

⑮窗台梁两端伸入墙内的支承部位应预留孔洞。孔洞口的大小、部位与上下皮小砌块孔洞,应保证门窗两侧的芯柱竖向贯通。

⑯木门窗框与小砌块墙体两侧连接处的上、中、下部位应砌入埋有沥青木砖的小砌块(190mm×190mm×190mm)或实心小砌块,并用铁钉、射钉或膨胀螺栓固定。

⑰门窗洞口两侧的小砌块孔洞灌填 C20 混凝土后,其门窗与墙体的连接方法可按实心混凝土墙体施工。

⑱对设计规定或施工所需的孔洞、管道、沟槽和预埋件等,应在砌筑时进行预留或预埋,不得在已砌筑的墙体上打洞和凿槽。

⑲水、电管线的敷设安装应按小砌块排块图的要求与土建施工进度密切配合,不得事后凿槽打洞。

⑳照明、电信、闭路电视等线路可采用内穿 12 号钢丝的白色增强阻燃塑料管。水平管线宜预埋于专供水平管用的实心带凹槽小砌块内,也可敷设在圈梁模板内侧或现浇混凝土楼板(屋面板)中。竖向管线应随墙体砌筑埋设在小砌块孔洞内。管线出口处应采用 U 型小砌块(190mm×190mm×190mm)竖砌,内埋开关、插座或接线盒等配件,四周用水泥砂浆填实。

冷、热水水平管可采用实心带凹槽的小砌块进行敷设。立管宜安装在 E 型小砌块的一个开口孔洞中。待管道试水验收合格后,采用 C20 混凝土浇灌封闭。

㉑安装电盒、配电箱的砌块应用混凝土灌实,将电盒、配电箱固定牢固(图 2-3)。

㉒卫生设备安装宜采用筒钻成孔。孔径不得大于 120mm,上下左右孔距应相隔一块以上的小砌块。

㉓严禁在外墙和纵、横承重墙沿水平方向凿长度大于 390mm 的沟槽。

㉔安装后的管道表面应低于墙面 4～5mm,并与墙体卡牢固定,不得有松动、反弹现象。

浇水湿润后用 1∶2 水泥砂浆填实封闭。外设 10mm×10mm 的 $\phi0.5\sim\phi0.8mm$ 钢丝网,网宽应跨过槽口,每边不得小于 80mm。

㉕有防水要求的房间楼板四周,除门洞口外,必须浇筑不低于 120mm 高的混凝土坎台,混凝土强度等级不小于 C20。

㉖墙体施工段的分段位置宜设在伸缩缝、沉降缝、防震缝、构造柱或门窗洞口处。相邻施工段的砌筑高差不得超过一个楼层高度,也不应大于 4m。

㉗墙体伸缩缝、沉降缝和防震缝内不得夹有砂浆、碎砌块和其他杂物。

㉘墙体与构造柱连接处应砌成马牙槎。从每层柱脚开始,先退后进,形成 100mm 宽、200mm 高的凹凸槎口。柱墙间采用 2ϕ6 的拉结钢筋、间距宜为 400mm,每边伸入墙内长度为 1000mm 或伸至洞口边。

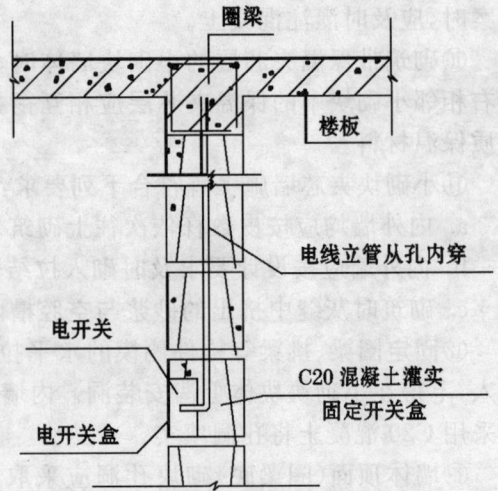

图 2-3　电盒、配电箱固定

㉙小砌块墙体砌筑应采用双排外脚手架或平台里脚手架进行施工,严禁在砌筑的墙体上设脚手孔洞。

㉚清水墙的工程外墙砌筑宜采用抗渗砌块。

㉛小砌块砌筑完成后,宜在 28d 后抹灰。外墙抹灰必须待屋面工程全部完工后进行。

㉜顶层内粉刷必须待钢筋混凝土平屋面保温、隔热层施工完成后方可进行;对钢筋混凝土坡屋面,应在屋面工程完工后进行。

㉝墙面设有钢丝网的部位,应先采用有机胶拌制的水泥浆或界面剂等材料满涂后,方可进行抹灰施工。

㉞抹灰前墙面不宜洒水。天气炎热干燥时可在操作前 1～2h 适度喷水。

5. 校正

砌筑时每层均应进行校正,需要移动砌体中的小砌块或小砌块被撞动时,应重新铺砌。

6. 竖缝填实砂浆

每砌筑一皮,小砌块的竖凹槽部位应用砂浆填实。

7. 勒缝

混水墙面必须用原浆做勾缝处理。缺灰处应补浆压实,并宜做成凹缝,凹进墙面 2mm。清水墙宜用 1∶1 水泥砂浆勾缝,凹进墙面深度一般为 3mm。

8. 灌芯柱混凝土

(1)芯柱孔洞。芯柱所有孔洞均应灌实混凝土。每层墙体砌筑完后,砌筑砂浆强度达到指纹硬化时,方可浇灌芯柱混凝土;每一层的芯柱必须在一天内浇灌完毕。

(2)灌芯柱混凝土规定。灌芯柱混凝土应遵守下列规定:

①清除孔洞内的砂浆与杂物,并用水冲洗。

②砌筑砂浆强度达到指纹硬化时,方可浇灌芯柱混凝土。

③在浇灌芯柱混凝土前应先注入适量与芯柱混凝土相同的去石子水泥砂浆,再浇灌混凝土。

④浇灌芯柱的混凝土,宜选用专用的小砌块灌孔混凝土,当采用普通混凝土时,其坍落度不宜小于180mm。

⑤校正钢筋位置,并绑扎或焊接牢固。

⑥浇灌混凝土时,先计算好小砌块芯柱的体积,并用灰桶等作为计量工具实地测量单个芯柱所需混凝土量,以此作为其他芯柱混凝土用量的依据。

⑦浇灌混凝土至顶部芯柱与圈梁交接处时,可在圈梁下留置施工缝预留200mm不浇满,届时和混凝土圈梁一起浇筑,以加强芯柱和圈梁的连接。

⑧每个层高混凝土应分两次浇灌,浇灌到1.4m左右,采用钢筋插捣或φ30振捣棒振捣密实,然后再继续浇灌,并插(振)捣密实;当过多的水被墙体吸收后应进行复振,但必须在混凝土初凝前进行。

⑨浇灌芯柱混凝土时,应设专人检查记录芯柱混凝土强度等级、坍落度、混凝土的灌入量和振捣情况,确保混凝土密实。

(3)小砌块浇筑。在门窗洞口两侧的小砌块应按设计要求浇灌芯柱混凝土;临时施工洞口两侧砌块的第一个孔洞应浇灌芯柱混凝土。

(4)芯柱混凝土贯通。芯柱混凝土在预制楼盖处应贯通,采用设置现浇混凝土板带的方法或预制板预留缺口的方法,实施芯柱贯通,确保不削弱芯柱断面尺寸。

(5)芯柱位置处楼板的浇筑。芯柱位置处的每层楼板应留缺口或浇一条现浇板带。芯柱与圈梁或现浇板带应浇筑成整体。

9. 冬期施工

小砌块砌体不得采用冻结法施工。埋有未经防腐处理的钢筋(网片)的小砌块砌体不应采用掺氯盐砂浆法施工。

其他详见"砖基础砌筑工艺中操作工艺的8.冬期施工①～⑧"。

10. 雨季施工

①雨季施工时,堆放室外的小砌块应有覆盖设施。

②承重墙、围护墙雨天不得施工,已砌完的砌体宜进行防雨保护。继续施工时,须复核墙体的垂直度,如果墙体垂直度超过允许偏差,则应拆除重砌。

其他详见砖基础砌筑工艺中操作工艺的9.雨季施工的内容。

第五节　石砌体砌筑工艺

一、适用范围
石砌体砌筑工艺适用于一般工业与民用建筑的室外勒脚、台阶、水池、花池、挡土墙等砌料石工程。

二、施工准备
①基础、垫层已施工完毕,并已办完隐检手续。

②基础、垫层表面已弹好轴线及墙身线,立好皮数杆,其间距约15m为宜。转角处应设

皮数杆,皮数杆上应注明砌筑皮数及砌筑高度等。

③砌筑前拉线检查基础或垫层表面、标高尺寸是否符合设计要求,如第一皮水平灰缝厚度超过 20mm 时,应用细石混凝土找平,不得用砌筑砂浆掺石子代替。

④砂浆配合比由试验室确定,计量设备经检验合格,砂浆试模已经备好。

三、操作工艺

1. 准备作业

砌筑前应对弹好的线进行复查,位置、尺寸应符合设计要求。

2. 试排摆底

根据进场石料的规格、尺寸、颜色进行试排、摆底、确定组砌方法。

3. 砂浆拌制

详见"砖基础砌筑工艺中操作工艺的 3. 砂浆拌制"的内容。

4. 石砌体砌筑

(1)石砌体应采用铺浆法砌筑。砂浆必须饱满,叠砌面的粘灰面积(即砂浆饱满度)应大于 80%。

(2)石砌体的转角处和交接处应同时砌筑。对不能同时砌筑而又必须留置的临时间断处,应砌成踏步槎。

(3)料石砌筑。

①砌筑料石砌体时,料石应放置平稳。砂浆铺设厚度应略高于规定灰缝厚度,其高出厚度:细料石宜为 3~5mm;粗料石、毛料石宜为 6~8mm。

②料石基础砌体的第一皮应用丁砌层坐浆砌筑。阶梯形料石基础,上级阶梯的料石应至少压砌下级阶梯的 1/3。

③料石砌体应上下错缝搭砌。砌体厚度等于或大于两块料石宽度时,如同皮内全部采用顺砌,每砌两皮后,应砌一皮丁砌层;如同皮内采用丁顺组砌,丁砌石应交错设置,其中心间距不应大于 2m。

④料石砌体水平灰缝厚度,应按料石种类确定,细料石砌体不宜大于 5mm;粗料石和毛料石砌体不宜大于 20mm。

⑤料石墙长度超过设计规定时,应按设计要求设置变形缝,料石墙分段砌筑时,其砌筑高低差不得超过 1.2m。

⑥在料石和毛石或砖的组合墙中,料石砌体和毛石砌体或砖砌体应同时砌筑,并每隔 2~3 皮料石层用丁砌层与毛石砌体或砖砌体拉结砌合。丁砌料石的长度宜与组合墙厚度相同。

(4)毛石砌筑。

①砌筑毛石基础的第一皮石块应坐浆,并将大面向下。毛石基础的扩大部分,如做成阶梯形,上级阶梯的石块应至少压砌下级阶梯的 1/2,相邻阶梯的毛石应相互错缝搭砌。

②毛石砌体的第一皮及转角处、交接处和洞口处应用较大的平毛石砌筑。砌体的最上一皮宜选用较大的毛石砌筑。

③毛石砌体宜分皮卧砌,各皮石块间应利用自然形状经敲打修整使能与先砌石块基本

吻合、搭砌紧密;上下错缝、内外搭砌,不得采用外面侧立石块中间填心的砌筑方法;中间不得有铲口石(尖石倾斜向外的石块)、斧刃石和过桥石(仅在两端搭砌的石块)。

④毛石砌体的灰缝厚度宜为 20～30mm,石块间不得有相互接触现象。石块间较大的空隙应先填塞砂浆后用碎石块嵌实,不得采用先摆碎石块后塞砂浆或干填碎石块的方法。

⑤毛石砌体必须设置拉结石。拉结石应均匀分布、相互错开,毛石基础同皮内每隔 2m 左右设置一块;毛石墙一般每 0.7m² 墙面至少设置一块,且同皮内的中距不应大于 2m。

拉结石的长度,如基础宽度或墙厚等于或小于 400mm 时,应与宽度或厚度相等;如基础宽度或墙厚大于 400mm 时,可用两块拉结石内外搭接,搭接长度不应小于 150mm,且其中一块长度不应小于基础宽度或墙厚的 2/3。

⑥在毛石和实心砖的组合墙中,毛石砌体与砖砌体应同时砌筑,并每隔 4～6 皮砖用 2～3 皮丁砖与毛石砌体拉结砌合。两种砌体间的空隙应用砂浆填满。

⑦毛石墙和砖墙相接的转角处和交接处应同时砌筑。转角处应自纵墙(或横墙)每隔 4～6 皮砖高度引出不小于 120mm 与横墙(或纵墙)相接;交接处应自纵墙每隔 4～6 皮砖高度引出不小于 120mm 与横墙相接。

⑧砌筑毛石挡土墙应符合下列规定。

a. 每砌 3～4 皮为一个分层高度,每个分层高度应找平一次。

b. 外露面的灰缝厚度不得大于 40mm,两个分层高度分层处的错缝不得小于 80mm。

⑨料石挡土墙,当中间部分用毛石砌筑时,丁砌料石伸入毛石部分的长度不应小于 200mm。

⑩挡土墙的泄水孔当设计无规定时,施工应符合下列规定。

a. 泄水孔应均匀设置,在每米高度上间隔 2m 左右设置一个泄水孔。

b. 泄水孔与土体间铺设长宽各为 300mm、厚 200mm 的卵石或碎石做疏水层。

⑪挡土墙内侧回填土必须分层夯填,分层松土厚度应为 300mm。墙顶土面应有适当坡度使流水流向挡土墙外侧面。

(5)清理砂浆、重新铺浆砌筑。砂浆初凝后,如移动已砌筑的石块,应将原砂浆清理干净,重新铺浆砌筑。

5. 冬期施工

冬期施工宜采用普通硅酸盐水泥,按冬施方案并对水、砂进行加热,砂浆使用时的温度应在＋5℃以上。

其他详见"砖基础砌筑工艺中操作工艺的 8. 冬期施工①"。

6. 雨季施工

详见"砖基础砌筑工艺中操作工艺的 9. 雨季施工"的内容。

第六节　填充墙砌体砌筑工艺

一、适用范围

填充墙砌体砌筑工艺适用于一般工业与民用建筑采用空心砖、蒸压加气混凝土砌块、轻集料混凝土小型空心砌块等填充墙的砌筑施工。

二、施工准备

①主体分部中承重结构已施工完毕,已由有关部门验收合格。

②弹出轴线、墙边线、门窗洞口线,经复核,办理预检手续。

③立皮数杆宜用 30～40mm 木料制作,皮数杆上注明门窗洞口、木砖、拉结筋、圈梁等的尺寸标高。皮数杆间距 15～20m,转角处均应设立,一般距墙皮或墙角 50mm 为宜。皮数杆应垂直、牢固、标高一致,经复核,办理预检手续。

④根据最下面一皮砖的标高,拉通线检查,如水平灰缝厚度超过 20mm,用细石混凝土找平,不得用砂浆找平。

⑤砌筑前,应将地基梁顶面或楼层结构面按标高找平,依据砌筑图样放出轴线、砌体边线和洞口线。地基梁顶面或楼面清扫干净,洒水湿润。

⑥砂浆配合比经试验室确定,准备好砂浆试模。

三、操作工艺

1. 放线立皮数杆

根据设计图样弹出轴线、墙边线、门窗洞口线;立皮数杆,皮数杆上注明门窗洞口、木砖、拉结筋、圈梁等的尺寸标高。皮数杆间距为 15～20m,转角处均应设立,一般距墙皮或墙角为 50mm。

2. 排砖撂底

根据设计图样各部位尺寸排砖撂底,使组砌方法合理,便于操作。

3. 拌制砂浆

详见"砖基础砌筑工艺中操作工艺的 3. 拌制砂浆"的内容。

4. 砌填充墙体

①组砌方法应正确,上、下错缝,交接处咬槎搭砌,掉角严重的砖或砌块不宜使用。

②砌筑灰缝应横平竖直,砂浆饱满。空心砖、轻集料混凝土小型空心砌块的砌体水平、竖向灰缝为 8～12mm;蒸压加气混凝土砌体水平灰缝宜为 15mm,竖向灰缝为 20mm。

③用轻集料小型空心砌块或蒸压加气混凝土砌块砌筑墙体时,墙底部应砌烧结普通砖或普通混凝土小型砌块,或现浇混凝土坎台等,其高度不宜小于 200mm。

④有防水要求的房间楼板四周,除门洞口外,必须浇筑不低于 120mm 高的混凝土坎台,混凝土强度等级不小于 C20。

⑤空心砖的砌筑应上下错缝,砖孔方向应符合设计要求。当设计无具体要求时,宜将砖孔置于水平位置;当砖孔垂直砌筑时,水平铺灰应用套板。

⑥填充墙砌筑时应错缝搭砌,蒸压加气混凝土砌块搭砌长度不应小于砌块长度的 1/3,并不小于 150mm;轻集料混凝土小型空心砌块搭砌长度不应小于 90mm。

⑦按设计要求设置构造柱、圈梁、过梁或现浇混凝土带。各种预留洞、预埋件等应按设计要求设置,避免事后剔凿。

⑧空心砖砌筑时,当设计无具体要求时,可采用穿砖孔预埋或弹线定位后用无齿锯开槽(用于加气混凝土砌块)留置管线,不得留水平槽。管道安装后用混凝土堵填密实,外贴耐碱玻纤布或按设计要求处理。

⑨墙体转角处和纵横墙交接处应同时砌筑。临时间断处应砌成斜槎,斜槎水平投影长度不应小于高度的 2/3。

5. 填充墙与结构的拉结

①拉结方式。拉结钢筋的生根方式可采用预埋铁件、贴模箍、锚栓、植筋等连接方式,并符合以下要求:

a. 锚栓或植筋施工:锚栓不得布置在混凝土的保护层中,有效锚固深度不得包括装饰层或抹灰层;锚孔应避开受力主筋,废孔应用锚固胶或高强度等级的树脂水泥砂浆填实。

b. 锚栓和植筋施工方法应符合要求。

c. 采用预埋铁件或贴模箍施工方法的,其生根数量、位置、规格、应符合设计要求,焊接长度符合设计或规范要求。

②填充墙与结构墙柱连接处,必须按设计要求设置拉结筋或通长混凝土配筋带。设计无要求时,墙与结构墙柱处及 L 形、T 形墙交接处设拉结筋,竖向间距不大于 500mm,埋压两根 $\phi6$ 钢筋平铺在水平灰缝内,两端伸入墙内不小于 1000mm,如图 2-4 所示。

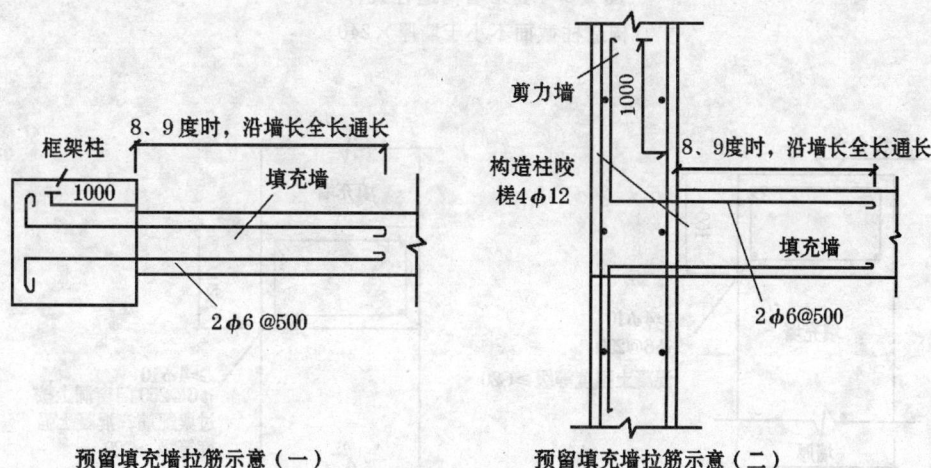

图 2-4　预留拉筋大样

墙长大于层高的 2 倍时,宜设构造柱,如图 2-5 所示。

墙高超过 4m 时,半层高或门洞上皮宜设置与柱连接且沿墙全长贯通的混凝土现浇带,如图 2-6 所示。

③设置在砌体水平灰缝中的钢筋的锚固长度不宜小于 50d。且其水平或垂直弯折段的长度不宜小于 20d 和 150mm;钢筋的搭接长度不应小于 55d。

④填充墙砌体留置的拉结钢筋或网片的位置应与块体皮数相符合。拉结钢筋或网片应置于灰缝中,其规格、数量、间距、埋置长度应符合设计要求,竖向位置偏差不应超过一皮高度。

⑤转角及交接处同时砌筑,不得留直槎,斜槎高不大于 1.2m。拉通线砌筑时,随砌、随吊、随靠,保证墙体垂直、平整,不允许砸砖修墙。

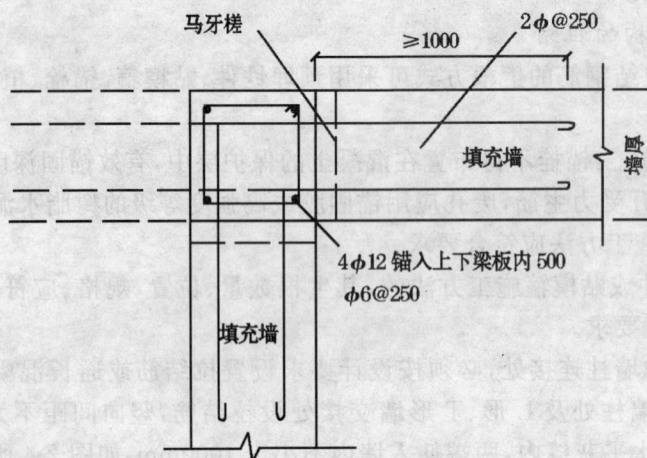

图 2-5　填充墙构造柱大样

（构造柱截面不小于墙厚×240）

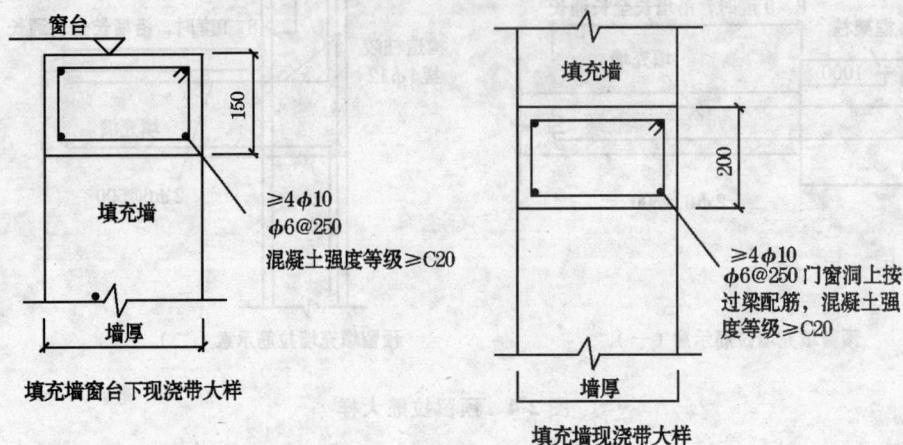

填充墙窗台下现浇带大样

填充墙现浇带大样

图 2-6　现浇带大样

⑥填充墙砌至接近梁、板底时应留一定空隙，待填充墙砌筑完并应至少间隔 7d 后，将缝隙填实。并且墙顶与梁或楼板用钢胀螺栓焊拉结筋或预埋筋拉结，如图 2-7、图 2-8 所示。

⑦混凝土小型空心砌块砌筑的隔墙顶接触梁板底的部位应采用实心小砌块斜砌楔紧；房屋顶层的内隔墙应离该处屋面板板底 15mm，缝内采用 1∶3 石灰砂浆或弹性腻子嵌塞。

⑧钢筋混凝土结构中的砌体填充墙，宜与框架柱脱开或采用柔性连接，如图 2-9 所示。

⑨蒸压加气混凝土和轻集料混凝土小型砌块除底部、顶部和门窗洞口处不得与其他块材混砌。

⑩加气混凝土砌块的孔洞宜用砌块碎末以水泥、石膏及胶修补。

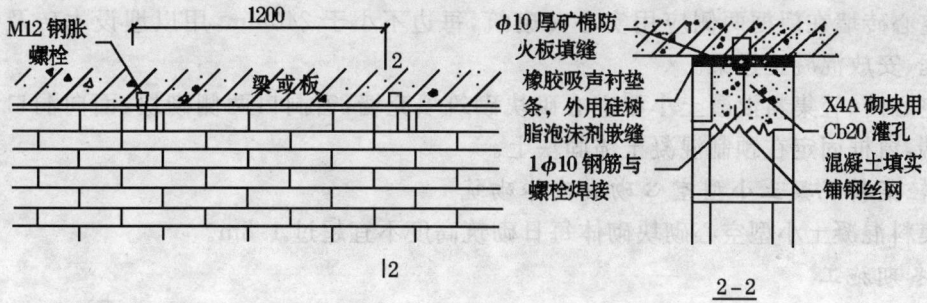

图 2-7　钢胀螺栓拉结筋拉结

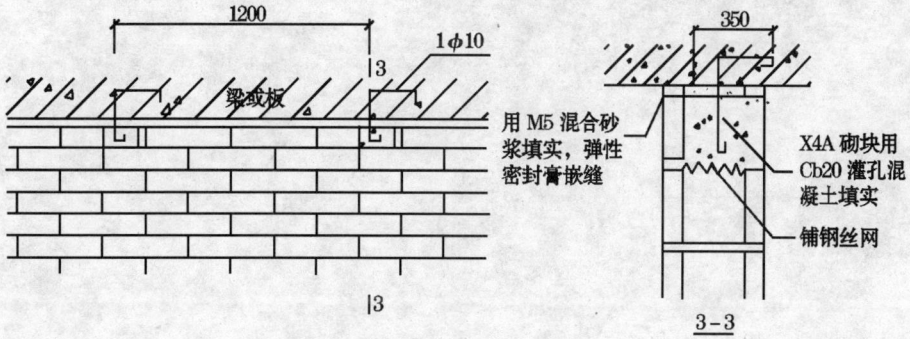

图 2-8　预埋筋拉结

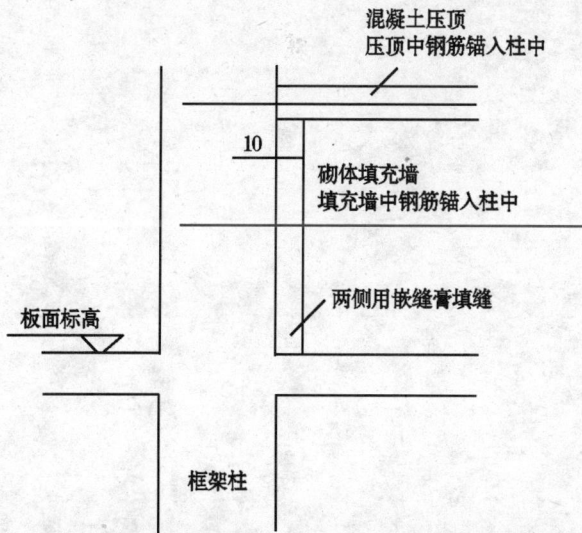

图 2-9　框架柱与非结构砌体填充墙连接做法

6. 填充墙在门窗口两侧的处理

①空心砖墙在门框两侧应用实心砖砌筑,每边不小于240mm,用以埋设木砖及铁件固定门窗框、安放混凝土过梁。

②空心砖、轻集料混凝土小型空心砌块砌筑填充墙,窗洞口两侧砌块,面向洞口者应是无槽一端,窗框固定在预制混凝土锚固块上。

7. 轻集料混凝土小型空心砌块砌体砌筑

轻集料混凝土小型空心砌块砌体每日砌筑高度不宜超过1.8m。

8. 冬期施工

详见"砖基础砌筑工艺中操作工艺的8.冬期施工②~④"。

9. 雨季施工

雨季施工应根据砂含水率及时调整砂浆配合比。

第三章　混凝土工程基础知识

内容提要：

1. 了解模板工程，混凝土浇筑工程，预制构件安装工程，预应力混凝土工程中各分项工程施工的适用范围及施工准备。

2. 掌握模板工程，混凝土浇筑工程，预制构件安装工程，预应力混凝土工程中各分项工程施工的操作工艺。

第一节　模板工程

一、砌筑工程构造柱、圈梁模板的安装与拆除工艺

1. 适用范围

砌筑工程构造柱、圈梁模板安装与拆除工艺适用于砖混结构、外砖内模构造柱、圈梁模板的安装与拆除。

2. 施工准备

①弹好墙身+50cm(或+100cm)水平线，检查砖墙或混凝土墙的位置是否符合图样要求，办理预检手续。

②构造柱钢筋绑扎完毕，并办好隐检手续。

③模板拉杆如需穿墙螺栓，砌砖时应按要求预留螺栓孔洞。

④清理构造柱部位的地面、墙体、钢筋：包括砖墙舌头灰、钢筋上的灰浆及柱根部的落地灰。圈梁及板缝处的杂物全部清理干净。

3. 操作工艺

(1)支模板。

1)支构造柱模板：

①砖混结构构造柱的模板，可采用木模板、多层板或竹胶板、定型组合钢模板。为防止浇筑混凝土时模板变形，影响外墙平整，用木模或钢模板贴在外墙面上，使用穿墙螺栓与墙体内侧模板拉结，穿墙螺栓直径不应小于φ16mm。穿墙螺栓竖向间距不应大于1m，水平间距70mm左右，下部第一道拉条距地面300mm以内。穿墙螺栓孔的平面位置在构造柱马牙槎以外一砖处，使用多层板或竹胶板应注意竖龙骨的间距，控制模板的挠度变形，如图3-1所示。

②外砖内模结构工程的组合柱，用角模与大模板连接，在外墙处为防止浇筑混凝土挤动变形，应进行加固处理，模板贴在外墙面上，然后用穿墙螺栓拉牢，穿墙螺栓规格与间距同砖混结构。

③外砖内模结构在山墙处组合柱，模板采用木模多层板或竹胶板或组合钢模板，支撑方法可采用斜撑。使用多层板或竹胶板应注意木龙骨的间距及模板配置方法。

④构造柱根部应留置清扫口。

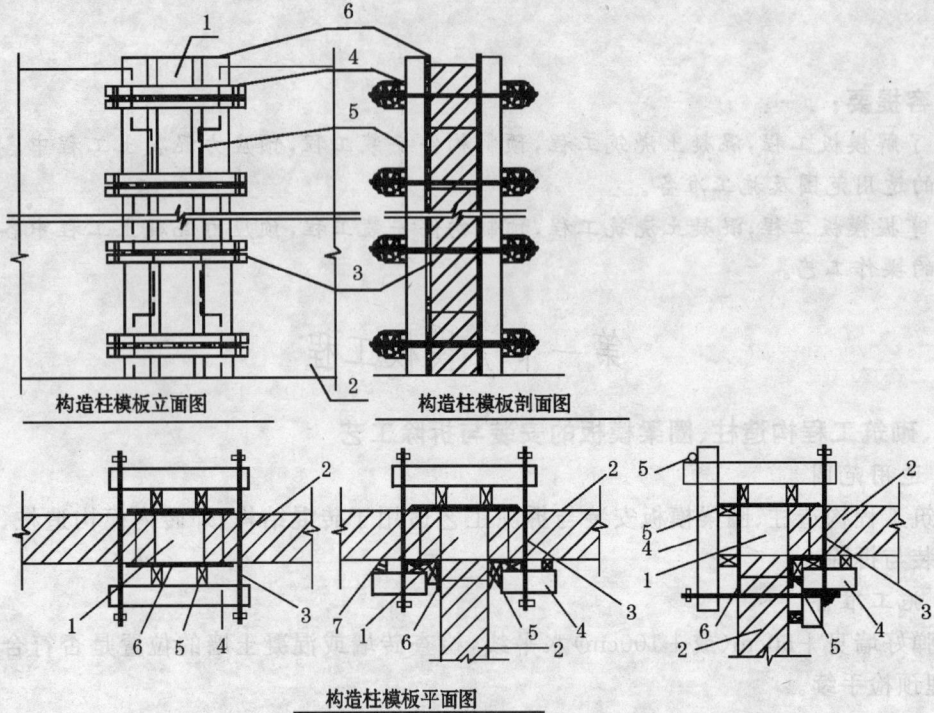

图 3-1　构造柱模板示意图
1. 构造柱　2. 砖墙　3. 穿墙螺栓
4. 夹杠　5. 竖龙骨　6. 模板板面　7. 垫木

2)支圈梁模板:

①圈梁模板可采用木模板、多层板或竹胶合板、定型组合钢模板,模板上口标高应根据墙身+50cm(或+100cm)水平线拉线找平。

②圈梁模板的支撑可采用落地支撑,下面应垫方木。当用方木支撑时下面用木楔楔紧。用钢管支撑时高度调整合适。

③钢筋绑扎完成以后,模板上口宽度进行校正,并用支撑进行校正定位。如采用组合钢模板可用卡具卡牢,保证圈梁的尺寸。

④砖混结构圈梁模板的支撑也可采用悬空支撑法。砖墙上口下一皮砖留洞,横带扁担留洞位置从距墙两端240mm开始留洞,间距500mm左右。

(2)模板拆除。

①组合柱、圈梁侧模拆除时的混凝土强度应能保证其表面及棱角不受损伤。

②模板拆除时,不应对楼层形成冲击荷载。拆除的模板和支架宜分散堆放并及时清运。

③模板拆除应由项目技术负责人批准,并记录。

二、现浇钢筋混凝土结构定型组合钢模板的安装与拆除工艺

1. 适用范围

现浇钢筋混凝土结构定型组合钢模板的安装与拆除工艺适用于工业与民用建筑现浇钢筋混凝土框架结构和现浇钢筋混凝土框架剪力墙结构,先竖向结构施工后水平结构施工模板的安装与拆除。

本工艺所称组合钢模板系按照《组合钢模板技术规范》(GB 50214—2001)标准制造的模板。

2. 施工准备

(1)框架结构先施工柱子,水平施工缝一般设在梁下 50mm 处;剪力墙结构先施工墙,水平施工缝设在模板底标高上 3～5mm 处。

(2)模板设计。

①根据工程结构形式和特点及现场施工条件对模板进行设计,确定模板平面布置,纵横龙骨规格、数量、排列尺寸,柱箍选用的形式及间距,梁板支撑间距,模板组装形式(就位组装和预制拼装)及连接节点大样等。外墙接槎、楼梯间接槎、电梯井接槎、梁与柱节点、梁与墙结点应绘制结点详图。

②验算模板及支撑的强度、刚度及稳定性。绘制全套模板设计图(不同房间的模板平面图、分块图、组装图、节点大样图、零件加工图、楼板上为上一层施工所需的预埋钢筋布置图及大样图)。

③模板设计时应按流水段划分,进行综合研究,确定模板的配置数量。

④施工前应单独编制专项施工方案。

⑤对水平结构混凝土构件模板支撑体系高度超过 8m 或跨度超过 18m,施工荷载大于 10kN/m² 或集中线荷载大于 15kN/m 的模板支撑体系应进行专家论证。

⑥后浇带处的模板支撑体系应同周边水平结构模板分开,单独设立,并保证模板支撑体系的刚度强度及稳定性。

(3)楼层放好线并经过预检。检查的线位包括轴线控制线、墙边线、柱边线、楼层标高线和模板控制线、门窗洞口位置线及梁位置线。

检查已经浇筑的混凝土楼板对应墙柱根部 200mm 宽范围内是否平整。

(4)混凝土接槎处在模板施工前应预先将已硬化混凝土表面的水泥薄膜或松散混凝土全部清理干净并用水冲洗(冬期施工用气泵吹),不留明水。如钢筋上粘有污染物应清刷干净,绑好钢筋保护层垫块,并办完隐预检手续。

(5)安装墙体、柱子模板前应将模板表面清理干净,均匀涂刷隔离剂,不得漏刷,模板上无过量的脱模剂。

(6)预制拼装。组合钢模板可以提前预制拼装,模板拼装后进行编号,刷好隔离剂,分规格堆放。拼装应符合模板设计要求,严密、平整。柱子、墙模板在模板拼装时应预留清扫口。

(7)拆模应有拆模申请。后浇带处、框架梁底等需要延缓拆除支撑的部位应预先确定位置和部件。

(8)在楼板浇筑前留置为竖向结构施工时固定模板位置所需要的预埋地锚筋和拉环。地锚筋一般采用 $\phi1\sim\phi25$mm 钢筋插入混凝土楼板中,上端伸出楼板面 50～80mm。

3. 操作工艺

(1)安装柱模板。

①按照放线位置在柱内四边的预留地锚筋上焊接支杆,从四面顶住模板以防止位移。

②安装柱模板。先安装楼层平面的两边柱,经校正、固定,再拉通线校正中间各柱。一般情况下模板预拼成一面一片(组合钢模一面的一边带两个角模),就位后先用钢丝与主筋绑扎临时固定,组合钢模用U形卡子将两侧模板连接卡紧。

③安装柱箍。柱箍可用方钢、角钢、槽钢或钢管等制成,也可以采用钢木夹箍。柱箍应根据柱模尺寸、侧压力大小等因素在模板设计时确定柱箍尺寸间距。柱断面大时,可增加穿模螺栓。

④安装柱模的拉杆或斜撑。柱模每边设两根拉杆固定于事先预埋在楼板内的钢筋拉环上,用线坠(必要时用经纬仪)控制垂直度,用花篮螺栓或螺杠调节校正。拉杆或斜撑与楼板面夹角宜为45°,预埋在楼板内的钢筋拉环与柱距离宜为3/4柱高,如图3-2所示。

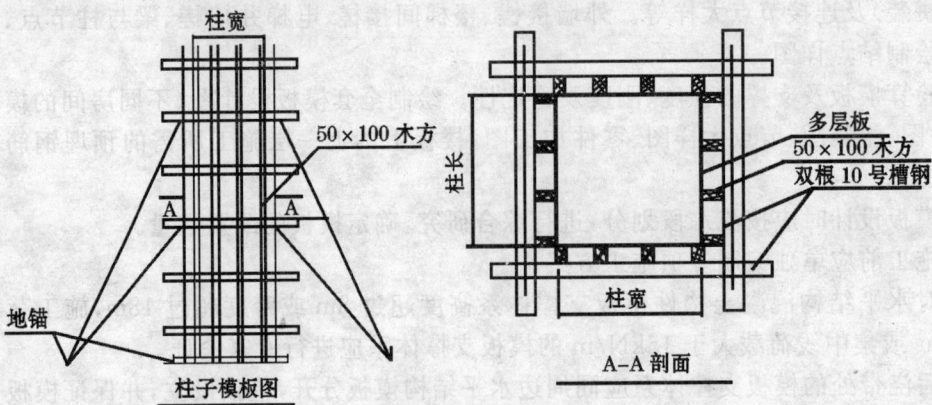

图3-2 柱模板示意图

⑤将柱模内清理干净,封闭清理口,办理模板预检。

(2)安装剪力墙模板。

①按位置线安装门洞口模板,下预埋件或木砖,门窗洞口模板应加定位筋固定和支撑,洞口设4～5道横撑。门窗洞口模板与墙模接合处应加垫海绵条防止漏浆。

②把预先拼装好的一面墙体模板按位置线就位,然后安装拉杆或斜撑,安装塑料套管和穿墙螺栓,穿墙螺栓规格和间距应符合模板设计规定,如图3-3～图3-5所示。

③清扫墙内杂物,再安装另一侧模板,调整斜撑(拉杆)使模板垂直后,拧紧穿墙螺栓。注意模板上口应加水平楞,以保证模板上口水平向的顺直。

④模板安装完毕后,检查扣件、螺栓是否紧固,模板拼缝是否严密,办预检手续。

⑤调整好模板顶部水平顺直、钢筋水平定距框位置,保证混凝土钢筋间距、排距及保护层厚度符合设计与规范要求。

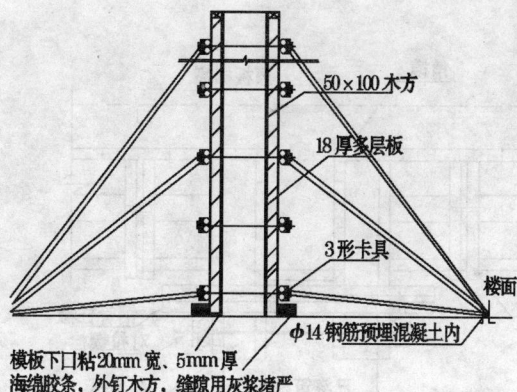

图 3-3 内墙模板支撑示意图

图中标注：
50×100 木方
18 厚多层板
3 形卡具
楼面
φ14 钢筋预埋混凝土内
模板下口粘 20mm 宽、5mm 厚海绵胶条，外钉木方，缝隙用灰浆堵严

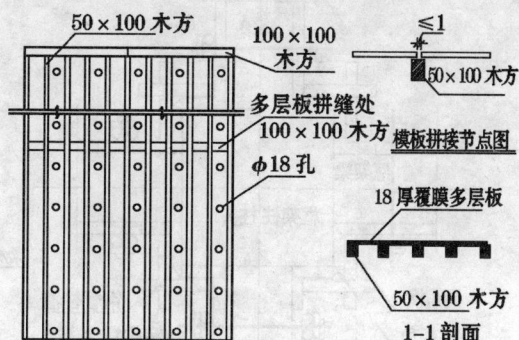

图 3-4 墙模板立面节点示意图

图中标注：
50×100 木方
100×100 木方
多层板拼缝处 100×100 木方
φ18 孔
≤1
50×100 木方
模板拼接节点图
18 厚覆膜多层板
50×100 木方
1—1 剖面

（3）安装梁模板。

①放线、抄平。柱子拆模后在混凝土柱上弹出水平线，在楼板上和柱子上弹出梁轴线。安装梁柱头节点模板，如图 3-6 所示。

②铺设垫板。安装梁模板支柱之前应先铺垫板。垫板可用 50mm 厚脚手板或 50mm×100mm 木方，长度不小于 400mm。当施工荷载大于 1.5 倍设计使用荷载或立柱支设在基土上时，应垫通长脚手板。

③安装立柱。一般梁支柱采用单排，

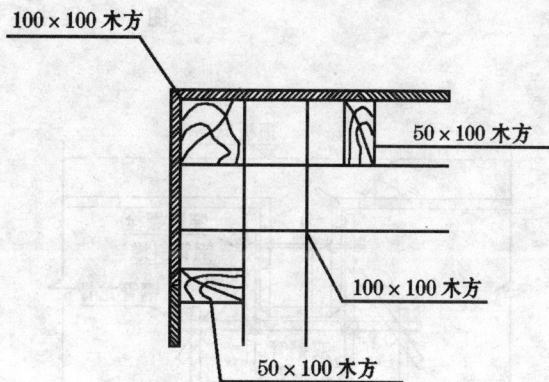

图中标注：
100×100 木方
50×100 木方
100×100 木方
50×100 木方

图 3-5 阴角做法

当梁截面较大时可采用双排或多排，支柱的间距应由模板设计确定，支柱间应设双向水平拉杆，离地 300mm 设第一道。当四面无墙时，每一开间内支柱应加一道双向剪刀撑，保证支撑体系的稳定性。

④调整标高和位置、安装梁底模板。按设计标高调整支柱的标高，然后安装梁底模板，并拉线找直，按梁轴线找准位置。梁底模板跨度大于或等于 4m 应按设计要求起拱。当设计无明确要求时，一般起拱高度为跨度的 1/1000～1.5/1000，如图 3-7 所示。

⑤绑扎梁钢筋，经检查合格后办理隐检手续。

⑥清理杂物，安装侧模板，把两侧模板与梁底板固定牢固，组合小钢模用 U 形卡连接。

⑦用梁托架加支撑固定两侧模板。龙骨间距应由模板设计确定，梁模板上口应用定型卡子固定。当梁高超过 600mm 时，加穿梁螺栓加固或使用工具式卡子。并注意梁侧模板根部要楔紧或使用工具式卡子夹紧，防止胀模漏浆通病，如图 3-8 所示。

⑧安装后校正梁中线、标高、断面尺寸，将梁模板内杂物清理干净。梁端头一般作为清扫口，直到浇筑混凝土前再封闭。检查合格后办模板预检手续。

梁柱节点平面　　　　　　　　　　　梁柱节点剖面

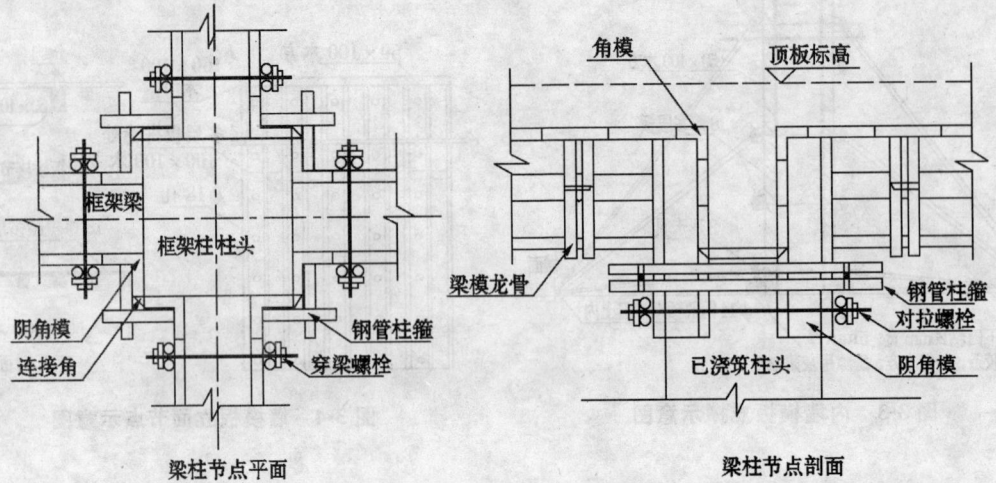

图 3-6　梁柱头节点模板示意图

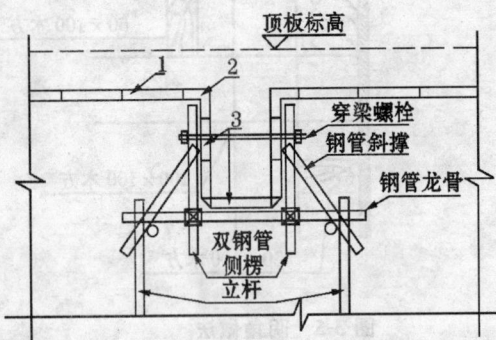

图 3-7　梁支模示意图
1. 楼板模板　2. 阴角模板　3. 梁模板

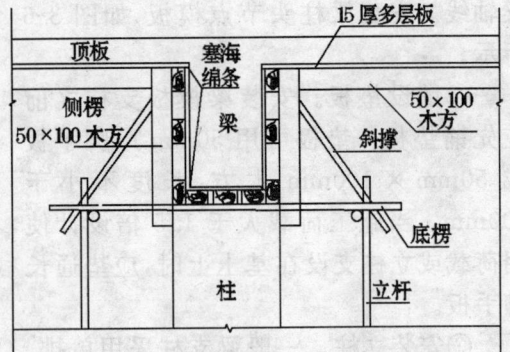

图 3-8　梁支模示意图

（4）安装楼梯模板。

①放线、抄平。弹好楼梯位置线，包括楼梯梁、踏步首末两级的角部位置、标高等。

②铺垫板、立支柱。支柱和龙骨间距应根据模板设计确定，先立支柱、安装龙骨（有梁楼梯先支梁），然后调节支柱高度，将大龙骨找平，校正位置标高，并加拉杆，如图 3-9 所示。

③铺设平台模板和梯段底板模板。铺设时，组合钢模板龙骨应与组合钢模板长向相垂直，在拼缝处可采用窄尺寸的拼缝模板或木板代替。当采用木板时，板面应高于钢模板板面 2~3mm。底板铺设完毕后，在板上划梯段宽度线，依线立外帮板，外帮板可用夹木或斜撑固定，如图 3-10 所示。

④绑扎楼梯钢筋、有梁先绑扎梁钢筋。

⑤吊楼梯踏步模板。办钢筋的隐检和模板的预检。

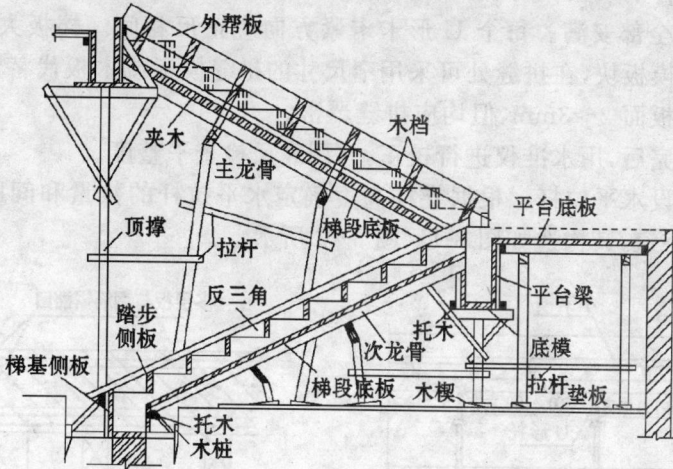

图 3-9　有梁楼梯模板示意图

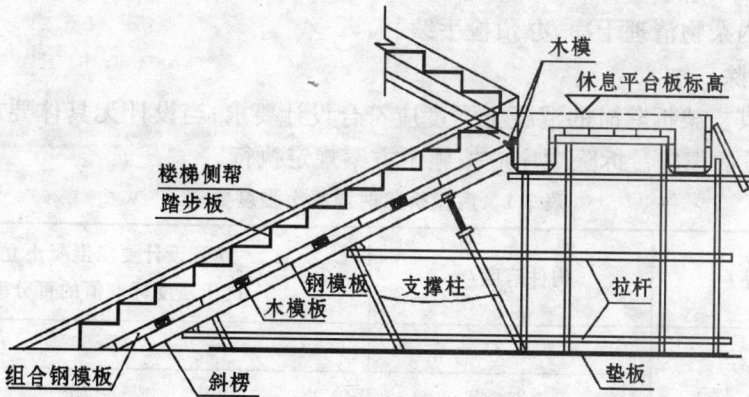

图 3-10　楼梯模板安装示意图

(5)安装楼板模板。

①安装楼板模板支柱之前应先铺垫板。垫板可用 50mm 厚脚手板或 50mm×100mm 木方,长度不小于 400mm,当施工荷载大于 1.5 倍设计使用荷载或立柱支设在基土上时,垫通长脚手板。采用多层支架支模时支柱应垂直,上下层支柱应在同一竖向中心线上。

②严格按照各房间支撑图支模。从边跨一侧开始安装,先安第一排龙骨和支柱,临时固定后再安装第二排龙骨和支柱,依次逐排安装。支柱和龙骨间距应根据模板设计确定,碗扣式脚手架还要符合模数要求。

③调节支柱高度,将大龙骨找平。楼板跨度大于或等于 4m 时应按设计要求起拱,当设计无明确要求时,一般起拱高度为跨度的 1/1000~1.5/1000。大小龙骨悬挑部分应尽量缩短,避免出现较大变形。面板模板不得有悬挑,悬挑部分板下应加小龙骨。

④铺设定型组合钢模板。可从一侧开始铺,每两块板间纵向边肋上用 U 形卡连接,U 形卡与 L 形插销应全部安满。每个 U 形卡卡紧方向应正反相间。楼板大面积均应采用大尺寸的定型组合钢模板块,在拼缝处可采用窄尺寸的拼缝模板或木板代替。当采用木板时,板面应高于钢模板板面 2~3mm,但均应拼缝严密。

⑤楼板模板铺完后,用水准仪进行校正,并用靠尺检查平整度。

⑥支柱之间加设水平拉杆。根据支柱高度确定水平拉杆的数量和间距,一般情况下离地 300mm 处设第一道,其构造如图 3-11、图 3-12 所示。

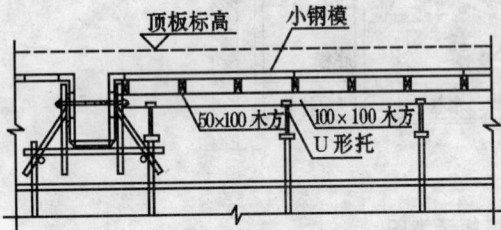

图 3-11 框架剪力墙结构顶板支模示意图

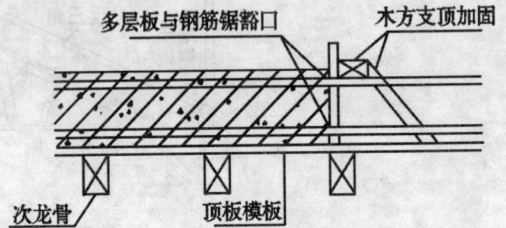

图 3-12 顶板施工缝示意图

⑦将模板内杂物清理干净,办预检手续。

(6)模板拆除。

①底模及其支架拆除时的混凝土强度应符合设计要求;当设计无具体要求时,混凝土强度应符合表 3-1 的规定。拆除顺序应按施工方案规定执行。

表 3-1 底模拆除时混凝土强度要求

构件类型	构件跨度/m	达到设计要求混凝土立方体抗压强度标准值的百分率(%)
板	≤2	≥50
	>2,≤8	≥75
	>8	≥100
梁	≤8	≥75
	>8	≥100
悬臂构件	—	≥100

注:在下列情况下严禁按照表 3-1 中的强度值拆模。

1. 施工荷载大于设计使用荷载。

2. 预应力构件配筋中含有承受永久荷载的配筋,而尚未张拉。

3. 设计人另有规定。

②侧模拆除时的混凝土强度也应能保证其表面及棱角不受损伤,不应对楼层形成冲击荷载。拆除的模板和支架宜分散堆放并及时清运。模板拆除应有拆模申请并由项目技术负责人批准。

③柱子模板拆除。先拆掉柱斜拉杆或斜支撑，卸掉柱箍，再拆掉连接每片柱模板的连接件，使模板与混凝土脱离。

④墙模板拆除。先拆掉穿墙螺栓等附件，再拆除斜拉杆或斜撑，用撬棍轻轻撬动模板，使模板脱离墙体，即可把模板吊运走。

⑤楼板、梁模板拆除。

a. 宜先拆除梁侧模，再拆除楼板模板。楼板模板拆模先拆掉水平拉杆，然后拆除支柱，每根龙骨留 1～2 根支柱暂不拆。

b. 操作人员站在已拆出的空间，拆去近旁余下的支柱。

c. 当楼层较高、支模采用多层排架时，应从上而下逐层拆除，不可采用在一个局部拆除到底再转向相邻部位的方法。

d. 有穿梁螺栓者先拆掉穿梁螺栓和梁底模板支架，再拆除梁底模板。

⑥楼板与梁拆模强度按本工程拆模一览表执行。

⑦拆下的模板及时清理粘结物，拆下的扣件及时集中收集管理。若与再次使用的时间间隔较大，应采用保护模面的临时措施。

三、现浇钢筋混凝土结构木胶合板与竹胶板模板的安装与拆除工艺

1. 适用范围

现浇钢筋混凝土结构木胶合板与竹胶板模板的安装与拆除工艺适用于工业与民用建筑现浇钢筋混凝土框架、框架剪力墙和现浇钢筋混凝土剪力墙，先竖向结构施工后水平结构施工模板的安装与拆除。

2. 施工准备

详见"现浇钢筋混凝土结构定型组合钢模板的安装与拆除工艺中施工准备(1)～(5)和(7)～(8)"的内容。

3. 操作工艺

(1)安装柱模板。框架剪力墙结构的墙柱如连接一体的宜同时支模并同时浇筑混凝土。

具体操作工艺详见"现浇混凝土结构定型组合钢模板的安装与拆除工艺中操作工艺(1)安装柱模板"的内容。

(2)安装剪力墙模板。详见"现浇钢筋混凝土结构定型组合钢模板的安装与拆除工艺中操作工艺(2)安装剪力墙模板"的内容。

(3)安装梁模板。详见"现浇钢筋混凝土结构定型组合钢模板的安装与拆除工艺中操作工艺(3)安装梁模板"的内容。

(4)安装楼梯模板。铺设平台模板和梯段底板模板，模板拼缝应严密不得漏浆。在板上划梯段宽度线，依线立外帮板，外帮板可用夹木或斜撑固定，如图 3-13 所示。

其他详见"现浇混凝土结构定型组合钢模板的安装与拆除工艺中操作工艺(4)安装楼梯模板中的①、②、④及⑤"的内容。

(5)安装楼板模板。

①铺设模板。可从一侧开始铺，拼缝严密不得漏浆。同一房间多层板与竹胶板不宜混用。

②支柱之间加设水平拉杆。根据支柱高度确定水平拉杆的数量和间距。一般情况下离地 300mm 处设第一道，其构造如图 3-13、图 3-14 所示。

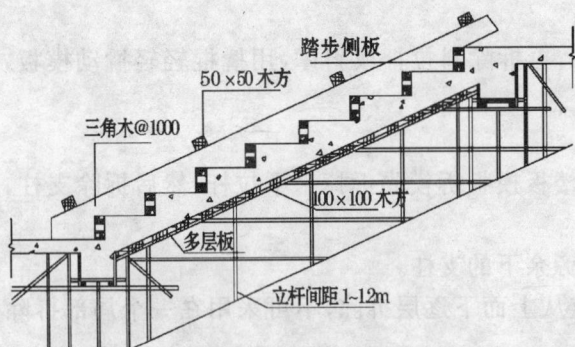

图 3-13　楼梯模板示意图

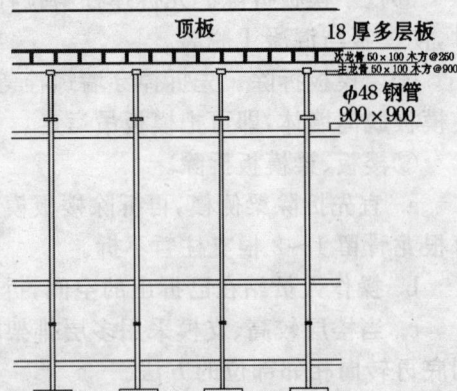

图 3-14　顶板模板施工示意图

③将模板内杂物清理干净,办预检手续。

其他详见"现浇钢筋混凝土结构定型组合钢模板的安装与拆除工艺中操作工艺(5)安装楼板模板的①～③和⑤"的内容。

(6)模板拆除。详见"现浇钢筋混凝土结构定型组合钢模板的安装与拆除工艺中操作工艺(6)模板拆除的①～⑤和⑦"的内容。

四、剪力墙结构墙体全钢大模板的安装与拆除工艺

1. 适用范围

剪力墙结构墙体全钢大模板的安装与拆除工艺适用于外挂内模、外砖内模、全现浇剪力墙结构施工中采用的全钢大模板的安装与拆除。

2. 施工准备

①按工程结构设计图进行模板设计,确保强度、刚度及稳定性。绘制模板连接、外墙接槎、楼梯间接槎、电梯井接槎节点图。

②大模板进入现场必须进行验收。按照模板设计和制作工艺标准进行检查,注意尺寸、螺孔距及配套螺栓、拼接缝等。要清点数量,核对型号,并用醒目字体注明模板编号,以便安装时对号入座。

③弹好楼层的墙身位置及控制线,门窗洞口位置线及标高。

④墙身钢筋绑扎完毕,水电预埋箱盒、预埋件、门窗洞口安装完毕,检查钢筋保护层厚度是否满足要求,办好隐蔽工程验收手续。

⑤为防止大模板下口跑浆,安装大模板前对楼板混凝土严格找平,墙柱根部200mm宽范围内的楼板在浇筑混凝土时,用2m靠尺严格找平。在墙外皮线外5mm粘贴海绵条。

⑥外砖内模结构在安装大模板前,把组合柱处的墙上舌头灰清理干净,全现浇结构外墙混凝土强度必须达到7.5N/mm² 以上时,挂好供外墙模板操作的外架子。

⑦安装大模板前,应把大模板板面及孔口、侧帮都清理干净。要刷好隔离剂,刷完以后用胶皮刮子刮,避免流淌。

⑧设置模板堆放区,设围栏,挂标识牌,禁止非工作人员入内。必需时应设大模安放

支架。

　　3. 操作工艺

　　(1)外板内模结构安装大模板。

　　①根据纵横模板之间的构造关系安排安装顺序,将一个流水段的正号模板用塔吊按位置吊至安装位置初步就位,用撬棍按墙位置先调整模板位置,对称调整模板的对角螺栓或斜杆螺栓。用2m靠尺板测垂直校正标高,使模板的垂直度、水平度、标高符合设计要求,立即拧紧螺栓。

　　②安装外挂板,用花篮螺栓或卡具将上下端与混凝土楼板锚固钢筋拉结固定。

　　③合模前检查钢筋、水电预埋管件、门窗洞口模板、穿墙套管是否遗漏,位置是否准确,安装是否牢固或削弱混凝土断面过多等,合反号模板前将墙内杂物清理干净。

　　④安装反号模板,经校正垂直后用穿墙螺栓将两块模板锁紧。

　　⑤正反模板安装完后检查角模与墙模,模板与墙面间隙必须严密,防止漏浆、错台现象。检查每道墙上口是否平直,用扣件或螺栓将两块模板上口固定。办完模板工程预检验收,方准浇灌混凝土。

　　(2)全现浇结构大模板安装。

　　①按照方案要求安装模板支撑平台架。

　　②安装门洞口模板、预留洞模板及水电预埋件。门窗洞口模板与墙模板结合处应加垫海绵条防止漏浆。如结构保温采用大模内置外墙外保温(EPS保温板),应安装保温板。

　　③安装内横墙、内纵墙模板,安装方法同“(1)外板内模结构安装大模板中的①、③、④、⑤条”。

　　④在流水段分段处,墙体模板的端头安装卡槎子模板,它可以用木板或用胶合板根据墙厚制作,模板要严密,防止浇筑内墙混凝土时,混凝土从外端头部分流出。

　　⑤安装外墙内侧模板,按模板的位置线将大模板安装就位找正。

　　⑥安装外墙外侧模板,模板放在支撑平台架上(为保证上下接缝平整、严密,模板支撑尽量利用下层墙体的穿墙螺栓紧固模板),将模板就位找正,穿螺栓,与外墙内模连接紧固校正。注意施工缝模板的连接必须严密,牢固可靠,防止出现错台和漏浆的现象。

　　⑦穿墙螺栓与顶撑可在一侧模立好后先安,也可以两边立好从一侧穿入。

　　(3)拆除大模板。

　　①模板拆除时,结构混凝土强度应符合设计和规范要求,混凝土强度应以保证表面及棱角不因拆除模板而受损,且混凝土强度达到1MPa。

　　冬季施工中,混凝土强度达到1MPa可松动螺栓,当采用综合蓄热法施工时待混凝土达到4MPa方可拆模,且应保证拆模时混凝土温度与环境温度之差不大于20℃,且混凝土冷却到5℃及以下。拆模后的混凝土表面应及时覆盖,使其缓慢冷却。

　　②拆除模板。首先拆下穿墙螺栓,再松开地脚螺栓使模板向后倾斜与墙体脱开。如果模板与混凝土墙面吸附或粘接不能离开时,可用撬棍撬动模板下口。但不得在墙体上撬模板或用大锤砸模板。且应保证拆模时不晃动混凝土墙体,尤其在拆门窗洞口模板时不能用大锤砸模板。

　　③拆除全现浇混凝土结构模板时,应先拆外墙外侧模板,再拆除内侧模板。

④清除模板平台上的杂物,检查模板是否有钩挂兜绊的地方,调整塔臂至被拆除模板的上方,将模板吊出。

⑤大模板吊至存放地点时,必须一次放稳,其自稳角应根据模板支撑体系的形式确定,中间留 500mm 工作面,及时进行模板清理,涂刷隔离剂保证不漏刷、不流淌。每块模板后面挂牌,标明清理、涂刷人名单。

⑥大模板应定期进行检查和维修,在大模板上后开的孔洞应打磨平整,不用者应补堵后磨平,保证使用质量。冬季大模板背后做好保温,拆模后发现有脱落及时补修。

⑦为保证墙筋保护层准确,大模板上口顶部应配合钢筋工安装控制竖向钢筋位置、间距和钢筋保护层工具式的定距框。

⑧当风力大于 5 级时,停止对墙体模板的拆除。

五、弧形墙体模板的安装与拆除工艺

1. 适用范围

弧形墙体模板的安装与拆除工艺适用于工业与民用建筑现浇混凝土结构中弧面竖向构件模板的安装与拆除。

2. 施工准备

(1)模板设计。

①根据工程结构形式和特点及现场施工条件,对模板进行设计,确定模板平面布置,纵横龙骨规格、数量、排列尺寸,曲面箍选用的形式及间距,模板组装形式(就位组装和预制拼装),连接节点大样。

②验算模板及支撑的强度、刚度及稳定性。绘制全套模板设计图(模板平面图、分块图、组装图、节点大样图、零件加工图、大样图)。

③模板的数量应在模板设计时按流水段划分,进行综合研究,确定模板的配置数量。

(2)楼层放线。楼层放好线并经过预检,包括圆心、十字轴线控制线、墙边线、坡度变化的起始位置线及标高(坡道内外标高不同应分别标注)、楼层标高线和模板控制线、门窗洞口位置线、梁位置线等。

(3)混凝土接槎处清理。混凝土接槎处在模板施工前,应预先将已硬化混凝土表面的水泥薄膜或松散混凝土及其软弱层全部剔除、清理干净并用水冲洗(冬施用气泵吹),不露明水。如钢筋上粘有污染物应清刷干净,绑好钢筋保护层垫块,并办好隐预检手续。

(4)模板清理。安装模板前应将模板表面清理干净,刷好隔离剂,涂刷均匀,不得漏刷,模板上无过量的脱模剂。检查预埋地锚,确认位置准确、无遗漏。

(5)模板的配置。

①若构件弧面曲率半径大,当运用折线趋近曲线的方法时,可使用组合钢模板,模板的宽度选择应根据弧面曲率确定。当构件有弧面与斜截面相交的构造时,应补充措施保证交线处接界良好。

②对曲面曲率半径较小或者表面精度要求高的构件,应采用弯曲面板材料的方案,或者定尺加工弧面模板。

③当分别部位采用不同形状的预制模板时,应进行编号,分规格堆放,并在正式组装前进行试拼装。

④拼装应符合模板设计要求,并应严密、平整。螺栓打孔位置应符合模板设计要求(坡道应根据坡道的坡度变化)。水平楞的圆弧应放大样加工,墙两侧水平楞因圆弧的直径不同(斜筒应根据不同高度的直径),应分开存放,做好标识,加工的圆曲线变化要准确。

(6)墙体钢筋绑扎完毕,水电管线及预埋件已安装,绑好钢筋保护层垫块,经过质量检查合格并办好隐检手续。

3.操作工艺

(1)焊接支杆。按照放线位置,在墙两侧预留地锚筋上焊接支杆,顶住模板以防止位移。使用木制多层板、竹胶板模板时,支杆端头应有焊好的垫片,防止螺栓紧固后模板板面破损或截面尺寸变小。

(2)安装墙模板。根据放样位置从一头安装一侧墙模板,就位后先用铁丝与主筋绑扎临时固定,然后再安装另外一侧模板。注意使用木制多层板竹胶板模板时,因板面较宽安装时应考虑安装长度。

(3)安装水平楞(坡道应顺着坡道的坡度)和竖楞。水平楞可用方钢、钢管等制成,加工圆弧时,应放大样,可用压弯机或手工调弯,加工后应与大样对比。应根据侧压力大小等因素在模板设计时确定水平楞及竖楞的尺寸间距、穿墙螺栓的规格和间距。紧固螺栓调整模板,注意模板上口必须设一道水平楞(坡道应顺着坡道的坡度)。

(4)安装墙模的拉杆或斜撑。模板拉杆,应固定于事先预埋在楼板内的钢筋拉环上。用线坠控制墙体垂直度,吊线的长度不应小于2m,或根据墙的高度吊墙体全高的垂直度。用花篮螺栓(或螺杠)调节校正模板垂直度。拉杆(或斜撑)与楼板面夹角宜为45°,预埋在楼板内的钢筋拉环与柱距离宜为3/4墙高。

(5)将模内清理干净,封闭清理口,办理模板预检。

(6)模板拆除。

①先拆除穿墙螺栓等附件,再拆除斜拉杆或斜撑,用撬棍轻轻撬动模板,使模板离开墙体,即可把模板拆下。

②墙体模板拆除时要能保证混凝土表面及棱角不因拆除而受损坏,要有拆模申请,经批准后方可拆模。

③拆下的模板及时清理粘结物,涂刷脱模剂。拆下的扣件及时清理、运出工作面。

六、弧形汽车坡道楼板模板的安装与拆除工艺

1.适用范围

弧形汽车坡道楼板模板的安装与拆除工艺适用于工业与民用建筑现浇混凝结构中有弧形墙体汽车坡道楼板模板的安装与拆除。

2.施工准备

(1)模板设计。

①根据工程结构形式和特点及现场施工条件,对模板进行设计,确定模板平面布置,纵横龙骨规格、数量、排列尺寸,模板组装形式,连接节点大样。

②对模板及支架系统进行设计。确定模板支架的组合方式,验算模板及支撑的强度、刚度及稳定性。绘制全套模板设计图(模板平面图、分块图、组装图、节点大样图、模板加工图、楼板浇筑前留置为后一层结构施工时固定模板位置所需的预埋钢筋布置图、大样图)。

③绘制全套模板及支架系统的设计图。其中包括模板平面布置总图、分段平面图、模板及其支架的组装图、节点大样图。

其他详见"现浇钢筋混凝土定型组合钢模板的安装与拆除工艺中施工准备(2)模板设计③～⑤"的内容。

(2)楼层放好线,包括圆心、十字轴线控制线、坡度变化的起始位置线及标高(坡道内外标高不同应分别标注)、楼层标高线和模板控制线、门窗洞口位置线、梁位置线。并经过预检。

(3)混凝土接槎处在模板施工前,应预先将已硬化混凝土表面的水泥薄膜或松散混凝土及其砂浆软弱层全部剔除、清理干净用水冲洗(冬施用气泵吹),不露明水。

(4)模板的配置。

①若构件弧面曲率半径较大,模板可使用组合钢模板与竹、木胶合板结合使用。即大面积模板使用组合钢模板,曲线部位用木模板。组合钢模板与板面厚度不同的竹、木胶合板结合使用部位,可在次龙骨上钉木条保证板面平整。

②对曲面曲率半径较小或者表面精度要求高的构件,应采用竹、木胶合板(但不要混用)。

③当分别部位采用不同形状的预制模板时,应进行编号,分规格堆放,并在正式组装前进行试拼装。

(5)详见"弧形墙体模板的安装与拆除工艺中施工准备(6)"。

3. 操作工艺

(1)按设计要求放出坡道坡度变化位置线,坡道坡度变化位置标高点、控制线,如图3-15所示。

(2)顺着主龙骨方向铺设垫板,垫板尺寸应满足卸荷要求。

(3)安装钢支柱。

①根据模板设计要求安装钢支柱,安装支柱顶托,粗调整标高。

②加固支柱间拉杆设双向加水平拉杆,离地 300mm 设第一道。

③顺坡道坡度方向安装剪刀支撑。顺坡道坡度方向以三根立柱间距为一个单元,可跳单元安装剪刀支撑,保证支撑体系的稳定性。

(4)安装主龙骨。

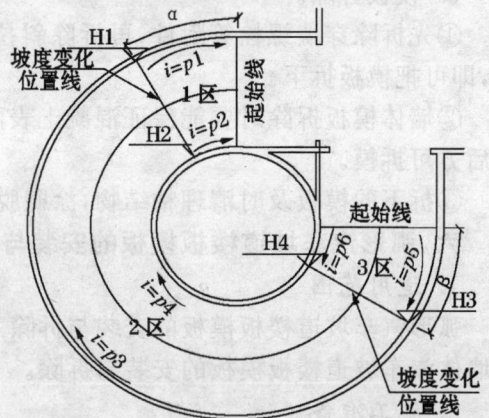

图 3-15　坡道坡度变化点、控制线示意图

①主龙骨采用 10cm×10cm 木方,其间距应符合模板设计要求,曲线汽车坡道的局部主龙骨其间距大的部位应另加支撑和主龙骨。

②调整主龙骨标高,重点控制坡道坡度变化线位置及高程符合设计要求。

(5)安装次龙骨。次龙骨采用 5cm×10cm 木方,其上下面应刨光,保证板面平整度。坡道坡度变化位置线标高应拉线控制,并调整次龙骨的高度。

(6)铺设模板板面。定型组合钢模,相邻两块模板用U形卡满安连接,U形卡紧方向应正反相间。

(7)将模内清理干净,封闭清理口,办理模板预检。

(8)模板拆除。

①拆模的顺序和方法。应遵循先支后拆,后支先拆;先拆不承重的模板,后拆承重部分的模板;自上而下,支架先拆除拉杆、剪刀撑,后拆竖向支撑的原则。

②下调支柱顶托,拆除定型组合钢模相邻两块模板用U形卡,拆除支架拉杆、剪刀撑,拆除支柱,拆除模板。

③其他详见"现浇钢筋混凝土结构定型组合钢模板的安装与拆除工艺中操作工艺的(6)模板拆除的①、②"。

七、玻璃钢模板的安装与拆除工艺

1. 适用范围

玻璃钢模板的安装与拆除工艺适用于工业与民用建筑混凝土柱玻璃钢模板的安装与拆除。

本书所称玻璃钢模板是采用不饱和聚酯树脂为胶结材料和耐碱玻璃纤维布为增强材料,按照拟浇筑构件形状和施工工艺要求、经过专业加工成型的模板。

玻璃钢模板就其形状分类,有圆柱面形、半圆柱面形、槽形、截球面形、异形曲面形;就其结构分类,有平板型、加肋型。

2. 施工准备

(1)模板设计。

①根据构件形状和玻璃钢模板的特点,对模板进行设计。验算模板及支撑的强度、刚度及稳定性。

②玻璃钢模板的厚度,根据荷载的大小,通过计算确定,一般为 4～5mm。整张卷曲式模板,对于圆形截面的柱子模板,考虑模板在承受侧压力后,模板断面会膨胀变形,其膨胀率可按 0.6% 考虑,即 100cm 直径的圆柱模板应做成 ϕ99.4cm。模板直径的加工误差应控制在 $-3～+2$mm,脱模后混凝土圆柱的直径误差率为 1%。

③圆柱体玻璃钢模板一般是按圆柱的周长和高度制成整张卷曲式模板,或加肋型组装式模板。模板高度视混凝土柱高度而定。柱高 4m 以内时,可以做成一节同高度的模板。柱高 4m 以上时,应考虑支模方便和模板的竖向刚度,可以做成 3～4m 高,分节浇筑混凝土。

④模板拼缝处,均设置用于模板组拼的拼接翼缘,翼缘用扁钢加强。扁钢设有螺栓孔,以便于模板组拼后的连接。绘制全套模板设计图(分块图、组装图、节点大样图、零件加工图、楼板上模板支撑埋件布置图、大样图)。

⑤模板设计时应按流水段划分,进行综合研究,确定模板的配置数量。

⑥对于圆形截面的柱子模板,为了增强模板的整体刚度和稳定性,在柱模外一般需设置上、中、下三道柱箍,柱箍采用角钢∟40mm×4mm 或扁钢－56mm×6mm 制成,一般可设计成两个半圆形,拼接处用螺栓连接。柱箍的另一个作用是供设置柱模的斜撑或缆绳用以调整模板的垂直度,保证模板的竖向稳定。

（2）弹好模板柱边线、控制线、楼层标高线。

（3）混凝土接槎处在模板施工前，应预先将已硬化混凝土表面的水泥薄膜或松散混凝土及其砂浆软弱层全部剔凿到露石子、清理干净用水冲洗（冬施用气泵吹），不露明水。如钢筋插铁上粘有污染物应清刷干净。

（4）安装模板前应将模板表面清理干净，刷好隔离剂，涂刷均匀，不得漏刷，模板上无过量的脱模剂。

（5）构件钢筋绑扎完毕，水电管及预埋件已安装，绑好钢筋保护层垫块，并办好隐检手续。

（6）为模板施工预留的地锚要位置正确、无遗漏。

3．操作工艺

（1）按照放线位置，在柱内周边事先已插入混凝土楼板的 $\phi18\sim\phi25$mm 高出楼板 50～80mm 预留地锚筋上焊接支杆（端头应有 20mm×20mm 的垫片），从四面顶住模板以防止位移。沿柱边外 3～5mm 抹高 20mm、宽 50～80mm 的水泥砂浆找平带防止根部漏浆。

（2）安装柱模板。平板形模板安装时需由二人将模板抬至柱钢筋一侧，将模板竖立，然后顺着模板接口由下往上将模板逐渐扒开，套在柱子钢筋周围，下端与模板定位支杆贴紧，套好后将模板接口转向任一支撑的方向，再逐个拧紧模板接口螺栓。加劲肋型模板安装时将模板运至柱边，将一侧模板竖起，用支撑撑住或用铁丝与主筋绑扎临时固定，再竖起另一侧模板，对准接口后拧紧模板接口螺栓。

（3）安装柱箍与支撑或缆绳。每个柱模应设上、中、下三道柱箍，柱箍用角钢∟40mm×4mm 或扁钢—56mm×6mm 做成，柱箍的内径与圆柱模板的外径一致，接口处用螺栓连接。中部柱箍应设在柱模高度 2/3 处。其上安装缆绳，用花篮螺丝紧固，以此调整柱模的垂直，缆绳固定在楼板预留的拉结埋件上，缆绳在水平方向按 90°或 120°夹角分开，与地面呈 45°～60°夹角。为防止柱箍下滑，可用 50mm×100mm 木方或其他支撑支顶。

需要注意的是：缆绳的延长线要通过圆柱模板的圆心，否则缆绳用力后易使模板扭转。

（4）模板安装完毕后，检查一遍螺栓是否紧固，模板拼接的接缝是否严密，办好预检手续。

（5）模板拆除。

①先拆除缆绳或支撑，卸掉柱箍，剔除地面水泥砂浆找平带，松拆螺栓，松动模板接口与混凝土分离，将模板卸下。

②由于水泥的碱性较大，拆模后一定要及时清理模板表面的水泥残渣，防止腐蚀模板，并刷好脱模剂。

③加肋型圆柱模板要竖向放置，水平放置时必须单层码放。

④对于接口处的加强肋要注意保护，不得摔碰。

八、密肋楼板模壳的安装与拆除工艺

1．适用范围

密肋楼板模壳的安装与拆除工艺适用于在工业与民用建筑中以模壳为现浇密肋楼板模具的施工。

模壳是用于钢筋混凝土现浇密肋楼板的一种工具式模板。密肋楼板是由薄板和间距较小的双向或单向密肋组成，如图 3-16、图 3-17 所示。

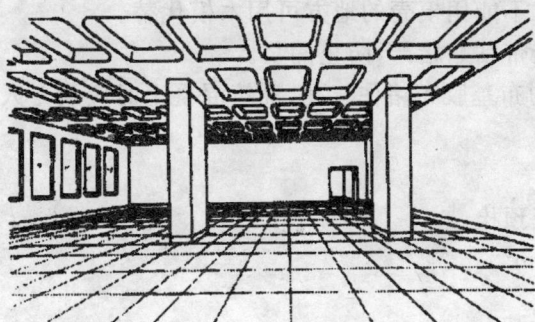

图 3-16　双向密肋楼板示意图

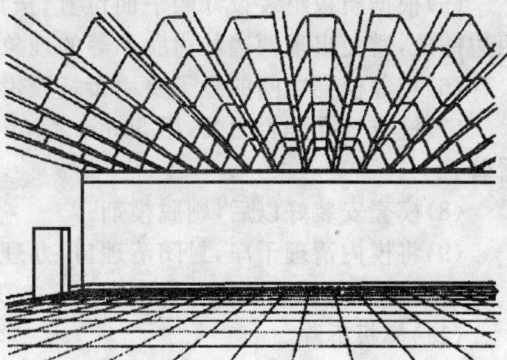

图 3-17　单向密肋楼板示意图

2. 施工准备

(1)模板设计。

①根据构件形式与尺度选择模壳形式,模壳的数量应在模板设计时按流水段划分,进行综合研究。

②对模板及支架系统进行设计。确定模壳的平面布置,纵横木楞的规格、数量和排列尺寸;确定模壳与木楞及其他结构构件的连接方式。同时确定模壳支架的组合方式。验算模壳和支架的强度、刚度及稳定性。

③对危险性较大的工程项目如各类工具式模板及水平混凝土构件模板支撑体系及特殊结构模板工程体系,在施工前应单独编制专项施工安全方案。

④对水平结构混凝土构件模板支撑体系高度超过 8m,施工荷载大于 $10kN/m^2$ 或集中线荷载大于 $15kN/m$ 的模板支撑体系应进行专家论证审查。

⑤绘制全套模壳模板及支架系统的设计图。其中包括模板平面布置总图、分段平面图、模板及其支架的组装图、节点大样图。

(2)楼层放好十字轴线控制线、密肋梁位置及标高、楼层标高线和模板控制线、洞口位置线,并经过预检。

(3)安装模板前应将模板表面清理干净,刷好隔离剂,涂刷均匀,不得漏刷。

(4)模板的配置,应根据施工方案要求。

(5)根据施工方案,列出本工程拆模同条件试块及部位一览表,并配平面图。

3. 操作工艺

(1)按照放线位置,安装立柱。立柱间距位置应符合模壳安装的要求,支柱的平面布置应设在模壳的四角点支撑上,对于大规模的模壳,主龙骨立柱可适当加密。立柱安装要垂直。

(2)安装柱头 U 形托,调整位置及标高。起拱高度如设计无要求,应按开间的短向长度起拱1‰～3‰。根据方案设计设置纵横拉杆,并与结构柱连接牢固。

(3)安装龙骨。龙骨放置(快拆梁)在 U 形托上或将桁架梁两端之舌头挂于柱头板上,找平调直后安装支撑模壳龙骨(或∟50mm×5mm 角钢),安装时拉通线控制,调整加固。

(4)安装主次梁模板时应按照梁轴线找准位置,拉通线铺设,横平竖直。再次调整标高。

(5)根据模板组装设计的平面位置,按型号安装模壳,模壳铺放排列时均从中间轴线向两边铺放,避免出现两边的边肋不等的现象。凡不能用模壳的地方可用木模代替。

(6)相邻模壳之间的缝子要用布基胶带或胶带粘贴堵严,防止漏浆。

(7)检查气孔是否通畅,用 50mm×50mm 的布基胶布堵住气孔,浇筑混凝土时应设专人看管。

(8)模壳安装好以后,刷脱模剂。

(9)将模内清理干净,封闭清理口,办理模板预检。

(10)模壳的施工荷载宜控制在 25~30N/mm² 。

(11)模板拆除。

①对于支柱跨度间距小于等于 2m,混凝土强度达到设计强度的 50% 时,可拆除模壳;采用气动拆模,根据现场同条件试块强度达到 9.8MPa 后,可拆除模壳。

②先将托模壳的 U 形托向下调,将支撑模壳的龙骨(或∟50mm×5mm 角钢)拆除,将托模壳的模板拆除,再拆除模壳。

③由于模壳与混凝土的接触面呈碗形,人工拆模难度较大,模壳损坏较多,尤其是塑料模壳。可用气动拆模。采用气动拆模时,可用高压气泵(一般工作压力不小于 0.7MPa),将拆模壳的专用气枪对准模壳的气孔,充气后使模壳与混凝土脱开后,人工辅助将模壳拆下。

④拆下的模板及时清理粘结物,涂刷脱模剂。

⑤其他详见"现浇钢筋混凝土结构定型组合钢模板的安装与拆除工艺中操作工艺的(6)模板拆除的①、②。"

第二节　混凝土浇筑工程

一、砌筑工程圈梁、构造柱、板缝混凝土施工工艺

1. 适用范围

本工艺适用于砌体结构的构造柱、圈梁、楼板及板缝等混凝土浇筑工艺。

2. 施工准备

(1)常温时,混凝土浇筑前,砖墙、木模应提前适量浇水湿润,但不得有积水。

(2)模板牢固、稳定,标高、尺寸等符合设计要求,模板缝隙超过规定时,要堵塞严密,并办完预检手续。

(3)钢筋办完隐检手续。

(4)构造柱、圈梁接槎处的松散混凝土和砂浆应剔除,模板内落地灰、砖渣等其他杂物要清理干净。

(5)混凝土配合比经具有检测资质试验室试配确定,配合比通知单与现场使用材料应相符。

3. 操作工艺

(1)混凝土运输。

①混凝土拌和物应及时用翻斗车、手推车或吊斗运至浇筑地点。运送混凝土时,应防止水泥浆流失。若有离析现象,应在浇筑地点进行人工二次拌和。

②混凝土运输、浇筑及间歇的全部时间不应超过混凝土的初凝时间。

(2)混凝土浇筑、振捣。

①构造柱根部处的混凝土浮浆及落地灰要剔除,并清理干净。在浇筑前宜先铺50～100mm与构造柱混凝土配合比相同的去石子水泥砂浆。

②浇筑方法:用塔吊吊斗供料时,按预制楼板承载能力控制铁盘上的混凝土量,先将吊斗降至距铁盘500～600mm处,将混凝土卸在铁盘上,再用铁锹灌入模内,不宜用吊斗直接将混凝土卸入模内。

③浇筑混凝土构造柱时,先将振捣棒插入柱底根部,使其振动再落入混凝土,应分层浇筑、振捣,每层厚度应按实测振捣棒有效长度的1.25倍确定。

④混凝土振捣:振捣构造柱时,振捣棒尽量靠近内墙插入。振捣圈梁混凝土时,振捣棒与混凝土面应成斜角,斜向振捣。振捣板缝混凝土时,应选用直径30mm的小型振捣棒。

⑤浇筑混凝土时,应注意保护钢筋位置及外砖墙、外墙板的防水构造,不使其损害,专人检查模板、钢筋是否变形、移位、螺栓、拉杆是否松动、脱落。发现漏浆等现象,指派专人检修。

⑥混凝土振捣时,应避免触动墙体,严禁通过墙体传振。

⑦表面抹平:圈梁、板缝混凝土每浇筑振捣完一段,应随即用木抹子压实、抹平。表面不得有松散混凝土。

(3)混凝土养护。

①混凝土浇筑完成12h内,应对混凝土加以覆盖并浇水养护,常温时每日至少浇水两次,并应保持混凝土表面湿润,养护时间不得少于7d。

②对掺用缓凝型外加剂的混凝土,不得少于14d。混凝土养护期间,应保持其表面湿润。

③冬期施工时,可采取塑料布外加草帘被进行养护。

二、剪力墙结构普通混凝土浇筑施工工艺

1. 适用范围

本工艺适用于剪力墙结构普通混凝土浇筑、振捣及养护施工。

2. 施工准备

(1)已经与预拌混凝土供应方签订技术合同,合同中应明确注明主要技术条件,如:强度等级,水泥品种,砂率,胶凝材料用量,缓凝时间,坍落度,碱、氯化物含量要求,掺和料品种等。

(2)混凝土若现场拌制,各种原材料需经试验室进场检验,并经试配提出混凝土配合比。现场应在搅拌机旁配备混凝土配合比标识牌。

(3)现场试验室应做好坍落度检测和混凝土试块制作、现场同条件试块养护措施等准备工作。

(4)现场地泵、泵管和布料杆安装、固定就位后,应提前进行调试检修,确定其工作状态良好。

(5)现场水电供应保障正常,道路通畅,保证混凝土运输、浇筑顺利进行。检查电源、线路,并做好夜间施工场区、作业面及人员通道照明的准备。

(6)完成钢筋、模板的隐检、预检验收工作,注意检查支铁、垫块,以保证保护层厚度。核实墙内预埋件、预留孔洞、水电预埋管线、盒槽的位置、数量及固定情况。

(7)检查模板下口、洞口及角模处拼接是否严密,模板支撑和加固是否可靠。

(8)检查并清理模板内残留杂物,用水冲净。外砖内模的砖墙及木模,常温时已浇水润湿。

(9)混凝土搅拌机、计量器具、振捣器等经检查、维修。计量器具已定期校核。

(10)现场施工人员、机械操作人员已准备就绪。

3. 操作工艺

(1)混凝土运输。混凝土从搅拌地点运送至浇筑地点,延续时间尽量缩短,根据气温宜控制在 0.5～1h。当采用预拌混凝土时,应充分搅拌后再卸车,不允许加水。已初凝的混凝土不应使用。

(2)混凝土浇筑。

①墙体浇筑混凝土:

a. 墙体浇筑混凝土前,在底部接槎处宜先浇筑 30～50mm 厚与墙体混凝土配合比相同的减石子砂浆。砂浆用铁锹均匀入模,不可用吊斗或泵管直接灌入模内,且与后续入模混凝土间隔≤2.5h,如图 3-18 所示。

b. 混凝土应采用赶浆法分层浇筑、振捣,分层浇筑高度应为振捣棒有效作用部分长度的 1.25 倍。每层浇筑厚度在 400～500mm,浇筑墙体应连续进行,间隔时间不得超过混凝土初凝时间。墙、柱根部由于振捣棒影响作用不能充分发挥,可适当提高下灰高度并加密振捣和振动模板,如图 3-19 所示。

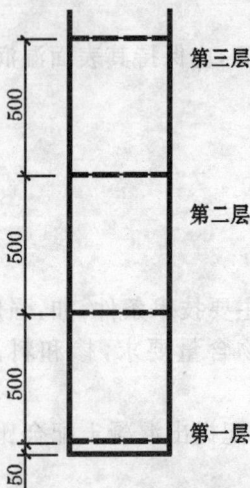

图 3-18　剪力墙底部处理

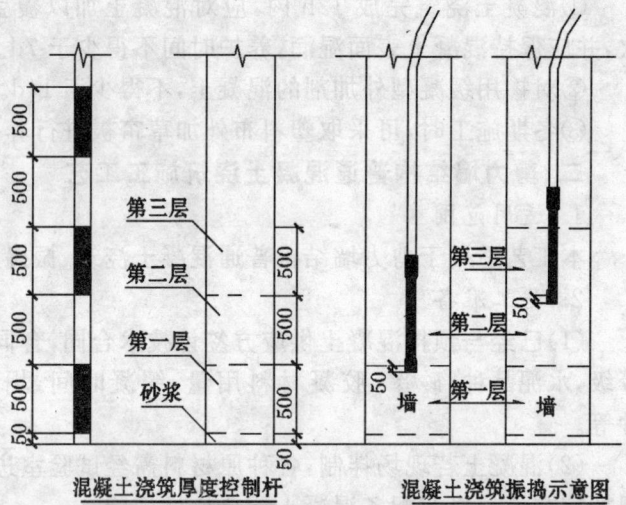

混凝土浇筑厚度控制杆　　混凝土浇筑振捣示意图

图 3-19　剪力墙分层浇筑

c. 浇筑洞口混凝土时,应使洞口两侧混凝土高度大体一致,对称均匀,振捣棒应距洞边300mm 以上为宜,为防止洞口变形或位移,振捣应从两侧同时进行。暗柱或钢筋密集部位应用 ϕ30mm 振捣棒振捣,振捣棒移动间距应小于 500mm,每一振点延续时间以表面呈现浮浆、不产生气泡和不再沉落为度,振捣棒振捣上层混凝土时应插入下层混凝土内 50mm,振捣时应尽量避开预埋件。振捣棒不能直接接触模板进行振捣,以免模板变形、位移以及拼缝扩大造成漏浆。遇洞口宽度大于 1.2m 时,洞口模板下口应预留振捣口。

d. 外砖内模、外板内模大角及山墙构造柱应分层浇筑,每层不超过 500mm,内外墙交界处加强振捣,保证密实。外砖内模应采取措施,防止外墙鼓胀。e. 振捣棒应避免碰撞钢筋、模板、预埋件、预埋管、外墙板空腔防水构造等,发现有变形、移位等情况,各有关工种相互配合进行处理。

f. 墙体、柱浇筑高度及上口找平。混凝土浇筑振捣完毕,将上口甩出的钢筋加以整理,用木抹子按预定标高线,将表面找平。墙体混凝土浇筑高度控制在高出楼板下皮上 5mm＋软弱层高度 5～10mm,结构混凝土施工完后,及时剔凿软弱层(图 3-20)。

g. 布料杆软管出口离模板内侧面不应小于 50mm,且不得向模板内侧面直冲布料和直冲钢筋骨架;为防止混凝土散落、浪费,应在模板上口侧面设置斜向挡灰板。混凝土下料点宜分散布置,间距控制在 2m 左右。

②顶板混凝土浇筑:

a. 顶板混凝土浇筑宜从一个角开始推进,楼板厚度不小于 120mm 可用插入式振捣棒振捣,楼板厚度不大于 120mm 可用平板振捣器振捣。振捣棒平放、插点要均匀排列,可采用"行列式"或"交错式"的移动,不应混乱,如图 3-21 所示。

b. 混凝土振捣随浇筑方向进行,随浇筑随振捣,要保证不漏振。

c. 用铁插尺检查混凝土厚度,振捣完毕

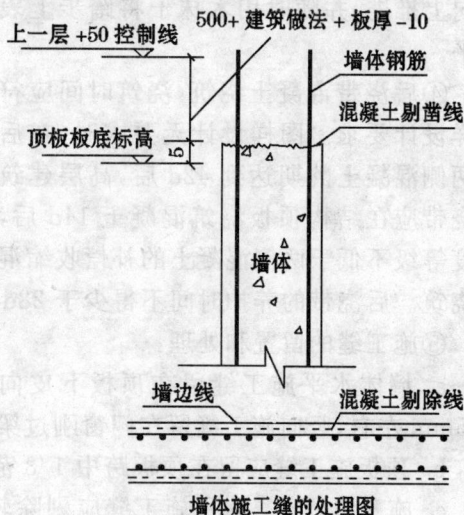

图 3-20　剪力墙上口处理

后用 3m 长刮杠根据标高线刮平,然后拉通线用木抹子抹。靠墙两侧 100mm 范围内严格找平、压光,以保证上部墙体模板下口严密。

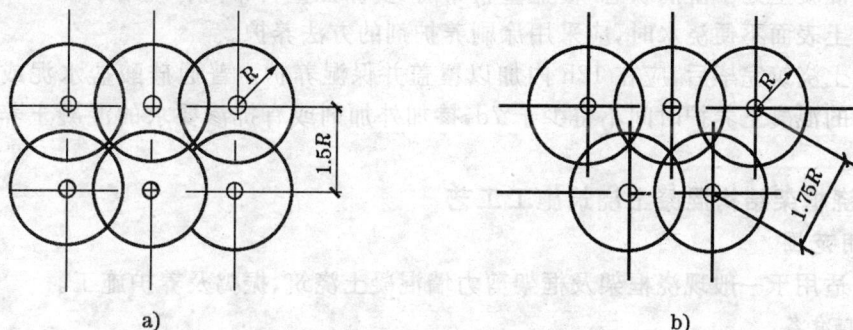

图 3-21　顶板混凝土浇筑

a) 行列式　b) 交错式

d. 为防止混凝土产生收缩裂缝,应进行二次压面,二次压面的时间控制在混凝土终凝前进行。

e. 施工缝设置应浇筑前确定,并应符合图样或有关规范要求。

③楼梯混凝土浇筑:

a. 楼梯施工缝留在休息平台自踏步往外1/3的地方,楼梯梁施工缝留在≥1/2墙厚的范围内(图3-22)。

b. 楼梯段混凝土随顶板混凝土一起自下而上浇筑,先振实休息平台板接缝处混凝土,达到踏步位置再与踏步一起浇捣,不断连续向上推进,并随时用木抹子将踏步上表面抹平。

④后浇带混凝土浇筑:浇筑时间应符合图样设计要求。图样设计无要求时,在后浇带两侧混凝土龄期达到42d后,高层建筑的后浇带应在结构顶板浇筑混凝土14d后,用强度等级不低于两侧混凝土的补偿收缩混凝土浇筑。后浇带的养护时间不得少于28d。

⑤施工缝的留置和处理:

a. 墙体水平施工缝留在顶板下皮向上约5mm左右,竖向施工缝留在门窗刚过梁中间1/3范围内。

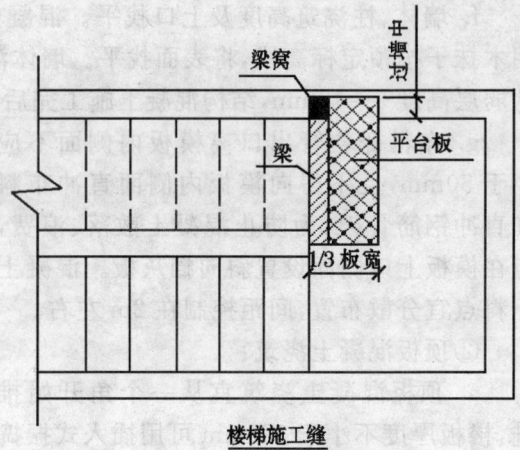

图3-22　楼梯施工缝做法

b. 顶板施工缝应留在顶板跨中1/3范围内。

c. 施工缝处理。水平施工缝应剔除软弱层,露出石子,竖向施工缝剔除松散石子和杂物,露出密实混凝土。施工缝应冲洗干净,浇筑混凝土前应浇水润湿,并浇同混凝土配合比相同减石子砂浆。

(3)混凝土的养护。

①水平构件采用覆盖塑料布浇水养护的方法,竖向墙体采用浇水养护的方法。浇水次数应能保持混凝土处于湿润状态,覆盖塑料布时,要保证塑料布内有凝结水。

②混凝土表面不便浇水时,应采用涂刷养护剂的方法养护。

③混凝土浇筑完毕后,应在12h内加以覆盖并保湿养护。普通硅酸盐水泥或矿渣硅酸盐水泥拌制的混凝土养护时间不得少于7d,掺加外加剂或有抗渗要求的混凝土养护时间不得少于14d。

三、现浇框架结构混凝土浇筑施工工艺

1. 适用范围

本工艺适用于一般现浇框架及框架剪力墙混凝土浇筑、振捣及养护施工。

2. 施工准备

(1)检查和控制模板、钢筋、保护层和预埋件等的尺寸、规格、数量和位置,检查模板稳定性、支撑情况。各工种自检合格后,办理隐、预检,交接检,并填写混凝土浇灌申请书。浇筑申请得到监理批准后,会同监理、技术、质检部门对第一车混凝土进行质量鉴定。

(2)浇筑前应将模板内的杂物及钢筋上的油污清除干净,并检查钢筋保护层垫块是否垫

好。如使用木模板,应浇水使模板提前湿润。柱子模板的扫除口应在清除杂物及积水后再封闭。接槎部位松散混凝土和浮浆已全部剔除到露石子,冲洗干净,不留明水。

(3)各柱、板、梁位置,轴线尺寸,标高等均经过检查,验收完毕。标高控制线已按要求设置完毕。

(4)检查电源、线路并做好场区、作业面及人员通道照明准备工作。混凝土浇筑过程中,要保证水、电、照明不中断。

(5)浇筑混凝土用脚手架、马道支搭完毕,并有良好的安全措施。

(6)计量器具、试验器材、振捣棒等检验合格。操作者具有完好的绝缘手段。

(7)混凝土拖式泵和水平及竖向泵管安装、固定到位,牢固可靠,泵管支架有足够的强度和刚度。所有机具在浇筑前进行检查和试运行,配备专职技工,随时检修。

(8)混凝土泵设置处,要求场地平整坚实,供料方便,尽量靠近浇筑地点,便于配管,接近排水设施和供水、供电方便。在混凝土泵作业范围内,不得有高压线等障碍物。

(9)场内运输道路平坦,避免车辆拥挤堵塞。与作业面、搅拌站、混凝土泵工通信畅通,加强现场指挥和调度。清理场内闲杂车辆及人员,在进出场口设置交通协调人员,负责协调罐车的进、出场以及罐车与社会车辆关系。浇筑场内设置交通指挥人员,负责指挥进场罐车的走向、错车、停车。浇筑场内设置调度人员,负责调度进场的罐车停靠在适宜的拖式泵边,以防出现窝泵、抢泵的情况。

(10)已经与预拌混凝土供应方签订技术合同,合同中应明确注明主要技术条件,如:强度等级,水泥品种,砂率,胶凝材料用量,缓凝时间,坍落度,碱、氯化物含量要求,掺和料品种等。

(11)混凝土若现场拌制,各种原材料需经试验室进场检验,并经试配提出混凝土配合比。现场应在搅拌机旁配备混凝土配合比标识牌。

(12)现场试验室应做好坍落度检测和混凝土试块制作、现场同条件试块养护措施等准备工作。

3. 操作工艺

(1)混凝土运输及进场检验。

①采用混凝土罐车进行场外运输,要求每辆罐车的运输、浇筑和间歇的时间不得超过初凝时间,混凝土从搅拌机卸出到浇筑完毕的时间不宜超过 1.5h,空泵间隔时间不得超过 45min。

②预拌混凝土运输车应有运输途中和现场等候时间内的二次搅拌功能。混凝土运输车到达现场后,进行现场坍落度测试,一般每个工作班不少于 4 次,坍落度异常或有怀疑时,及时增加测试。从搅拌车运卸的混凝土中,分别在卸料 1/4 和 3/4 处取试样进行坍落度试验,两个试样的坍落度之差不得超过 30mm。当实测坍落度不能满足要求时,应及时通知搅拌站。严禁私自加水搅拌。

③运输车给混凝土泵喂料前,应中、高速旋转拌筒,使混凝土拌和均匀。

④根据实际施工情况及时通知混凝土搅拌站调整混凝土运输车的数量,以确保混凝土的均匀供应。

⑤冬期混凝土运输车罐体要进行保温。夏季混凝土运输车罐体要覆盖防晒。

（2）混凝土浇筑与振捣。

①混凝土浇筑与振捣的一般要求。

a. 为防止混凝土散落、浪费，应在模板上口侧面设置斜向挡灰板。混凝土自吊斗口下落的自由倾落高度不得超过 2m，浇筑高度如超过 2m 时必须采取措施，用串桶或溜管等。

b. 浇筑混凝土时应分层进行，浇筑层高度应根据结构特点、钢筋疏密决定，一般为振捣器作用部分长度的 1.25 倍，常规 φ50mm 振捣棒是 400～480mm。

c. 使用插入式振捣器应快插慢拔，插点要均匀排列，逐点移动，顺序进行，不得遗漏，做到均匀振实。移动间距不大于振捣作用半径的 1.5 倍（一般为 300～400mm）。振捣上一层时应插入下层大于或等于 50mm，以消除两层间的接缝。表面振动器（或称平板振动器）的移动间距，应保证振动器的平板覆盖已振实部分的边缘。

d. 浇筑混凝土应在前层混凝土凝结之前，将次层混凝土浇筑完毕。间歇的最长时间应按所用水泥品种、气温及混凝土凝结条件确定，超过初凝时间应按施工缝处理。

e. 浇筑混凝土时应经常观察模板、钢筋、预留孔洞、预埋件和插筋等有无移动、变形或堵塞情况，发现问题应立即处理，并应在已浇筑的混凝土凝结前修正完好。

②柱的混凝土浇筑：

a. 柱浇筑前底部应先填以 30～50mm 厚与混凝土配合比相同减石子砂浆，柱混凝土应分层振捣，使用插入式振捣器时每层厚度不大于 500mm，振捣棒不得触动钢筋和预埋件。除上面振捣外，下面要有人随时敲打模板。

b. 柱高在 3m 之内，可在柱顶直接下灰浇筑，超过 3m 时，应采取措施（用串桶）或在模板侧面开洞安装斜溜槽分段浇筑。每段高度不得超过 2m。每段混凝土浇筑后将洞模板封闭严实，并用柱箍箍牢。

c. 柱子的浇筑高度控制在梁底向上 15～30mm（含 10～25mm 的软弱层），待剔除软弱层后，施工缝处于梁底向上 5mm 处。

d. 柱与梁板整体浇筑时，为避免裂缝，注意在墙柱浇筑完毕后，必须停歇 1～1.5h，使柱子混凝土沉实达到稳定后再浇筑梁板混凝土。

e. 浇筑完后，应随时将伸出的搭接钢筋整理到位。

③梁、板混凝土浇筑：

a. 梁、板应同时浇筑，浇筑方法应由一端开始用"赶浆法"，即先浇筑梁，根据梁高分层浇筑成阶梯形，当达到板底位置时再与板的混凝土一起浇筑，随着阶梯形不断延伸，梁板混凝土浇筑连续向前进行。

b. 与板连成整体高度大于 1m 的梁，允许单独浇筑，其施工缝应留在板底以上 15～30mm 处。浇捣时，浇筑与振捣必须紧密配合，第一层下料慢些，梁底充分振实后再下第二层料，每层均应振实后再下料，梁底及梁帮部位要注意振实，振捣时不得触动钢筋及预埋件。

c. 梁柱节点钢筋较密时，浇筑此处混凝土时宜用小直径振捣棒振捣，采用小直径振捣棒应另计分层厚度。

d. 梁柱节点核心区处混凝土强度等级相差 2 个及 2 个以上时，混凝土浇筑留槎按设计要求执行或按图 3-23 进行浇筑。该处混凝土坍落度宜控制在 80～100mm。

e. 浇筑楼板混凝土的虚铺厚度应略大于板厚，用振捣器顺浇筑方向及时振捣，不允许用振捣棒铺摊混凝土。在钢筋上挂控制线,保证混凝土浇筑标高一致。顶板混凝土浇筑完毕后,在混凝土初凝前,用 3m 长杠刮平,再用木抹子抹平,压实刮平遍数不少于两遍,初凝时加强二次压面,保证大面平整、减少收缩裂缝。浇筑大面积楼板混凝土时,提倡使用激光铅直、扫平仪控制板面标高和平整。

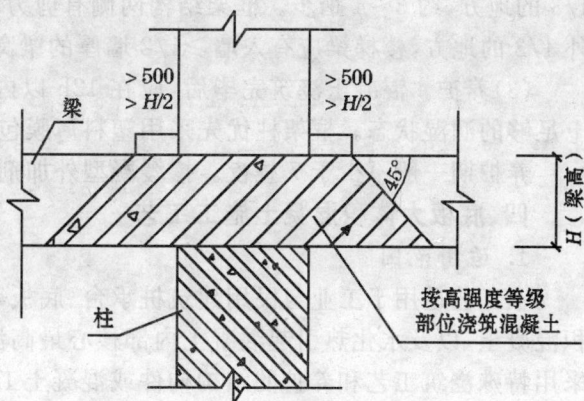

图 3-23 梁柱节点处理

f. 施工缝位置。宜沿次梁方向浇筑楼板,施工缝应留置在次梁跨度的中间 1/3 范围内。施工缝表面应与梁轴线或板面垂直,不得留斜槎。复杂结构施工缝留置位置应征得设计人员同意。施工缝宜用齿形模板挡牢或采用钢板网挡支牢固。也可采用快易收口网,直接进行下段混凝土的施工。

g. 施工缝处应待已浇筑混凝土的抗压强度不小于 1.2MPa 时,才允许继续浇筑。在继续浇筑混凝土前,施工缝混凝土表面应凿毛,剔除浮动石子,并用水冲洗干净。模板留置清扫口,用空压机将碎渣吹净。水平施工缝可先浇筑一层 30～50mm 厚与混凝土同配比减石子砂浆,然后继续浇筑混凝土,应细致操作振实,使新旧混凝土紧密结合。

④剪力墙混凝土浇筑:

a. 如柱、墙的混凝土强度等级相同时,可以同时浇筑,反之宜先浇筑柱混凝土,预埋剪力墙锚固筋,待拆柱模后,再绑剪力墙钢筋、支模、浇筑混凝土。

b. 剪力墙浇筑混凝土前,先在底部均匀浇筑 30～50mm 厚与墙体混凝土同配比的减石子砂浆,并用铁锹入模,不应用料斗直接灌入模内。

c. 浇筑墙体混凝土应连续进行,间隔时间不应超过混凝土初凝时间,每层浇筑厚度严格按混凝土分层尺杆控制,因此必须预先安排好混凝土下料点位置和振捣器操作人员数量。

d. 振捣棒移动间距应不大于振捣作用半径的 1.5 倍,每一振点的延续时间以表面呈现浮浆为度,为使上下层混凝土结合成整体,振捣器应插入下层混凝土 50mm。振捣时注意钢筋密集及洞口部位。为防止出现漏振,须在洞口两侧同时振捣,下灰高度也要大体一致。大洞口的洞底模板应开口,并在此处浇筑振捣。竖向构件最底层第一步混凝土容易出现烂根现象,应适当提高第一步下灰高度、振捣棒间隔加密。

e. 混凝土墙体浇筑完毕之后,将上口甩出的钢筋加以整理,用木抹子按标高线将墙上表面混凝土找平,墙顶高宜为楼板底标高加 30mm(预留 25mm 的浮浆层剔凿量)。

f. 剪力墙混凝土浇筑其他内容详见剪力墙结构大模板普通混凝土施工工艺。

⑤楼梯混凝土浇筑:

a. 楼梯段混凝土自下而上浇筑,先振实底板混凝土,达到踏步位置时再与踏步混凝土一起浇捣,不断连续向上推进,并随时用木抹子(或塑料抹子)将踏步上表面抹平。

b. 施工缝位置。框架结构两侧无剪力墙的楼梯施工缝宜留在楼梯段自休息平台往上

1/3 的地方,约 3～4 踏步。框架结构两侧有剪力墙的楼梯施工缝宜留在休息平台自踏步往外 1/3 的地方,楼梯梁应有入墙≥1/2 墙厚的梁窝。

(3)养护。混凝土浇筑完毕后,应在 12h 以内加以覆盖和浇水,浇水次数应能保持混凝土足够的润湿状态。框架柱优先采用塑料薄膜包裹、在柱顶淋水的养护方法。

养护期一般不少于 7 昼夜。掺缓凝型外加剂的混凝土其养护时间不得少于 14d。

四、底板大体积混凝土施工工艺

1. 适用范围

本工艺适用于工业与民用建筑桩承台、底板等结构断面最小厚度在 800mm 以上的大体积混凝土,以及水化热引起混凝土内部核心最高温度与构件表面温度差预计超过 25℃、需要采用特殊浇筑工艺和养护的结构构件或混凝土工程。

2. 施工准备

(1)已经与预拌混凝土供应方签订技术合同。合同中应明确注明主要技术条件,如:强度等级,水泥品种,砂率,胶凝材料用量,入模温度,缓凝时间,坍落度,每小时供应量,碱、氯化物含量要求,外加剂及掺和料品种等。当单一搅拌站不能满足混凝土供应量要求时,可根据需要由多家搅拌站联合供料,但须事先统一原材料品种及产地、统一配合比等。

(2)收听或查询混凝土浇筑时间段内天气预报,保证在浇筑期间不因天气原因中断施工或影响混凝土浇筑质量。

(3)后浇带的堵挡工作、快易收口网分块已作好,止水钢板、止水带、止水条等安放就位。检查和控制模板、钢筋、保护层和预埋件等的尺寸、规格、数量和位置、固定是否牢固,检查模板稳定性、支撑情况。各工种自检合格后,办理隐、预检,交接检,并填写混凝土浇灌申请书。审批合格后报监理,取得同意后才能浇筑。

(4)浇筑前检查并清理基础底板、地梁、墙柱内残留杂物。

(5)模板轴线尺寸、标高等均经过检查,验收完毕。标高控制线已按方案要求设置完毕。

(6)现场有统一的指挥和协调,与作业面、混凝土供应站及泵工各方通信方式落实、畅通。

(7)浇筑申请得到批准,会同监理、技术、质检部门对第一车混凝土进行质量鉴定。

(8)必要时在现场配电室附近布置临时发电机,搭设好隔声棚。

其他详见"现浇框架结构混凝土浇筑施工工艺中施工准备(4)～(9)"的内容。

3. 操作工艺

(1)混凝土的场外运输。

①搅拌站按签订的技术合同供应预拌混凝土。

②运送混凝土的车辆应满足均匀、连续供应混凝土的需要。

③罐车在盛夏和冬季均应有隔热保温覆盖、控制混凝土出罐温度。

④混凝土搅拌运输车卸料前,筒体应加快运转 20～30s 后方可卸料。

⑤混凝土在浇筑地点的坍落度,每工作班至少检查四次。混凝土的坍落度试验应符合现行《普通混凝土拌和物性能试验方法标准》(GB/T 50080—2002)的有关规定。混凝土实测的坍落度与要求坍落度之间的偏差应在±20mm 内。需调整或分次加入减水剂时均应由搅拌站派驻现场的专业技术人员执行。

（2）混凝土的场内运输与布料。

①固定泵（地泵）场内运输与布料：

a. 受料斗必须配备孔径为 50mm×50mm 的振动筛防止个别大颗粒集料流入泵管，料斗内混凝土上表面距离上口宜为 200mm 左右以防止泵入空气。

b. 泵送混凝土前，先将储料斗内清水从管道泵出，以湿润和清洁管道，然后压入纯水泥浆或 1∶（1～2）水泥砂浆滑润管道后，再泵送混凝土。

c. 开始压送混凝土时速度宜慢，待混凝土送出管子端部时，速度可逐渐加快，并转入用正常速度进行连续泵送。遇到运转不正常时，可放慢泵送速度。进行抽吸往复推动数次，以防堵管。

d. 泵送混凝土浇筑入模时，端部软管均匀移动，使每层布料均匀，不应成堆浇筑。

e. 泵管向下倾斜输送混凝土时，应在下斜管的下端设置相当于 5 倍落差长度的水平配管，若与上水平线倾斜度大于 7°时应在斜管上端设置排气活塞。如因施工长度有限，下斜管无法按上述要求长度设置水平配管时，可用弯管或软管代替，但换算长度仍应满足 5 倍落差的要求。

f. 沿地面铺管，每节管两端应垫 50mm×100mm 方木，以便拆装；向下倾斜输送时，应搭设宽度不小于 1m 的斜道，上铺脚手板，管两端垫方木支承，泵管不应直接铺设在模板、钢筋上，而应搁置在马凳或临时搭设的架子上。

g. 泵送将结束时，计算混凝土需要量，并通知搅拌站，避免剩余混凝土过多。

h. 混凝土泵送完毕，混凝土泵及管道可采用压缩空气推动清洗球清洗，压力不超过 0.7MPa。方法是先安好专用清洗管，再启动空压机，渐渐加压。清洗过程中随时敲击输送管判断混凝土是否接近排空。管道拆卸后按不同规格分类堆放备用。

i. 泵送中途停歇时间不应长于 45min，如超过 60min 则应清管。

j. 泵管混凝土出口处，管端距模板应大于 500mm。

k. 盛夏施工，泵管应覆盖隔热。

l. 只允许使用软管布料，不允许使用振动器推赶混凝土。

m. 在预留凹槽模板或预埋件处，应沿其四周均匀布料。

n. 加强对混凝土泵及管道巡回检查，发现声音异常或泵管跳动应及时停泵排除故障。

②汽车泵布料：

a. 汽车泵行走及作业应有足够的场地，汽车泵应靠近浇筑区并应有两台罐车能同时就位卸混凝土的条件。

b. 汽车泵就位后应按要求撑开支腿，加垫枕木，汽车泵稳固后方准开始工作。

c. 汽车泵就位与基坑上口的距离视基坑护坡情况而定，一般应取得现场技术主管的同意。

d. 混凝土的自由落距不得大于 2m。

（3）混凝土浇筑。

①混凝土浇筑可根据面积大小和混凝土供应能力采取全面分层（适用于结构平面尺寸 ≤14m、厚度 1m 以上）、分段分层（适用于厚度不太大，面积或长度较大）或斜面分层（适用于结构的长度超过宽度的 3 倍）连续浇筑，分层厚度 300～500mm 且不大于振动棒长 1.25 倍。分段分层多采取踏步式分层推进，按从远至近布灰（原则上不反复拆装泵管），一般踏步宽为

1.5～2.5m。斜面分层浇灌每层厚 300～350mm,坡度一般取 1：(6～7),如图 3-24 所示。

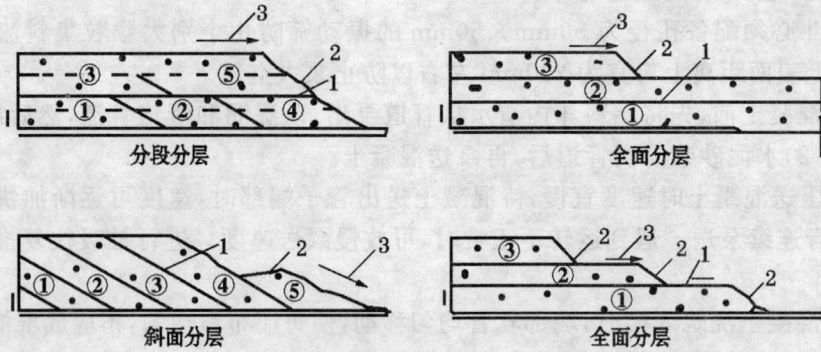

图 3-24　底板混凝土浇筑方式
1. 分层线　2. 新浇灌的混凝土　3. 浇灌方向
①～⑤为混凝土浇筑步骤

②浇筑混凝土时间应按下表控制。掺外加剂时由试验确定,见表 3-2。

表 3-2　混凝土搅拌至浇筑完的最大延续时间　　　　　　　　（单位：min）

混凝土强度	气温		混凝土强度	气温	
	≤25℃	>25℃		≤25℃	>25℃
≤C30	120	90	>C30	90	60

③混凝土浇筑应配备足够的混凝土输送泵,既不能造成混凝土流浆冬季受冻,也不能常温时出现混凝土冷缝(浇筑时,要在下一层混凝土初凝之前浇筑上一层混凝土,避免产生冷缝)。

④混凝土浇筑顺序。

a. 全面分层法在整个基础内全面分层浇筑混凝土,第一层全面浇筑完毕回来浇筑第二层时,第一层浇筑的混凝土还未初凝;如此逐层进行,直至浇筑好。施工时从短边开始,沿长边进行,构件长度超过 20m 时可分为两段,从中间向两端或两端向中间同时进行。

b. 分段分层法混凝土从底层开始浇筑,进行一定距离后回来浇筑第二层,如此依次向前浇筑以上各分层。

c. 从浇筑层的下端开始,逐渐上移。

⑤局部厚度较大时先浇深部混凝土,然后再根据混凝土的初凝时间确定上层混凝土浇筑的时间间隔。

⑥集水坑内混凝土的浇筑。

a. 根据大面积基础底板混凝土浇筑速度、范围,由专一(或多台)混凝土泵提前进行临近集水坑底、吊帮模板内泵送混凝土浇筑,并振捣密实。将集水坑混凝土浇筑至与大底板平齐,与基础底板混凝土整体衔接。

b. 较深的集水坑采用间歇浇筑的方法,模板做成整体式并预先架立好,先将地坑底板浇至与模板底平,待坑底混凝土可以承受坑壁混凝土反压力时,再浇筑地坑坑壁混凝土,要注意保证坑底标高与衔接质量。间歇时间应摸索确定。

c. 一般底板浇筑顺序由长度方向从一端向另一端浇筑推进,或由两端向中间浇筑。集水坑壁应形成环行回路分层浇筑。集水坑侧壁混凝土浇筑时,采用对称浇筑的方法,确保侧壁模板受力均匀。

⑦振捣混凝土应使用高频振动器,振动器的插点间距为 1.5 倍振动器的作用半径,防止漏振。斜面推进时振动棒应在坡脚与坡顶处插振。

⑧振动混凝土时,振动器应均匀地插拔,插入下层混凝土 50mm 左右,每点振动时间 10~15s 以混凝土泛浆不再溢出气泡为准,不可过振。

(4)混凝土的表面处理。

①当混凝土大坡面的坡角接近顶端模板时,改变浇灌方向,从顶端往回浇灌,与原斜坡相交成一个集水坑,并有意识地提高两侧模板处的混凝土浇筑速度,使泌水逐步在中间缩小成水潭,并使其汇集在上表面,派专人用泵随时将积水抽出。

②基础底板大体积混凝土浇筑施工中,其表面水泥浆较厚,为提高混凝土表面的抗裂性,在混凝土浇筑到底板顶标高后要认真处理,用大杠刮平混凝土表面,待混凝土收水后,再用木抹子搓平两次(墙、柱四周 150mm 范围内用铁抹子压光),初凝前用木抹子再搓平一遍,以闭合收缩裂缝,然后覆盖塑料薄膜进行养护。

(5)混凝土的养护。

①高温季节优先采用蓄水法(水深 50~100mm)养护,后用薄膜覆盖。冬施大体积混凝土养护先采用不透水、气的塑料薄膜将混凝土表面敞露部分全部严密地覆盖起来,塑料薄膜上面须覆盖一至两层防火草帘进行保温。保持塑料薄膜内有凝结水、混凝土在不失水的情况下得到充分养护。

②塑料薄膜、防火草帘应叠缝、骑马铺放,以减少水分的散发。

③对边缘、棱角部位的保温层厚度增加到 2 倍,加强保温养护。

④为保证混凝土核心与混凝土表面温差小于 25℃及混凝土表面温度与大气温度差小于 25℃,采用塑料薄膜和防火草帘覆盖养护的同时,还要根据实际施工时的气候、测温情况、混凝土内表温差和降温速率,通过热工计算来随时增加或减少养护措施。

⑤在养护过程中,如发现遮盖不好,表面泛白或出现干缩细小裂缝时,要立即仔细加以覆盖,补救。

⑥为了确保新浇筑的混凝土有适宜的硬化条件,防止在早期干缩、后期温差变形而产生裂缝,使用硅酸盐或普通硅酸盐水泥拌制的混凝土养护时间不少于 7d,对掺用缓凝型外加剂或有抗渗要求以及使用其他品种水泥拌制的混凝土不少于 14d,炎热天气还宜适当延长。

⑦保温层在混凝土达到强度标准值的 30% 后、内外温差及表面与大气最低温差均连续 48h 小于 25℃时,方可撤除,并应继续测温监控。必要时适当恢复保温,解除保温应分层逐步进行。

(6)测温。

①测温点的布置:测温点的布置应具有代表性和可比性。沿所浇筑高度,一般应布置在

底部(指梁板结构)、中部(核心)和表面;平面则应布置在温度变化敏感部位、构件的边缘与中间,平面测点间距一般为 15～25m。深度方向测温点分布离上、下边缘部位的距离约 50～100mm,距边角和表面应大于 50mm。

②测温点应在平面图上编号,并在现场明示编号标志,便于他人检查。在混凝土温度上升阶段每 2～4h 测一次,温度下降阶段每 8h 测一次,同时应测大气温度并与其对比,绘制温度-时间变化曲线,测温周期应不小于 14d。测温记录应及时反馈现场技术部门,当各种温差达到 20℃时应预警,25℃时应报警。

③使用普通玻璃温度计测温:测温管端应用软木塞封堵,只允许在放置或取出温度计时打开。温度计应系线绳垂吊到管底,停留不少于 3min 后取出并迅速查看记录温度值。

④使用建筑电子测温仪测温:附着于钢筋上的半导体传感器应与钢筋隔离,保护测温探头的导线接口不受污染,不受水浸,接入测温仪前应擦拭干净,保持干燥以防短路。也可事先埋管,管内插入可周转使用的传感器测温。

⑤测温温差控制值:内部温差(核心与表面下 100～50mm 处)不大于 25%,表面温度(表面以下 100～50mm)与混凝土表面外 500mm 处温差不大于 25℃,补偿收缩混凝土不大于 30℃(蓄水养护条件下);当欲撤除保温层时,表面与大气温差应不大于 20%,否则夜间应恢复保温措施。

五、后浇带混凝土施工工艺

1. 适用范围

本工艺适用于建筑物、构筑物结构的水平及竖向后浇带混凝土施工。

2. 施工准备

(1)后浇带的位置及构造形式符合设计要求,需要有止水措施的,止水措施应到位。

(2)后浇带内混凝土接触面应剔凿到实处。

(3)办完后浇带钢筋隐检手续、模板预检手续,注意检查垫块,以保证保护层厚度。核实后浇带内预埋件、预留孔洞、水电预埋管线、盒(槽)的位置、数量及固定情况。

(4)检查模板与后浇带两侧混凝土交接处拼接是否严密,加固是否可靠,各种连接件是否牢固。

(5)检查并清理模板内积水及残留杂物,清理干净。底板用砖模或木模,常温时应浇水湿润。

(6)检查电源、线路,并做好相关施工准备。

(7)混凝土配合比应报监理等相关单位审批。

3. 操作工艺

(1)后浇带两侧混凝土处理。楼板板底及立墙后浇带两侧混凝土与新鲜混凝土接触的表面,用匀石机按弹线切出剔凿范围及深度,剔除松散石子和浮浆,露出密实混凝土,并用水冲洗干净。

(2)后浇带防水节点处理。后浇带防水节点处理方法见《建筑分项工程施工工艺标准》(第三版,上册)中《细部防水构造施工工艺标准》(410—2007)的相关内容。

(3)后浇带清理。清除钢筋上的污垢及锈蚀,然后将后浇带内积水及杂物清理干净,支设模板。

(4)后浇带混凝土浇筑。

①后浇带混凝土施工时间应按设计要求确定,当设计无要求时,应在其两侧混凝土龄期达到42d后再施工,但高层建筑的沉降后浇带应在结构顶板浇筑混凝土14d后进行。

②后浇带浇灌混凝土前,在混凝土表面涂刷水泥净浆或铺与混凝土同强度等级的水泥砂浆,并及时浇灌混凝土。

③混凝土浇灌时,避免直接靠近缝边下料。机械振捣宜自中央向后浇带接缝处逐渐推进,并在距缝边80～100mm处停止振捣。然后辅助人工捣实,使其紧密结合。

(5)混凝土养护。

①后浇带混凝土浇筑后8～12h以内根据具体情况采用浇水或覆盖塑料薄膜法养护。

②后浇带混凝土的保湿养护时间应不少于28d。

第三节　预制构件安装工程

一、预制预应力混凝土空心楼板安装工艺

1. 适用范围

本工艺适用于砖混结构、外砖内模、外板内模、框架结构的预应力圆孔板(长、短向板)安装。

2. 施工准备

(1)圆孔板进场后存放在指定地点,存放场地应平整夯实,垫木要靠近吊环或距板端不大于300mm,垫木上下对齐,不得有一角脱空,存放高度不超过10块。不同板号应分别堆放。

(2)楼板安装前按图样设计板号核对进场情况,并检查圆孔板质量,有变形、断裂、损坏现象,不得使用。

(3)板端的圆孔,由构件厂出厂前用预制50mm厚的M2.5砂浆块坐浆堵严,安装前应检查是否封堵好,砂浆块距板端距离为60mm。对预应力短向圆孔板板端锚固筋(胡子筋),应当用套管工具理顺,向上弯起45°弯,不能弯成死弯,防止断裂。

3. 操作工艺

(1)抹找平层或硬架支模。

①圆孔板安装之前应先将墙顶或梁顶清扫干净,检查标高及轴线尺寸,按标高和设计要求拉线抹水泥砂浆找平层,厚度一般为15～20mm,配合比为1:3。

②圆孔板安装在混凝土墙上时采用硬架支模的方法。按板底标高将100mm×100mm木方用钢管或木支柱支撑于承重墙边,木方承托板底的上面要平直,木方要互相支顶,保持硬架稳定,钢管或木支柱下边垫通长脚手板,木柱根部应用木楔顶严。

③混合结构圆孔板支承在内横墙上,板下有现浇混凝土圈梁,采用硬架支模法将圆孔板安放在圈梁侧模板顶部,先安圆孔板,后浇圈梁混凝土。

(2)施划楼板位置线和标注楼板编号。在承托预应力圆孔板的墙或梁侧面,按设计要求划出板缝位置线,并在墙或梁上标出楼板型号,圆孔板之间按设计规定拉开板缝,当设计无规定时,板缝下缝宽度一般为不小于40mm。缝宽大于60mm时,应按设计要求配筋。

(3)吊装楼板。起吊时要求各吊点均匀受力,板面保持水平,避免扭翘使板开裂。如墙体采用抹水泥砂浆找平层方法,吊装板前先在墙或梁上洒素水泥浆(水灰比为 0.45)。按设计图样核对墙上的板号是否正确,然后对号入座,不得放错。安装时板端对准位置线,缓缓下降,放稳后才允许脱钩。

(4)调整板位置。用撬棍拨动板端,使板两端搭墙长度及板间距离符合设计图样要求。

(5)支吊板缝模板。板缝用铅丝吊好后,端部和跨中应有支撑。超过 150mm 的宽板缝采用底部支模的方法,施工方法同普通模板支搭方法。底模模板面要比圆孔板底面标高高5mm,拆模以后用水泥砂浆抹平。

(6)锚固筋与连接筋绑扎或焊接固定。如为短向板时,将板端伸出的锚固筋(胡子筋)经整理后向上弯成 45°弯,并相互交叉。在交叉处绑 1φ6mm 通长连接筋,严禁将锚固筋上弯90°或压在板下。弯锚固筋时应用工具套管缓弯,防止钢筋弯断。如为长向板时,安装就位后按图样要求将锚固筋进行焊接,用 1φ12mm 通长筋,把每块板板端伸出的预应力钢筋与另一块板板端伸出的钢筋隔根焊接,但每块板至少点焊 4 根。焊接质量符合焊接规程的规定。

(7)安装跨中临时支撑。为满足楼板上较大的施工荷载需要,在板缝混凝土浇筑前应在楼板跨中做临时支撑。

(8)清板缝、浇筑混凝土、养护。圆孔板安装后及时灌缝,灌缝前必须清除缝内残渣、杂物,混凝土浇捣应密实。同时应进行混凝土养护。

二、预制楼梯、休息平台板安装工艺

1. 适用范围

本工艺适用于一般民用建筑钢筋混凝土预制楼梯安装工程,包括现场浇筑及预制休息平台。

2. 施工准备

(1)构件堆放场地应坚实平整,堆放时垫木靠近吊钩,垫木厚度要高于吊钩。垫木应上下对正,在同一垂线上。

(2)吊装前对楼梯构件进行质量检查,凡不符合质量要求的构件不得使用,并在构件上将不符合要求的缺陷作出明显标记。应与相关单位共同鉴定,确定处理方案。

(3)在墙上预先弹出楼梯段、休息板、楼梯梁等构件的位置线、标高控制线,控制好上下层楼梯梁水平距离和标高。

(4)承受首层第一跑楼梯段下端的现浇枕梁必须达到安装强度。

(5)若在剪力墙结构中安装预制楼梯,墙体混凝土强度须达到 4MPa 以上。墙上预留的休息板及楼梯洞口应清理干净,并按标高抹找平层。

(6)所有构件上预埋件预先剔出露明,将预埋件表面残留砂浆等物清理干净。

3. 操作工艺

(1)浇水泥浆。安装休息板时,应随安装随在预留洞安装位置浇水泥砂浆,水灰比为0.5,并保证休息板与墙体接触密实。

(2)安装休息板。首先检查安装位置线及标高线,安装时休息板担架吊索一端高于另一端,以便能使休息板倾斜插入支座洞内。将休息板吊起后对准安装位置缓缓下降,安装后检查板面标高及位置是否符合图样要求,用撬棍拨动,使构件两端伸入支座的尺寸相等。

(3)楼梯段安装。安装楼梯段时,用吊装索具上的倒链调整一端绳索长度,使踏步面呈水平状态。休息板的支撑面上浇水湿润并坐 1∶3 水泥砂浆,使支座接触严密。如支撑面不严有孔隙时,要用铁楔找平,再用水泥砂浆嵌塞密实。

(4)焊接。楼梯段安装校正后,应及时按设计图样要求,用连接钢板(规格尺寸不得小于图样规定)将楼梯段与休息板的预埋件围焊,焊缝应饱满,如图 3-25 所示。

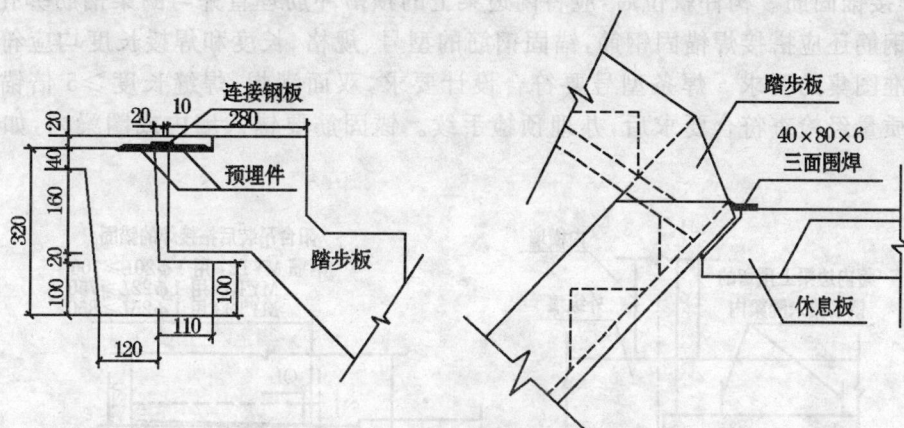

图 3-25　楼梯段安装焊接

(5)灌缝。每层楼梯段安装完后,应立即将休息板两端和墙间的空隙支模浇混凝土。模内应清理干净,混凝土用 C20 细石混凝土,振捣密实,并注意养护。

三、预制阳台、雨罩、通道板安装工艺

1. 适用范围

本工艺适用于一般民用住宅建筑及公共建筑钢筋混凝土预制阳台、雨罩、通道板构件安装。

2. 施工准备

(1)安装前应在构件和墙(或梁)上弹出构件外挑尺寸控制线及两侧边线,校核标高。

(2)凿出并调直阳台边梁内及走道板内的预埋环筋。

(3)检查阳台及走道板两侧挑梁外伸锚固钢筋直径及外露长度是否符合设计要求,并将甩筋理直。

(4)将安装阳台、雨罩、通道板的砖墙或混凝土墙的上口按标高用水泥砂浆找平。

(5)阳台、雨罩、通道板的临时支撑应有足够的强度和稳定性。立柱要加剪刀撑,用水平拉杆与门窗洞口的墙体拉接牢固。安装前应对临时支撑顶部进行标高找平,底部楔子应用钉子与垫板钉牢。吊装上层阳台或走道板时,下面至少保留三层支撑。

3. 操作工艺

(1)坐浆。安装构件前将墙身上的找平层清扫干净,并浇水灰比为 0.5 的素水泥浆一层,随即安装,以保证构件与墙体之间不留缝隙。

(2)吊装。构件起吊时务必使每个吊钩同时受力,吊绳与平面的夹角应不小于 45°。当构件吊至比楼板上平面稍高时暂停,就位时使构件先对准墙上边线,然后根据外挑尺寸控制线,确定压墙距离轻轻放稳(如设计无要求时,压入墙内不少于 100mm),挑出部分放在临时支撑上。

（3）调整。构件放稳后如发现错位,应用撬棍垫木块轻轻移动,将构件调整到正确位置。已安装完的各层阳台、通道板上下要垂直对正,水平方向顺直,标高一致。

（4）焊接锚固筋。构件就位后,应将内边梁上的预留环筋理直并与圈梁钢筋绑扎。侧挑梁的外伸钢筋还应搭接焊锚固钢筋,锚固钢筋的型号、规格、长度和焊接长度均应符合设计及构件标准图集的要求。焊条型号要符合设计要求,双面满焊,焊缝长度≥5倍锚固筋直径。焊缝质量经检查符合要求后,办理预检手续。锚固筋要锚入墙内或圈梁内,如图3-26所示。

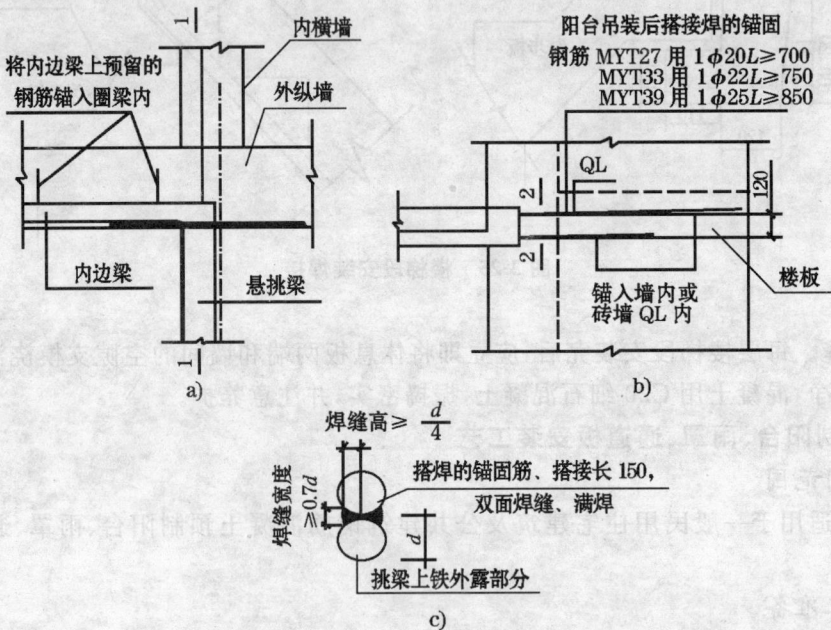

图3-26　锚固筋的焊接

a)平面图　b)1—1剖面图　c)2—2剖面图

（5）浇筑混凝土。阳台外伸钢筋焊接完,阳台内侧环筋与圈梁钢筋绑扎完,并经检查合格办理隐检手续,与圈梁混凝土同时浇筑。浇筑混凝土前,模内应清理干净,木模板应浇水润模,振捣混凝土时注意勿碰动钢筋,振捣密实后,紧跟着木抹子将圈梁上表面抹平(注意圈梁上表面的标高线)。通道板安装时板缝要均匀,板缝模板支、吊要牢固,缝内用细石混凝土浇筑,振捣密实,混凝土强度等级要符合设计要求。

第四节　预应力混凝土工程

一、后张有粘结预应力施工工艺

1. 适用范围

本工艺适用于工业与民用建筑和一般构筑物中采用的后张有粘结预应力混凝土

结构施工。

2. 施工准备

(1)根据工程设计图样、标准与规范、工程特点及相关要求等,编制后张有粘结预应力分项工程施工方案,并向有关人员进行技术交底。

(2)确定采用的预应力材料及其验收标准和方法,施工前进行验收和复检。

(3)制订预应力施工设备与机具使用计划,安排张拉设备标定等工作。

(4)预应力筋与锚具等预应力材料已通过检验验收。现场已具备孔道管铺设与锚固节点安装条件。

(5)预应力梁结构张拉前,应先拆除侧模,但不得拆除底模与支撑。

(6)预应力筋张拉时,混凝土强度应符合设计要求;当设计无具体要求时,不应低于设计采用混凝土强度等级的75%。混凝土质量应通过有关验收。

(7)预应力筋张拉机具设备及仪表已定期维护和检验。张拉前,张拉设备已按规定配套标定。压力表的精度不应低于1.5级;校验张拉设备用的试验机或测力计精度不得低于±2%;校验时千斤顶活塞的运行方向,应与实际张拉工作状态一致。张拉设备的校验期限,不应超过半年。当张拉设备出现反常现象时或在千斤顶检修后,应重新校验。

(8)张拉作业平台符合安全操作与防护要求。作业人员应在张拉千斤顶两侧操作,严禁站在千斤顶作用方向后方。

(9)灌浆设备准备就绪,灌浆浆体的配合比已经通过试验确定。

(10)灌浆作业时,作业人员须佩戴好防护眼镜等安全防护装备。

(11)预应力筋张拉前,应计算施工张拉力值、相应的压力表读数和张拉伸长值,并填写张拉申请单。

(12)技术管理、作业人员及有关人员按规定就位。

3. 操作工艺

(1)预应力筋制作。

①预应力筋制作或组装时,不得采用加热、焊接或电弧切割。在预应力筋近旁对其他部件进行气割或焊接时,应防止预应力筋受焊接火花或接地电流的影响。

②预应力筋应在平坦、洁净的场地上采用砂轮锯或切割机下料,其下料长度宜采用钢尺丈量。

③钢丝束预应力筋的编束、镦头锚板安装及钢丝镦头宜同时进行。钢丝的一端先穿入镦头锚板并镦头,另一端按相同的顺序分别编扎内外圈钢丝,以保证同一束内钢丝平行排列且无扭绞情况。

④钢绞线挤压锚具挤压时,在挤压模内腔或挤压套外表面应涂专用润滑油,压力表读数应符合操作使用说明书的规定。挤压锚具组装后,采用紧楔机将其压入承压板锚座内固定。

(2)预应力孔道成型。

①预应力孔道曲线坐标位置应符合设计要求,波纹管束形的最高点、最低点、反弯点等为控制点,预应力孔道曲线应平滑过渡。

②曲线预应力束的曲率半径不宜小于4m。锚固区域承压板与曲线预应力束的连接应有不小于300mm的直线过渡段,直线过渡段与承压板相垂直。

③预埋金属波纹管安装前,应按设计要求确定预应力筋曲线坐标位置,点焊 $\phi 8 \sim \phi 10mm$ 钢筋支托,支托间距为 1.0～1.2m。波纹管安装后,应与钢筋支托可靠固定。

④金属波纹管的连接接长,可采用大一号同型号波纹管作为接头管。接头管的长度宜取管径的 3～4 倍。接头管的两端应采用热塑管或粘胶带密封。

⑤灌浆管、排气管或泌水管与波纹管的连接时,先在波纹管上开适当大小孔洞,覆盖海绵垫和塑料弧形压板并与波纹管扎牢,再采用增强塑料管与弧形压板的接口绑扎连接,增强塑料管伸出构件表面外 400～500mm。图 3-27 所示为灌浆管、排气管节点图。

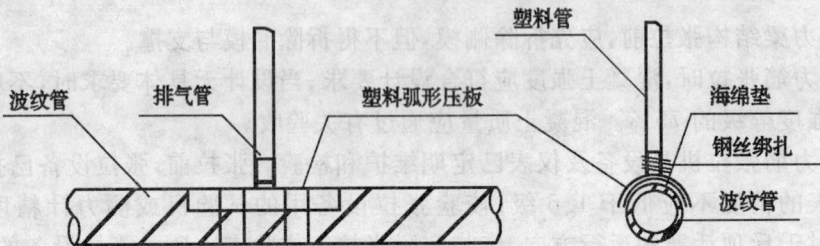

图 3-27　灌浆管、排气管节点图

⑥竖向预应力结构采用钢管成孔时应采用定位支架固定,每段钢管的长度应根据施工分层浇筑高度确定。钢管接头处宜高于混凝土浇筑面 500～800mm,并用堵头临时封口。

⑦混凝土浇筑使用振捣棒时,不得对波纹管和张拉与固定端组件直接冲击和持续接触振捣。

(3)预应力孔道穿束。

①预应力筋可在浇筑混凝土前(先穿束法)或浇筑混凝土后(后穿束法)穿入孔道,根据结构特点和施工条件等要求确定。固定端埋入混凝土中的预应力束采用先穿束法安装,波纹管端头设灌浆管或排气管,使用封堵材料可靠密封(图 3-28)。

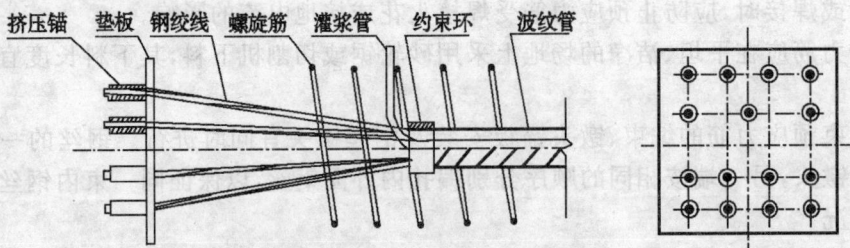

图 3-28　埋入混凝土中固定端构造

②混凝土浇筑后,对后穿束预应力孔道,应及时采用通孔器通孔或其他措施清理成孔管道。

③预应力筋穿束可采用人工、卷扬机或穿束机等动力牵引或推送穿束;依据具体情况可逐根穿入或编束后整束穿入。

④竖向孔道的穿束,宜采用整束由下向上牵引工艺,也可单根由上向下逐根穿入孔道。

⑤浇筑混凝土前先穿入孔道的预应力筋,应采用端部临时封堵与包裹外露预应力筋等防止腐蚀的措施。

(4)预应力筋张拉。

①预应力筋的张拉顺序,应根据结构体系与受力特点、施工方便、操作安全等综合因素确定。在现浇预应力混凝土楼盖结构中,宜先张拉楼板、次梁,后张拉主梁。预应力构件中预应力筋的张拉顺序,应遵循对称与分级循环张拉原则。

②预应力筋的张拉方法,应根据设计和施工计算要求采取一端张拉或两端张拉。采用两端张拉时,宜两端同时张拉,也可一端先张拉,另一端补张拉。

③对同一束预应力筋,应采用相应吨位的千斤顶整束张拉。对直线束或平行排放的单波曲线束,如不具备整束张拉的条件,也可采用小型千斤顶逐根张拉。

④预应力筋张拉计算伸长值 Δl_p,可按下式计算:

$$\Delta l_p = \frac{F_{pm} l_p}{A_p E_p} \tag{3-1}$$

式中　F_{pm}——预应力筋的平均张拉力(kN),取张拉端的拉力与固定端(两端张拉时,取跨中)扣除摩擦损失后拉力的平均值,或按理论公式精确计算;

　　　l_p——预应力筋的长度(mm);

　　　A_p——预应力筋的截面面积(mm²);

　　　E_p——预应力筋的弹性模量(kN/mm²)。

⑤预应力筋的张拉步骤与实际张拉伸长值记录,应从零应力加载至初拉力开始,测量伸长值初读数,再以均匀速度分级加载分级测量伸长值至终拉力。达到终拉力后,对多根钢绞线束宜持荷 2min,对单根钢绞线可适当持荷后锚固。

⑥对特殊预应力构件或预应力筋,应根据设计和施工要求采取专门的张拉工艺,如采用分阶段张拉、分批张拉、分级张拉、分段张拉、变角张拉等。

⑦对多波曲线预应力筋,可采取超张拉回松技术来提高内支座处的张拉应力并减少锚具下口的张拉应力。

⑧预应力筋张拉过程中实际伸长值与计算伸长值的允许偏差为±6%,如超过允许偏差,应查明原因采取措施后方可继续张拉。

⑨预应力筋张拉时,应按要求对张拉力、压力表读数、张拉伸长值、异常现象等进行详细记录。

(5)孔道灌浆及锚具防护。

①灌浆前应全面检查预应力筋孔道、灌浆管、排气管与泌水管等是否畅通,必要时可采用压缩空气清孔。

②灌浆设备的配备必须保证连续工作和施工条件的要求。灌浆泵应配备计量校验合格的压力表。灌浆前应检查配套设备、灌浆管和阀门的可靠性。注入泵体的水泥浆应经过筛滤,滤网孔径不宜大于 2mm。与输浆管连接的出浆孔孔径不宜小于 10mm。

③掺入高性能外加剂拌制的水泥浆,其水灰比宜为 0.35～0.38,外加剂掺量严格按试验配比执行。严禁掺入各种含氯盐或对预应力筋有腐蚀作用的外加剂。

④水泥浆的可灌性用流动度控制:采用流淌法测定时宜为 130～180mm,采用流锥法测定时宜为 12～18s。

⑤水泥浆宜采用机械拌制,应确保灌浆材料的拌和均匀。运输和间歇过长产生沉淀离析时,应进行二次搅拌。

⑥灌浆顺序宜先灌下层孔道,后灌上层孔道。灌浆工作应匀速连续进行,直至排气管排出浓浆为止。在灌满孔道封闭排气管后,应再继续加压至 0.5～0.7MPa,稳压 1～2min,之后封闭灌浆孔。

当发生孔道阻塞、串孔或中断灌浆时,应及时冲洗孔道或采取其他措施重新灌浆。

⑦当孔道直径较大,或采用不掺微膨胀剂和减水剂的水泥净浆灌浆时,可采用下列措施:

a. 二次压浆法:二次压浆之间的时间间隔为 30～45min。

b. 重力补浆:在孔道最高点处至少 400mm 以上连续不断地补浆,直至浆体不下沉为止。

⑧竖向孔道灌浆应自下而上进行,并应设置阀门,阻止水泥浆回流。为确保其灌浆密实性,除掺微膨胀剂和减水剂外,并应采用重力补浆。

⑨采用真空辅助孔道灌浆时,在灌浆端先将灌浆阀、排气阀全部关闭,在排浆端启动真空泵,使孔道真空度达到 -0.1～-0.08MPa 并保持稳定;然后启动灌浆泵开始灌浆。在灌浆过程中,真空泵保持连续工作,待抽真空端有浆体经过时关闭通向真空泵的阀门,同时打开位于排浆端上方的排浆阀门,排出少量浆体后关闭。灌浆工作继续按常规方法完成。

⑩当室外温度低于 $+5$℃时,孔道灌浆应采取抗冻保温措施。当室外温度高于 35℃时,宜在夜间进行灌浆。水泥浆灌入前的温度不应超过 35℃。

⑪预应力筋的外露部分宜采用机械方法切割。预应力筋的外露长度,不宜小于其直径的 1.5 倍,且不宜小于 30mm。

⑫锚具封闭前应将周围混凝土凿毛并清理干净,对凸出式锚具应配置保护钢筋网片。

⑬锚具封闭防护宜采用与构件同强度等级的细石混凝土,也可采用膨胀混凝土、低收缩砂浆等材料。如图 3-29 为锚具封闭构造平面图(H 为锚板厚度)。

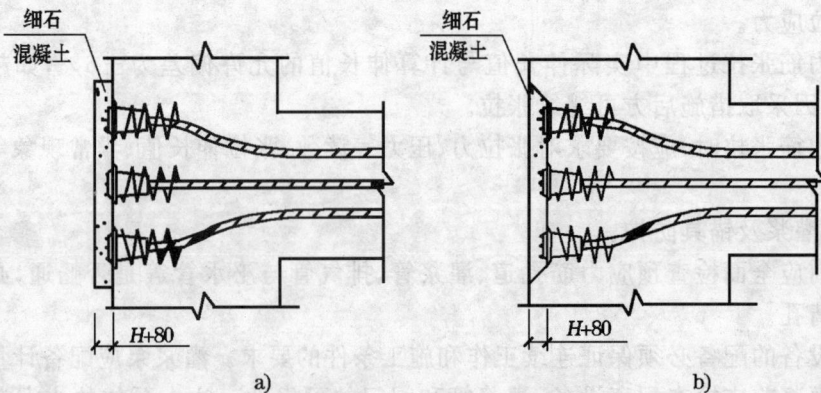

图 3-29　锚具封闭构造平面图

a)凸出式锚具封闭　b)凹入式锚具封闭

二、无粘结预应力施工工艺

1. 适用范围

本工艺适用于工业与民用建筑和一般构筑物中采用的无粘结预应力混凝土结构施工。

2. 施工准备

(1)根据工程设计图样、标准与规范、工程特点及有关要求等,编制无粘结预应力分项工程施工方案,并向相关人员进行技术交底。

(2)无粘结预应力筋与锚具等预应力材料已通过检验验收,现场已具备铺放与安装条件。

(3)无粘结预应力筋张拉时,混凝土立方体抗压强度应符合设计要求;当设计无具体要求时,不应低于设计采用混凝土立方体抗压强度标准值的75%。混凝土质量应通过有关验收。

(4)无粘结预应力筋张拉机具及仪表,已定期维护和校验。张拉设备应配套校验。压力表的精度不应低于1.5级;校验张拉设备用的试验机或测力计精度不得低于±2%;校验时千斤顶活塞的运行方向,应与实际张拉工作状态一致。张拉设备的校验期限,不应超过半年。当张拉设备出现反常现象时或在千斤顶检修后,应重新校验。

(5)预应力筋张拉前,应计算施工张拉力值、相应的压力表读数和张拉计算伸长值,并填写张拉申请单。

其他详见"后张有粘结预应力施工工艺中施工准备(2)、(3)和(8)"的内容。

3. 操作工艺

(1)无粘结预应力筋的制作。

①无粘结预应力筋的制作采用挤塑成型工艺,由专业化工厂生产,涂料层的涂敷和护套的制作应连续一次完成,涂料层防腐油脂应完全填充预应力筋与护套之间的空间,外包层应松紧适度。

②无粘结预应力筋在工厂加工完成后,可按使用要求整盘包装并符合运输要求。

(2)无粘结预应力筋下料组装。

①挤塑成型后的无粘结预应力筋应按工程所需的长度和锚固形式进行下料和组装;并应采取局部清除油脂或加防护帽等措施防止防腐油脂从筋的端头溢出,沾污非预应力钢筋等。

②无粘结预应力筋下料长度,应综合考虑其曲率、锚固端保护层厚度、张拉伸长值及混凝土压缩变形等因素,并应根据不同的张拉工艺和锚固形式预留张拉长度。

③钢绞线挤压锚具挤压时,在挤压模内腔或挤压套外表面应涂专用润滑油,压力表读数应符合操作使用说明书的规定。挤压锚具组装后,采用紧楔机将其压入承压板锚座内固定。

④下料组装完成的无粘结预应力筋应编号、加设标记或标牌、分类存放以备使用。

(3)无粘结预应力筋的铺放。

①无粘结预应力筋铺放之前,应及时检查其规格尺寸和数量,逐根检查并确认其端部组装配件可靠无误后,方可在工程中使用。对护套轻微破损处,可采用外包防水聚乙烯胶带进行修补,每圈胶带搭接宽度不应小于胶带宽度的1/2,缠绕层数不少于2层,缠绕长度应超过破损长度30mm,严重破损的应予以报废。

②张拉端端部模板预留孔应按施工图中规定的无粘结预应力筋的位置编号和钻孔。

③张拉端的承压板应采用与端模板可靠的措施固定定位,且应保持张拉作用线与承压面相垂直。

④无粘结预应力筋应按设计图样的规定进行铺放。铺放时应符合下列要求。

a. 无粘结预应力筋采用与普通钢筋相同的绑扎方法,铺放前应通过计算确定无粘结预应力筋的位置,其垂直高度宜采用支撑钢筋控制,或与其他主筋绑扎定位,无粘结预应力筋束形控制点的设计位置允许偏差,应符合表 3-3 的规定。无粘结预应力筋的位置宜保持顺直。

表 3-3　束形控制点的设计位置允许偏差　　　　（单位:mm）

截面高(厚)度	$h \leqslant 300$	$300 < h \leqslant 1500$	$h > 1500$
允许偏差	±5	±10	±15

b. 平板中无粘结预应力筋的曲线坐标宜采用马凳或支撑件控制,支撑间距不宜大于 2.0m。无粘结预应力筋铺放后应与马凳或支撑件可靠固定。

c. 铺放双向配置的无粘结预应力筋时,应对每个纵横交叉点相应的两个标高进行比较,对各交叉点标点较低的无粘结预应力筋应先进行铺放,标高较高的次之,宜避免两个方向的无粘结预应力筋相互穿插铺放。

d. 敷设的各种管线不应将无粘结预应力筋的设计位置改变。

e. 当采用多根无粘结预应力筋平行带状布束时,宜采用马凳或支撑件支撑固定,保证同束中各根无粘结预应力筋具有相同的矢高。带状束在锚固端应平顺地张开。

f. 当采用集团束配置多根无粘结预应力筋时,应采用钢筋支架控制其位置,支架间距宜为 1.0~1.5m。同一束的各根筋应保持平行走向,防止相互扭绞。

g. 无粘结预应力筋采取竖向、环向或螺旋形铺放时,应有定位支架或其他构造措施控制设计位置。

⑤在板内无粘结预应力筋绕过开洞处分两侧铺设,其离洞口的距离不宜小于 150mm,水平偏移的曲率半径不宜小于 6.5m,洞口四周边应配置构造钢筋加强;当洞口较大时,应沿洞口周边设置边梁或加强带,以补足被孔洞削弱的板或肋的承载力和截面刚度。

⑥夹片锚具系统张拉端和固定端的安装,应符合下列规定。

a. 张拉端锚具系统的安装,无粘结预应力筋两端的切线应与承压板相垂直,曲线的起始点至张拉锚固点应有不小于 300mm 的直线段;单根无粘结预应力筋要求的最小弯曲半径对 $\phi^s 12.7mm$ 和 $\phi^s 15.2mm$ 钢绞线分别不宜小于 1.5m 和 2.0m。在安装带有穴模或其他预先埋入混凝土中的张拉端锚具时,各部件之间应连接紧密。

b. 固定端锚具系统的安装,将组装好的固定端锚具按设计要求的位置绑扎牢固,内埋式固定端垫板不得重叠,锚具与垫板应连接紧密。

c. 张拉端和固定端均应按设计要求配置螺旋筋或钢筋网片,螺旋筋和钢筋网片均应紧靠承压板或连体锚板。

（4）浇筑混凝土。

①浇筑混凝土时，除按有关规范的规定执行外，尚应遵守下列规定：

a. 无粘结预应力筋铺放、安装完毕后，应进行隐蔽工程验收，当确认合格后方可浇筑混凝土。

b. 混凝土浇筑时，严禁踏压撞碰无粘结预应力筋、支撑架以及端部预埋部件。

c. 张拉端、固定端混凝土必须振捣密实。

②浇筑混凝土使用振捣棒时，不得对无粘结预应力筋、张拉与固定端组件直接冲击和持续接触振捣。

③为确定无粘结预应力筋张拉时混凝土的强度，可增加两组同条件养护试块。

（5）无粘结预应力筋张拉。

①安装锚具前，应清理穴模与承压板端面的混凝土或杂物，清理外露预应力筋表面。检查锚固区域混凝土的密实性。

②锚具安装时，锚板应调整对中，夹片安装缝隙均匀并用套管打紧。

③预应力筋张拉时，对直线的无粘结预应力筋，应保证千斤顶的作用线与无粘结预应力筋中心线重合；对曲线的无粘结预应力筋，应保证千斤顶的作用线与无粘结预应力筋中心线末端的切线重合。

④无粘结预应力筋的张拉控制应力不宜超过 $0.75f_{ptk}$ 并应符合设计要求。如需提高张拉控制应力值时，不得大于 $0.8f_{ptk}$。

⑤当采用超张拉方法减少无粘结预应力筋的松弛损失时，无粘结预应力筋的张拉程序宜为：从零开始张拉至 1.03 倍预应力筋的张拉控制应力 σ_{con} 锚固。

⑥无粘结预应力筋计算伸长值 Δl_p，可按式（3-1）计算。

⑦预应力筋的张拉步骤与实际张拉伸长值记录，应从零应力加载至初拉力开始，测量伸长值初读数，再以均匀速度分级加载分级测量伸长值至终拉力。

⑧当采用应力控制方法张拉时，应校核无粘结预应力筋的伸长值，当实际伸长值与设计计算伸长值相对偏差超过±6％时，应暂停张拉，查明原因并采取措施予以调整后，方可继续张拉。

⑨当无粘结预应力筋采取逐根或逐束张拉时，应保证各阶段不出现对结构不利的应力状态；同时宜考虑后批张拉的无粘结预应力筋产生的结构构件的弹性压缩对先批张拉预应力筋的影响，确定张拉力。

⑩无粘结预应力筋的张拉顺序应符合设计要求，如设计无要求时，可采用分批、分阶段对称或依次张拉。

⑪当无粘结预应力筋长度超过 30m 时，宜采取两端张拉；当筋长超过 60m 时，宜采取分段张拉和锚固。当有设计与施工实测依据时，无粘结预应力筋的长度可不受此限制。

⑫无粘结预应力筋张拉时，应按要求逐根对张拉力、张拉伸长值、异常现象等进行详细记录。

⑬夹片锚具张拉时，应符合下列要求。

a. 锚固采用液压顶压器顶压时，千斤顶应在保持张拉力的情况下进行顶压，顶压压力应符合设计规定值。

b. 锚固阶段张拉端无粘结预应力筋的内缩量应符合设计要求;当设计无具体要求时,其内缩量应符合表 3-4 的规定。为减少锚具变形的预应力筋内缩造成的预应力损失,可进行二次补拉并加垫片,二次补拉的张拉力为控制张拉力。

表 3-4　张拉端锚具变形和预应力筋的内缩量限值　　　　　　　　(单位:mm)

锚具类别		内缩量限值
夹片式锚具	有顶压	5
	无顶压	6~8

⑭当无粘结预应力筋设计为纵向受力钢筋时,侧模可在张拉前拆除,但下部支撑体系应在张拉工作完成之后拆除,提前拆除部分支撑应根据计算确定。

⑮张拉后应采用砂轮锯或其他机械方法切割夹片外露部分的无粘结预应力筋,其切断后露出锚具夹片外的长度不得小于 30mm。

(6)锚具系统封闭。

①无粘结预应力筋张拉完毕后,应及时对锚固区进行保护。当锚具采用凹进混凝土表面布置时,宜先切除外露无粘结预应力筋多余长度,在夹片及无粘结预应力筋端头外露部分应涂专用防腐油脂或环氧树脂,并罩帽盖进行封闭,该防护帽与锚具应可靠连接;然后应采用微膨胀混凝土或专用密封砂浆进行封闭。

②锚固区也可用后浇的外包钢筋混凝土圈梁进行封闭,但外包圈梁不宜凸出在外墙面以外。当锚具凸出混凝土表面布置时,锚具的混凝土保护层厚度不应小于 50mm;外露预应力筋的混凝土保护层厚度要求:处于一类室内正常环境时,不应小于 30mm;处于二类、三类易受腐蚀环境时,不应小于 50mm。

第二部分　建筑工程计价基础知识

第四章　建筑工程预算定额

内容提要：
1. 熟悉预算定额的概念、作用及内容。
2. 了解预算定额的编制依据与编制程序。
3. 掌握预算定额项目消耗指标的确定。
4. 掌握单位工程预算的编制。

第一节　预算定额基础知识

一、预算定额的概念

建筑工程预算定额是确定一定计量单位的分项工程或结构构件的人工、材料和机械台班消耗的数量标准。

二、预算定额的作用

(1)它是编制地区单位估价表、确定分项工程直接费、编制施工图预算的依据。

(2)它是编制施工组织设计、进行工料分析、实行经济核算的依据。

(3)它是建筑工程拨款、竣工决算的依据。

(4)它是编制概算定额、概算指标和编制招标标底、投标报价的基础资料。

三、预算定额的内容

预算定额(手册)一般由目录、总说明、建筑面积计算规则、分部工程说明、定额项目表和有关附录或附件等组成。

1. 总说明

总说明综合阐述定额的编制原则、指导思想、编制的依据、适用范围及定额的作用,同时说明编制定额时已考虑和没有考虑的因素与有关规定和使用方法。

2. 建筑面积计算规则

建筑面积是分析建筑工程技术经济指标的重要数据,规则规定了计算建筑面积的范围和计算方法,同时也规定了不能计算建筑面积的范围。

3. 分部工程说明

分部工程说明主要说明该分部工程包括的主要工程内容和该分部所包括的工程项目及工作内容;执行中的一些规定;特殊情况的处理;各分项工程量计算规则等。分部工程说明是定额中的重要组成部分,也是执行定额和进行工程量计算的基础。

4. 定额项目表

定额项目表是预算定额的主要组成部分,一般由工作内容(分节说明)、定额单位、项目表和附注组成,见表4-1。

表 4-1　定额项目

工作内容:1. 基础:清理基槽、调运砂浆、运砖、砌砖。

　　　　　2. 砖墙:筛砂、调运砂浆、运砖、砌块等。　　　　　　　　　　　　　　(单位:m³)

定 额 编 号			4-1	4-2	4-3	4-4	4-5	4-6
项　　目			砖					
			基础	外墙	内墙	贴砌墙		圆弧形墙
						1/4	1/2	
基价/元			165.13	178.46	174.59	246.70	205.54	183.60
其中	人工费/元		34.51	45.75	41.97	87.24	60.17	49.00
	材料费/元		126.57	128.24	128.20	153.75	140.40	130.07
	机械费/元		4.05	4.47	4.42	5.71	4.97	4.53
名　称		单位/元	数　量					
人工	82002	综合工日/工日	28.240	1.183	1.578	1.445	3.031	2.082	1.692
	82013	其他人工费/元		1.100	1.190	1.160	1.640	1.370	1.220
材料	04001	红机砖/块	0.177	523.600	510.000	510.000	615.900	563.100	520.000
	81071	M5 水泥砂浆/m³	135.210	0.236	0.265	0.265	0.309	0.283	0.265
	84004	其他材料费/元		1.980	2.140	2.100	2.960	2.470	2.200
机械	84023	其他机具费/元		4.050	4.470	4.420	5.710	4.970	4.530

注:上表摘自 2001 年《××市建设工程预算定额》。

在项目表中,人工表现形式是以工种、工日数及合计工日数表示。材料栏内只列主要材料的消耗量,零星材料以"其他材料"表示;凡需机械的分部分项工程应列出施工机械台班数量,即分项工程的人工、材料、机械台班的定额指标。

在定额项目表中还列有根据上述三项指标和取定的工资标准、材料预算价格和机械台班费等,分别计算出人工费、材料费和机械费及其汇总的预算价值(综合单价),其计算公式如下:

$$预算价值(综合单价)=人工费+材料费+机械费 \tag{4-1}$$

其中:

$$人工费=合计工日×相应等级日工资单价+其他人工费 \tag{4-2}$$

$$材料费=\Sigma(材料用量×相应材料预算价格)+其他材料费 \tag{4-3}$$

$$机械费=\Sigma(机械台班用量×相应施工机械台班费)+其他机具费 \tag{4-4}$$

"附注"一般列在项目表的下部,它是对定额表中某些问题的进一步说明。

5. 附录及附件(或附表)

预算定额组成的最后一部分是附录及附件(或附表),它包括建筑机械台班费用定额表,砂浆、混凝土配合比表,建筑材料名称规格和价格表,在定额换算和补充计算预算价格(综合单价)时使用。

第二节　预算定额的编制

一、预算定额的编制依据

(1)现行建筑工程设计规范、施工验收规范、工程质量评定标准及安全技术操作规程等建筑技术法规。

(2)建筑工程通用标准图集及有关科学实验、测定、统计和经济分析资料。

(3)现行的《全国统一劳动定额》、《地区材料消耗定额》、《机械台班消耗定额》或地区编制的《施工定额》。

(4)现行的地区人工工资标准和材料预算价格。

上述各种编制依据是否齐全,对预算定额的编制水平有很大的影响。所以,在定额编制前,必须将收集上述各种资料的工作放在重要的地位。

二、预算定额的编制程序

1. 制订预算定额的编制方案

预算定额的编制方案主要内容包括建立相应的机构;确定编制定额的指导思想、编制原则和编制进度;明确定额的作用、编制的范围和内容;确定人工、材料、机械消耗定额的计算基础和收集的基础资料,并对收集到的资料进行分析整理,使其资料系统化。

2. 预算定额项目及其工作内容

划分定额项目是以施工定额为基础,合理确定预算定额的步距,进一步考虑其综合性,尽量做到项目齐全、粗细适度、简明适用。在划分项目的同时,应将各工程项目的工程内容、范围予以确定。

3. 确定分项工程的定额消耗指标

确定分项工程的定额消耗指标,应在选择计量单位、确定施工办法、计算工程量及含量测算的基础上进行。

(1)选择计量单位。预算定额的计量单位应使用方便,并与工程项目内容相适应,能反映分项工程最终产品形态和实物量。

计量单位一般应根据结构构件或分项工程的特征及变化规律来确定。一般,当物体的三个度量(长、宽、高)都会发生变化时,选用立方米(m^3)为计量单位,例如土方、砖石、混凝土等工程;当物体的三个度量(长、宽、高)中有两个度量经常发生变化时,选用平方米(m^2)为计量单位,例如地面、抹灰、门窗等工程;当物体的截面形状基本固定,长度变化不定时,选用米(m)、千米(km)为计量单位,例如踢脚线、管线工程等。当分项工程无一定规格,而构造又比较复杂时,可按个、块、套、座、吨(t)等为计量单位。一般情况下的计量单位应按公制执行。

(2)确定施工方法。不同的施工方法会直接影响预算定额中的人工、材料和施工机械台班的消耗指标。所以在编制定额时,必须以本地区的施工(生产)技术组织条件、施工验收规范、安全技术操作规程及已经推广和成熟的新工艺、新结构、新材料和新操作方法等为依据，合理地确定施工方法，使其正确反映当前社会生产力的水平。

(3)计算工程量及含量的测算。工程量计算应选择有代表性的图样、资料和已经确定的定额项目、计量单位，按照工程量的计算规则进行计算。

计算中应特别注意预算定额项目的工作内容、范围及其所包括内容在该项目中所占的比例，即含量的测算。通过会计师的测算，才能保证定额项目综合的合理性，使定额内的人工、材料、机械台班的消耗做到相对准确。

(4)确定人工、材料、机械台班消耗量指标。

(5)编制定额项目表。在预算定额项目表中的人工消耗部分，应列出综合工日和其他人工费。

定额表中的机械台班消耗部分，应列出主要机械名称，主要机械台班消耗定额（以"台班"为计量单位）或其他机械费。

定额表中的材料消耗部分，应列出不同规格的主要材料名称、计量单位、主要材料的数量；对次要材料综合列入其他材料费，其计量单位以"元"表示。

在预算定额的基价部分，应分别列出人工费、材料费、机械费，同时还应列出基价（预算价值）。

(6)修改定稿、颁发执行。初稿编出后，应与以往相应的定额进行对比，对新定额进行水平测算。然后根据测算结果，分析出新定额水平提高或降低的因素，然后对初稿进行合理的修订。

在测算和修改的基础上，组织有关部门进行讨论并征求意见，定稿后连同编制说明书呈报上级主管部门审批。经批准后，在正式颁发执行前，要向各有关部门进行政策性和技术性的交底，以利于定额的正确贯彻执行。

三、预算定额项目消耗指标的确定

1. 人工消耗指标的组成

预算定额中人工消耗指标由基本用工和其他用工两部分组成。

(1)基本用工。基本用工是为完成某个分项工程所需主要用工量，例如砌筑各种墙体工程中的砌砖，调制砂浆以及运砖和运砂浆的用工量。此外，还包括属于预算定额项目工作内容范围的一些基本用工量。例如在墙体工程中的门窗洞口、垃圾道、预留抗震柱孔、附墙烟囱等工程内容。

(2)其他用工。其他用工是辅助基本用工消耗的工日，按其工作内容分为以下三类。

①人工幅度差用工。人工幅度差用工指在劳动定额中未包括的，而在一般正常施工情况下又不可避免的一些工时消耗。例如，施工过程中各工种的工序搭接、交叉配合所需的停歇时间，因工程检查及隐蔽工程验收而影响工人的操作时间，场内工作操作地点的转移所消耗的时间及少量的零星用工等。

②超运距用工。超运距用工指超过劳动定额所规定的材料、半成品运距的用工数量。

③辅助用工。辅助用工指材料需要在现场加工的用工数量，例如筛沙子、淋石灰膏等需增加的用工数量。

2. 材料消耗指标的确定

(1)材料消耗指标的组成。预算定额中的材料用量由材料的净用量和材料的损耗量组成。

预算定额的材料按其使用性质、用途和用量大小可划分为以下三类。

①主要材料。主要材料指直接构成工程实体并且用量较大的材料。

②周转性材料。周转性材料又称工具性材料,施工中可多次使用,但是不构成工程实体的材料。例如模板、脚手架等。

③次要材料。次要材料指用量不多,价值不大的材料。可采用估算法计算,一般将此类材料合并为"其他材料费",其计量单位用"元"来表示。

(2)材料消耗指标的确定。材料消耗指标是在编制预算定额方案中已经确定的有关因素(例如工程项目的划分、工程内容确定的范围、计量单位和工程量计算)的基础上,分别采用观测法、试验法、统计法和计算法,首先研究出材料的净用量,而后确定材料的损耗率计算出材料的消耗量,并结合测定的资料,采用加权平均的方法计算确定出材料的消耗指标,材料损耗率见表 4-2。

表 4-2　材料、成品、半成品损耗率参考表

材料名称	工程项目	损耗率(%)	材料名称	工程项目	损耗率(%)
标准砖	基础	0.4	石灰砂浆	抹天棚	1.5
标准砖	实砖墙	1	石灰砂浆	抹墙及墙裙	1
标准砖	方砖柱	3	水泥砂浆	天棚、梁、柱、腰线	2.5
多孔砖	墙	1	水泥砂浆	抹墙及墙裙	2
白瓷砖	—	1.5	水泥砂浆	地面、屋面	1
陶瓷锦砖	(马赛克)	1	混凝土(现浇)	地面	1
铺地砖	(缸砖)	0.8	混凝土(现浇)	其余部分	1.5
水磨石板	—	1	混凝土(预制)	桩基础、梁、柱	1
小青瓦、黏土瓦及水泥瓦	(包括脊瓦)	2.5	混凝土(预制)	其余部分	1.5
天然砂	—	2	钢筋	现浇及预制混凝土	2
砂	混凝土工程	1.5	铁件	成品	1
砾(碎)石	—	2	钢材	—	6
生石灰	—	1	木材	门窗	6
水泥	—	1	木材	门心板制作	13.1
砌筑砂浆	砖砌体	1	玻璃	配制	15
混合砂浆	抹天棚	3	玻璃	安装	3
混合砂浆	抹墙及墙裙	2	沥青	操作	1

采用理论计算法确定主要材料消耗量。

【例 4-1】　求砌 $1m^3$ 一砖厚内墙所需砖和砂浆的消耗量。

【解】　已知标准砖每块砖的体积为：$0.24 \times 0.115 \times 0.053 = 0.0014628 (m^3)$

砌砖工程用砖量和砂浆量的计算公式如下所示。

$$A = \frac{1}{墙厚 \times (砖长 + 灰缝) \times (砖厚 + 灰缝)} \times 2 \times K \tag{4-5}$$

$$B = 1 - 每块标准砖的体积 \times A \tag{4-6}$$

式中　A——砖的净用量；

　　　K——墙厚的砖数$(0.5、1、1.5、2 \cdots)$；

　　　B——砂浆净用量。

一砖厚墙砖的净用量为：

$$A = \frac{1}{0.24 \times (0.24 + 0.01) \times (0.053 + 0.01)} \times 2 \times 1 = 529.10 (块)$$

一砖厚墙砂浆的净用量为：

$$B = 1 - 529.1 \times 0.0014628 = 0.266 (m^3)$$

查表 4-2 砖和砂浆损耗率为 1%，则砖和砂浆的消耗量为：

$$砖的消耗量 = 529.1 \times (1 + 1\%) = 534.39 (块)$$

$$砂浆的消耗量 = 0.226 \times (1 + 1\%) = 0.228 (m^3)$$

上述只是从理论上计算砖和砂浆的用量，按照预算定额的工程量计算规则，在测算砖砌体时，应扣除梁头、板头和 $0.025m^3$ 以下过梁所占体积，并应增加各种凸出腰线等体积。所以测算出来的砖和砂浆的用量不等于理论计算量。例如北京市预算定额用量：一般砌 $1m^3$ 砖墙用砖量为 510 块，砂浆用量为 $0.265m^3$。

3. 机械台班消耗指标的确定

(1)编制的依据。预算定额中的机械台班消耗指标是以"台班"为单位，每个台班按 8h 计算，其中：

①以手工操作为主的工人班组所配备的施工机械(例如砂浆、混凝土搅拌机，垂直运输用的塔式起重机)为小组配合使用，所以应以小组产量计算机械台班量。

②机械施工过程(例如机械化土石方工程、打桩工程、机械化运输及吊装工程所用的大型机械及其他专用机械)应在劳动定额中的台班定额的基础上另加机械幅度差。

(2)机械幅度差。机械幅度差是在劳动定额中机械台班耗用量中未包括的，而机械在合理的施工组织条件下所必需的停歇时间。这些因素会影响机械的生产效率，所以应另外增加一定的机械幅度差的因素。其内容包括以下五方面：

①施工机械转移工作面及配套机械相互影响损失的时间。

②在正常施工情况下，机械施工中不可避免的工序间歇时间。

③工程检查质量影响机械的操作时间。

④临时水电线路在施工中移动位置所发生的机械的操作时间等。

⑤施工中工作不饱和和工程结尾时工作量不多而影响机械的操作时间等。

机械幅度差系数，一般根据测定和统计资料取定。大型机械幅度差系数规定为：土方机械为 1.25；打桩机械为 1.33；吊装机械为 1.3。其他分项工程机械，例如木作、蛙式打夯机、水磨石机等专用机械均为 1.1。

（3）预算定额中机械台班消耗指标的计算方法。

①按工人小组配用的机械应按工人小组日产量计算机械台班量，不另增加机械幅度差。计算公式如下：

$$分项定额机械台班使用量 = \frac{预算定额项目计量单位值}{小组总产量} \tag{4-7}$$

式中

$$小组总产量 = 小组总人数 \times \sum(分项计算取定的比重 \times 劳动定额每工综合产量)$$

$$\tag{4-8}$$

②按机械台班产量计算。

$$分项定额机械台班使用量 = \frac{预算定额项目计量单位值}{机械台班产量} \times 机械幅度差系数 \tag{4-9}$$

【例 4-2】　砌一砖厚内墙，定额单位 10m³，其中：单面清水墙占 30%，双面混水墙占 70%，瓦工小组成员 23 人，定额项目配备砂浆搅拌机一台，2～6t 塔式起重机一台，分别确定砂浆搅拌机和塔式起重机的台班用量。

已知单面清水墙每工综合产量定额 1.04m³，双面混水墙每工综合产量定额 1.24m³。

【解】　小组总产量 = 23 × (0.3 × 1.04 + 0.7 × 1.24) = 27.14(m³)

$$砂浆搅拌机 = \frac{10}{27.14} = 0.368(台班)$$

$$塔式起重机 = \frac{10}{27.14} = 0.368(台班)$$

以上两种机械均不增加机械幅度差。

第三节　单位工程预算的编制

一、编制工程预算的基础资料

1. 设计资料

它包括设计图样、施工说明书及有关设计文件，各类构件、门窗、建筑配件等图集和材料做法表等。

2. 预算资料

预算资料包括现行的土建工程概预算定额，管理费及其他费用定额，基本建筑材料预算价格，建筑机械台班费用定额，以及有关的建筑安装工程预算定额文件汇编等。

3. 施工组织设计资料

施工组织设计资料主要影响工程预算的有关内容，其中包括工程概况、工程点、施工方案、施工现场总平面布置图。

二、预算定额及有关规定

建筑工程预算定额是国家用以确定工程预算造价、考核工程设计经济效果、衡量施工管理水平的一种法令性指标。为了提高工程预算编制水平,正确地运用预算定额及其有关规定,必须熟悉现行预算定额的全部内容和项目划分,了解和掌握定额子目的工程内容、施工方法、材料规格、质量要求、计量单位、工程量计算方法、项目之间的相互关系以及调整换算的规定、条件和方法,以便能够熟练地查找和正确地应用。

三、施工组织设计的有关内容

工程预算编制工作要密切与生产技术部门配合协作,及时深入施工基层和施工现场,了解现场地貌、土质、水位、施工条件、施工方法、施工进度安排、技术组织措施、施工机械、设备材料供应等情况以及施工现场的总平面布置、自然地坪标高、施工用地面积、挖土方式、放坡比例、吊装机械的选用等与预算定额有关而直接影响施工经济效益的各项因素,以便编制工程预算。并且要及时向工地施工技术人员提供预算定额已经综合考虑的、不论实际是否采用的施工方法、施工机械、模板材料、脚手架等均不得换算调整的定额子目,使之强化核算观念,在保证工程质量、安全施工、讲究经济效益的前提下,考虑施工方法和技术措施,合理安排施工计划。

四、设计图样和施工说明书

设计图样和施工说明书不仅是建筑施工的依据,而且也是编制工程预算的重要基础资料。设计图样和施工说明书上所表示或说明的工程构造、材料作法、材料品种及其规格质量、设计尺寸等设计要求,为编制工程预算结合预算定额确定分项工程项目、选择套用定额子目、取定尺寸和计算各项工程量提供了重要数据。

熟悉设计图样和施工说明书时首先检查图样是否齐全,设计要求采用的标准图集是否具备,图示尺寸是否有误,建筑图、结构图、细部大样各种图样之间是否交圈,即完全看懂设计图样和施工说明书的要求和附注,从而掌握其设计意图。在熟悉设计图样和施工说明书的过程中要随时把发现和不明白的问题作书面记录,以便将来设计交底时提出问题,解决问题,其处理结果应取得设计签认,以便作为改正图样、说明书和编制预算的根据。

若遇到设计图样和施工说明书的规定要求与预算定额内容不符时,例如材料品种、规格质量、定额缺项等情况,根据预算规定应予以换算调整或补充的分项工程,要详细记录下来,以便编制工程预算时进行换算调整或补充。

对设计图样和施工说明书学习和审核的一般顺序如下:

(1)总平面图。它包括新建工程位置、坐标、标高、等高线、地上地下障碍物、地形地貌等情况。

(2)基础平面图。提供基础工程做法、基础槽底标高、计量尺寸、管道及盖板的布置等情况,同时要结合节点大样、首层平面图核对轴线、基础、墙身、楼梯基础等各部位尺寸。

(3)结构施工图。它包括各层平面图、节点大样、结构部件模板配筋图等。要结合建筑平面、剖面图对结构尺寸、总长度、分段长度、总高度、分层高度、大样详图、节点标高、构件规格数量等数据进行核对。

(4)建筑施工图。它包括各层平面、立面、剖面图,楼梯详图,特殊房间布置等,要逐层逐间核对其室内开间、进深、高度、檐高、屋面泛水坡度、建筑配件细部等尺寸有无矛盾。对各种变形缝的做法要求,尤其是特殊项目的特殊要求,例如防水、吸声、采光、遮光、各种高级装饰、防火、防烟、各种自控装置等,都要了解其具体做法、设计要求和材料供应方式,以便按照预算定额规定,考虑材料预算价格和单位估价的补充。

对木窗等木装修项目要根据建筑平面、立面图和大样图核对门窗樘数、标准图代号、面积尺寸、玻璃、窗纱、油漆等级要求,以及压缝条、贴脸、挂镜线、门窗套、墙裙、护墙板、吊顶、特殊五金、木地板及其防潮、通风、填充材料等做法和尺寸有无差错、非标准门窗有无详图,尤其是高级装修,都要记录,以便向设计单位和建设单位了解情况、解决问题。

五、工程量计算

工程量计算必须根据设计图样和施工说明书提供的工程构造、设计尺寸和做法要求结合施工现场的施工条件、土质、水位、平面布置等具体情况,按照预算定额的项目划分、工程量计算规则和计量单位的规定,对每个分项工程的工程量进行具体计算。工程量计算是工程预算编制工作中一项最繁重、细致的重要环节,而且工程预算造价的正确与否,关键在于工程量的计算是否准确,项目是否齐全,有无遗漏和错误。由于工程量计算项目多、数字多,所以从事预算工作的人员,不仅要熟练地掌握施工技术、形体计算,还要制图翻样,运用计算工具,才能把工程量计算工作做得又快又准。

六、直接费计算

单位工程直接费各个分部分项工程直接费的总和。工程量计算完成,列出工程量分部分项工程量汇总明细表后,即可计算单位工程直接费。

分项工程直接费根据分项工程数量乘以预算定额分项工程预算价值(定额概预算单价,或定额子目单价)计算,一般要把分项工程直接费中的定额工资单独列出,以便工程发包队组使用。

在直接费计算中,关键是正确应用预算定额子目的问题。在套用预算定额子目时,一定要严格执行预算定额及其有关规定,不得错套,更不能擅自改变。定额规定允许补充换算的项目或材料,也应该按照定额规定的原则和条件范围,进行补充换算。

七、工程造价计算

根据预算费用计算程序表按照有关费率标准计算各项费用,从而计算出工程造价。

第五章　建筑工程工程量清单和清单计价

内容提要：
1. 了解工程量清单编制的规定和内容。
2. 了解工程量清单计价的规定和内容。
3. 掌握工程量清单计价表格的应用。
4. 掌握建筑面积计算方法及应用。

第一节　工程量清单编制

一、一般规定

(1)工程量清单应由具有编制能力的招标人，或受其委托具有相应资质的工程造价咨询人编制。

(2)采用工程量清单方式招标，工程量清单必须作为招标文件的组成部分，其准确性和完整性由招标人负责。

(3)工程量清单是工程量清单计价的基础，应作为编制招标控制价、投标报价、计算工程量、支付工程款、调整合同价款、办理竣工结算以及工程索赔等的依据之一。

(4)工程量清单应由分部分项工程量清单、措施项目清单、其他项目清单、规费项目清单、税金项目清单组成。

(5)工程量清单应依据以下资料进行编制：

①《建设工程工程量清单计价规范》(GB 50500—2008)。

②国家或省级、行业建设主管部门颁发的计价依据和办法。

③建设工程设计文件。

④与建设工程项目有关的标准、规范、技术资料。

⑤招标文件及其补充通知、答疑纪要。

⑥施工现场情况、工程特点及常规施工方案。

⑦其他相关资料。

二、分部分项工程量清单

(1)分部分项工程量清单应包括项目编码、项目名称、项目特征、计量单位和工程量。

(2)分部分项工程量清单应根据《建设工程工程量清单计价规范》(GB 50500—2008)附录规定的项目编码、项目名称、项目特征、计量单位和工程量计算规则进行编制。

(3)分部分项工程量清单的项目编码应采用十二位阿拉伯数字表示，一至九位应按《建设工程工程量清单计价规范》(GB 50500—2008)附录的规定设置，十至十二位应根据拟建工程的工程量清单项目名称设置，同一招标工程的项目编码不得有重码。

(4)分部分项工程量清单的项目名称应按《建设工程工程量清单计价规范》(GB 50500—

2008)附录的项目名称结合拟建工程的实际确定。

(5)分部分项工程量清单中所列《建设工程工程量清单计价规范》(GB 50500—2008)工程量应按附录中规定的工程量计算规则计算。

(6)分部分项工程量清单的计量单位应按《建设工程工程量清单计价规范》(GB 50500—2008)附录中规定的计量单位确定。

(7)分部分项工程量清单项目特征应按《建设工程工程量清单计价规范》(GB 50500—2008)附录中规定的项目特征,结合拟建工程项目的实际予以描述。

(8)编制工程量清单出现《建设工程工程量清单计价规范》(GB 50500—2008)附录中未包括的项目,编制人应作补充,并报省级或行业工程造价管理机构备案,省级或行业工程造价管理机构应汇总报住房和城乡建设部标准定额研究所。补充项目的编码由《建设工程工程量清单计价规范》(GB 50500—2008)附录的顺序码与 B 和三位阿拉伯数字组成,并应从×B001 起顺序编制,同一招标工程的项目不得重码。工程量清单中需附有补充项目的名称、项目特征、计量单位、工程量计算规则及工程内容。

三、措施项目清单

(1)措施项目清单应根据拟建工程的实际情况列项。通用措施项目可按表 5-1 选择列项,专业工程的措施项目可按《建设工程工程量清单计价规范》(GB 50500—2008)附录中规定的项目选择列项。若出现《建设工程工程量清单计价规范》(GB 50500—2008)未列的项目,可根据工程实际情况补充。

表 5-1　通用措施项目一览表

序　号	项 目 名 称
1	安全文明施工(含环境保护、文明施工、安全施工、临时设施)
2	夜间施工
3	二次搬运
4	冬雨季施工
5	大型机械设备进出场及安拆
6	施工排水
7	施工降水
8	地上、地下设施,建筑物的临时保护设施
9	已完工程及设备保护

(2)措施项目中可以计算工程量的项目清单宜采用分部分项工程量清单的方式编制,列出项目编码、项目名称、项目特征、计量单位和工程量计算规则;不能计算工程量的项目清单,以"项"为计量单位。

四、其他项目清单

(1)其他项目清单内容:

①暂列金额。

②暂估价:包括材料暂估单价、专业工程暂估价。

③计日工。

④总承包服务费。

(2)出现第(1)条未列的项目,可根据工程实际情况补充。

五、规费项目清单

(1)规费项目清单应按照下列内容列项:

①工程排污费。

②工程定额测定费。

③社会保障费:包括养老保险费、失业保险费、医疗保险费。

④住房公积金。

⑤危险作业意外伤害保险。

(2)出现第(1)条未列的项目,应根据省级政府或省级有关权力部门的规定列项。

六、税金项目清单

(1)税金项目清单应包括下列内容:

①营业税。

②城市维护建设税。

③教育费附加。

(2)出现第(1)条未列的项目,应根据税务部门的规定列项。

第二节　工程量清单计价

一、一般规定

(1)采用工程量清单计价,建设工程造价由分部分项工程费、措施项目费、其他项目费、规费和税金组成。

(2)分部分项工程量清单应采用综合单价计价。

(3)招标文件中的工程量清单标明的工程量是投标人投标报价的共同基础,竣工结算的工程量按发、承包双方在合同中约定应予计量且实际完成的工程量确定。

(4)措施项目清单计价应根据拟建工程的施工组织设计,可以计算工程量的措施项目,应按分部分项工程量清单的方式采用综合单价计价;其余的措施项目可以"项"为单位的方式计价,应包括除规费、税金外的全部费用。

(5)措施项目清单中的安全文明施工费应按照国家或省级、行业建设主管部门的规定计价,不得作为竞争性费用。

(6)其他项目清单应根据工程特点和招标控制价、投标控制价、竣工结算的具体规定计价。

(7)招标人在工程量清单中提供了暂估价的材料和专业工程属于依法必须招标的,由承包人和招标人共同通过招标确定材料单价与专业工程分包价。

若材料不属于依法必须招标的,经发、承包双方协商确认单价后计价。若专业工程不属于依法必须招标的,由发包人、总承包人与分包人按有关计价依据进行计价。

(8)规费和税金应按国家或省级、行业建设主管部门的规定计算,不得作为竞争性费用。

(9)采用工程量清单计价的工程,应在招标文件或合同中明确风险内容及其范围(幅度),不得采用无限风险、所有风险或类似语句规定风险内容及其范围(幅度)。

二、招标控制价

(1)国有资金投资的工程建设项目应实行工程量清单招标,并应编制招标控制价。招标控制价超过批准的概算时,招标人应将其报原概算审批部门审核。投标人的投标报价高于招标控制价的,其投标应予以拒绝。

(2)招标控制价应由具有编制能力的招标人,或受其委托具有相应资质的工程造价咨询人编制。

(3)招标控制价应根据下列依据编制:

①《建设工程工程量清单计价规范》(GB 50500—2008)。

②国家或省级、行业建设主管部门颁发的计价定额和计价办法。

③建设工程设计文件及相关资料。

④招标文件中的工程量清单及有关要求。

⑤与建设项目相关的标准、规范、技术资料。

⑥工程造价管理机构发布的工程造价信息;工程造价信息没有发布的参照市场价。

⑦其他的相关资料。

(4)分部分项工程费应根据招标文件中的分部分项工程量清单项目的特征描述及有关要求,按上述第(3)条的规定确定综合单价计算。

综合单价中应包括招标文件中要求投标人承担的风险费用。

招标文件提供了暂估单价的材料,按暂估的单价计入综合单价。

(5)措施项目费应根据招标文件中的措施项目清单按本节工程量清单计价中的一般规定的第(4)条、第(5)条和上述第(3)条的规定计价。

(6)其他项目费应按下列规定计价:

①暂列金额应根据工程特点,按有关计价规定估算。

②暂估价中的材料单价应根据工程造价信息或参照市场价格估算;暂估价中的专业工程金额应分不同专业,按有关计价规定估算。

③计日工应根据工程特点和有关计价依据计算。

④总承包服务费应根据招标文件列出的内容和要求估算。

(7)规费和税金应按本章第二节工程量清单计价中的一般规定的第(8)条的规定计算。

(8)招标控制价应在招标时公布,不应上调或下浮,招标人应将招标控制价及有关资料报送工程所在地工程造价管理机构备查。

(9)投标人经复核认为招标人公布的招标控制价未按照《建设工程工程量清单计价规范》(GB 50500—2008)的规定进行编制的,应在开标前5d向招投标监督机构或(和)工程造价管理机构投诉。

招投标监督机构应会同工程造价管理机构对投诉进行处理,发现确有错误的,应责成招标人修改。

三、投标价

(1)除《建设工程工程量清单计价规范》(GB 50500—2008)强制性规定外,投标价由投标人自主确定,但不得低于成本。投标价应由投标人或受其委托具有相应资质的工程造价咨询人编制。

(2)投标人应按招标人提供的工程量清单填报价格。填写的项目编码、项目名称、项目特征、计量单位、工程量必须与招标人提供的一致。

(3)投标报价应根据下列依据编制:

①《建设工程工程量清单计价规范》(GB 50500—2008)。

②国家或省级、行业建设主管部门颁发的计价办法。

③企业定额,国家或省级、行业建设主管部门颁发的计价定额。

④招标文件、工程量清单及其补充通知、答疑纪要。

⑤建设工程设计文件及相关资料。

⑥施工现场情况、工程特点及拟定的投标施工组织设计或施工方案。

⑦与建设项目相关的标准、规范等技术资料。

⑧市场价格信息或工程造价管理机构发布的工程造价信息。

⑨其他的相关资料。

(4)分部分项工程费应依据综合单价的组成内容,按招标文件中分部分项工程量清单项目的特征描述确定综合单价计算。

综合单价中应考虑招标文件中要求投标人承担的风险费用。招标文件中提供了暂估单价的材料,按暂估的单价计入综合单价。

(5)投标人可根据工程实际情况结合施工组织设计,对招标人所列的措施项目进行增补。

措施项目费应根据招标文件中的措施项目清单及投标时拟定的施工组织设计或施工方案应按本节工程量清单计价中的一般规定的第(4)条的规定自主确定。其中安全文明施工费应按本节工程量清单计价中的一般规定的第(5)条的规定来确定。

(6)其他项目费应按下列规定报价:

①暂列金额应按招标人在其他项目清单中列出的金额填写。

②材料暂估价应按招标人在其他项目清单中列出的单价计入综合单价;专业工程暂估价应按招标人在其他项目清单中列出的金额填写。

③计日工按招标人在其他项目清单中列出的项目和数量,自主确定综合单价并计算计日工费用。

④总承包服务费根据招标文件中列出的内容和提出的要求自主确定。

(7)规费和税金应按本节工程量清单计价中的一般规定的第(8)条的规定确定。

(8)投标总价应当与分部分项工程费、措施项目费、其他项目费和规费、税金的合计金额一致。

四、工程合同价款的约定

(1)实行招标的工程合同价款应在中标通知书发出之日起 30d 内,由发、承包人双方依据招标文件和中标人的投标文件在书面合同中约定。

不实行招标的工程合同价款,在发、承包人双方认可的工程价款基础上,由发、承包人双方在合同中约定。

(2)实行招标的工程,合同约定不得违背招标、投标文件中关于工期、造价、质量等方面的实质性内容。招标文件与中标人投标文件不一致的地方,以投标文件为准。

(3)实行工程量清单计价的工程,宜采用单价合同。

(4)发、承包人双方应在合同条款中对下列事项进行约定;合同中没有约定或约定不明的,由双方协商确定;协商不能达成一致的按《建设工程工程量清单计价规范》(GB 50500—2008)执行。

①预付工程款的数额、支付时间及抵扣方式。

②工程计量与支付工程进度款的方式、数额及时间。

③工程价款的调整因素、方法、程序、支付及时间。

④索赔与现场签证的程序、金额确认与支付时间。

⑤发生工程价款争议的解决方法及时间。

⑥承担风险的内容、范围以及超出约定内容、范围的调整办法。

⑦工程竣工价款结算编制与核对、支付及时间。

⑧工程质量保证(保修)金的数额、预扣方式及时间。

⑨与履行合同、支付价款有关的其他事项等。

五、工程计量与价款支付

(1)发包人应按照合同约定支付工程预付款。支付的工程预付款,按照合同约定在工程进度中抵扣。

(2)发包人支付工程进度款,应按照合同约定计量和支付,支付周期同计量周期。

(3)工程计量时,若发现工程量清单中出现漏项、工程量计算偏差,以及工程变更引起工程量的增减,应按承包人在履行合同义务过程中实际完成的工程量计算。

(4)承包人应按照合同约定,向发包人递交已完工程量报告。发包人应在接到报告后按合同约定进行核对。

(5)承包人应在每个付款周期末,向发包人递交进度款支付申请,并附相应的证明文件。除合同另有约定外,进度款支付申请应包括下列内容:

①本周期已完成工程的价款。

②累计已完成的工程价款。

③累计已支付的工程价款。

④本周期已完成计日工金额。

⑤应增加和扣减的变更金额。

⑥应增加和扣减的索赔金额。

⑦应抵扣的工程预付款。

⑧应扣减的质量保证金。

⑨根据合同应增加和扣减的其他金额。

⑩本付款周期实际应支付的工程价款。

(6)发包人在收到承包人递交的工程进度款支付申请及相应的证明文件后,发包人应在合同约定时间内核对和支付工程进度款。发包人应扣回的工程预付款,与工程进度款同期结算抵扣。

(7)发包人未在合同约定时间内支付工程进度款,承包人应及时向发包人发出要求付款的通知,发包人收到承包人通知后仍不按要求付款,可与承包人协商签订延期付款协议,经承包人同意后延期支付。协议应明确延期支付的时间和从付款申请生效后按同期银行贷款利率计算应付款的利息。

(8)发包人不按合同约定支付工程进度款,双方又未达成延期付款协议,导致施工无法进行时,承包人可停止施工,由发包人承担违约责任。

六、索赔与现场签证

(1)合同一方向另一方提出索赔,应有正当的索赔理由和有效证据,并应符合合同的相关约定。

(2)若承包人认为非承包人原因发生的事件造成了承包人的经济损失,承包人应在确认该事件发生后,按合同约定向发包人发出索赔通知。

(3)承包人索赔按下列程序处理:

①承包人在合同约定的时间内向发包人递交费用索赔意向通知书。

②发包人指定专人收集与索赔有关的资料。

③承包人在合同约定的时间内向发包人递交费用索赔申请表。

④发包人指定的专人初步审查费用索赔申请表,符合上述第(1)条规定的条件时予以受理。

⑤发包人指定的专人进行费用索赔核对,经造价工程师复核索赔金额后,与承包人协商确定并由发包人批准。

⑥发包人指定的专人应在合同约定的时间内签署费用索赔审批表,或发出要求承包人提交有关索赔的进一步详细资料的通知,待收到承包人提交的详细资料后,按本条第④款和第⑤款的程序进行。

(4)若承包人的费用索赔与工程延期索赔要求相关联时,发包人在作出费用索赔的批准决定时,应结合工程延期的批准,综合作出费用索赔与工程延期的决定。

(5)若发包人认为由于承包人的原因造成额外损失,发包人应在确认引起索赔的事件后,按合同约定向承包人发出索赔通知。

承包人在收到发包人索赔通知后并在合同约定时间内,未向发包人作出答复,视为该项索赔已经认可。

(6)承包人应发包人要求完成合同以外的零星工作或非承包人责任事件发生时,承包人应按合同约定及时向发包人提出现场签证。

(7)发、承包人双方确认的索赔与现场签证费用与工程进度款同期支付。

七、工程价款调整

(1)招标工程以投标截止到日前28d,非招标工程以合同签订前28d为基准日,其后国家的法律、法规、规章和政策发生变化影响工程造价的,应按省级或行业建设主管部门或其授权的工程造价管理机构发布的规定调整合同价款。

(2)若施工中出现施工图样(含设计变更)与工程量清单项目特征描述不符的,发、承包双方应按新的项目特征确定相应工程量清单的综合单价。

（3）因分部分项工程量清单漏项或非承包人原因的工程变更，造成增加新的工程量清单项目，其对应的综合单价按下列方法确定。

①合同中已有适用的综合单价，按合同中已有的综合单价确定。

②合同中有类似的综合单价，参照类似的综合单价确定。

③合同中没有适用或类似的综合单价，由承包人提出综合单价，经发包人确认后执行。

（4）因分部分项工程量清单漏项或非承包人原因的工程变更，引起措施项目发生变化，造成施工组织设计或施工方案变更，原措施费中已有的措施项目，按原有措施费的组价方法调整；原措施费中没有的措施项目，由承包人根据措施项目变更情况，提出适当的措施费变更，经发包人确认后调整。

（5）因非承包人原因引起的工程量增减，该项工程量变化在合同约定幅度以内的，应执行原有的综合单价；该项工程量变化在合同约定幅度以外的，其综合单价及措施费应予以调整。

（6）若施工期内市场价格波动超出一定幅度时，应按合同约定调整工程价款；合同没有约定或约定不明确的，应按省级或行业建设主管部门或其授权的工程造价管理机构的规定调整。

（7）因不可抗力事件导致的费用，发、承包双方应按以下原则分别承担并调整工程价款。

①工程本身的损害、因工程损害导致第三方人员伤亡和财产损失以及运至施工现场用于施工的材料和待安装的设备的损害，由发包人承担。

②发包人、承包人人员伤亡由其所在单位负责，并承担相应费用。

③承包人的施工机械设备的损坏及停工损失，由承包人承担。

④停工期间，承包人应发包人要求留在施工现场的必要的管理人员及保卫人员的费用，由发包人承担。

⑤工程所需清理、修复费用，由发包人承担。

（8）工程价款调整报告应由受益方在合同约定时间内向合同的另一方提出，经对方确认后调整合同价款。受益方未在合同约定时间内提出工程价款调整报告的，视为不涉及合同价款的调整。

收到工程价款调整报告的一方应在合同约定时间内确认或提出协商意见，否则视为工程价款调整报告已经确认。

（9）经发、承包双方确定调整的工程价款，作为追加（减）合同价款与工程进度款同期支付。

八、竣工结算

（1）工程完工后，发、承包双方应在合同约定时间内办理工程竣工结算。

（2）工程竣工结算由承包人或受其委托具有相应资质的工程造价咨询人编制，由发包人或受其委托具有相应资质的工程造价咨询人核对。

（3）工程竣工结算依据如下。

①《建设工程工程量清单计价规范》（GB 50500—2008）。

②施工合同。

③工程竣工图样及资料。

④双方确认的工程量。

⑤双方确认追加(减)的工程价款。

⑥双方确认的索赔、现场签证事项及价款。

⑦投标文件。

⑧招标文件。

⑨其他依据。

(4)分部分项工程量费应依据双方确认的工程量、合同约定的综合单价计算;如发生调整的,以发、承包双方确认调整的综合单价计算。

(5)措施项目费应依据合同约定的项目和金额计算;如发生调整的,以发、承包双方确认调整的金额计算,其中安全文明施工费应按本节工程量清单计价中的一般规定的第(5)条的规定计算。

(6)其他项目费用应按下列规定计算。

①计日工应按发包人实际签证确认的事项计算。

②暂估价中的材料单价应按发、承包双方最终确认价在综合单价中调整;专业工程暂估价应按中标价或发包人、承包人与分包人最终确认价计算。

③总承包服务费应依据合同约定金额计算,如发生调整的,以发、承包双方确认调整的金额计算。

④索赔费用应依据发、承包双方确认的索赔事项和金额计算。

⑤现场签证费用应依据发、承包双方签证资料确认的金额计算。

⑥暂列金额应减去工程价款调整与索赔、现场签证金额计算,如有余额归发包人。

(7)规费和税金应按本节工程量清单计价中的一般规定的第(8)条的规定计算。

(8)承包人应在合同约定时间内编制完成竣工结算书,并在提交竣工验收报告的同时递交给发包人。承包人未在合同约定时间内递交竣工结算书,经发包人催促后仍未提供或没有明确答复的,发包人可以根据已有资料办理结算。

(9)发包人在收到承包人递交的竣工结算书后,应按合同约定时间核对。同一工程竣工结算核对完成,发、承包双方签字确认后,禁止发包人又要求承包人与另一个或多个工程造价咨询人重复核对竣工结算。

(10)发包人或受其委托的工程造价咨询人收到承包人递交的竣工结算书后,在合同约定时间内,不核对竣工结算或未提出核对意见的,视为承包人递交的竣工结算书已经被认可,发包人应向承包人支付工程结算价款。

承包人在接到发包人提出的核对意见后,在合同约定时间内,不确认也未提出异议的,视为发包人提出的核对意见已经被认可,竣工结算办理完毕。

(11)发包人应对承包人递交的竣工结算书签收,拒不签收的,承包人可以不交付竣工工程。承包人未在合同约定时间内递交竣工结算书的,发包人要求交付竣工工程,承包人应当交付。

(12)竣工结算办理完毕,发包人应将竣工结算书报送工程所在地工程造价管理机构备案。竣工结算书作为工程竣工验收备案、交付使用的必备文件。

(13)竣工结算办理完毕,发包人应根据确认的竣工结算书在合同约定时间内向承包人支付工程竣工结算价款。

（14）发包人未在合同约定时间内向承包人支付工程结算价款的，承包人可催告发包人支付结算价款。如达成延期支付协议的，发包人应按同期银行同类贷款利率支付拖欠工程价款的利息。如未达成延期支付协议，承包人可以与发包人协商将该工程折价，或申请人民法院将该工程依法拍卖，承包人就该工程折价或者拍卖的价款优先受偿。

九、工程计价争议处理

（1）在工程计价中，对工程造价计价依据、办法以及相关政策规定发生争议事项的，由工程造价管理机构负责解释。

（2）发包人对工程质量有异议，拒绝办理工程竣工结算的，已竣工验收或已竣工未验收但实际投入使用的工程，其质量争议按该工程保修合同执行，竣工结算按合同约定办理；已竣工未验收且未实际投入使用的工程以及停工、停建工程的质量争议，双方应就有争议的部分委托有资质的检测鉴定机构进行检测，根据检测结果确定解决方案，或者按工程质量监督机构的处理决定执行后办理竣工结算，无争议部分的竣工结算按合同约定办理。

（3）发、承包双方发生工程造价合同纠纷时，应通过下列办法解决。

①双方协商。

②提请调解，工程造价管理机构负责调解工程造价问题。

③按合同约定向仲裁机构申请仲裁或向人民法院起诉。

（4）在合同纠纷案件处理中，需作工程造价鉴定的，应委托具有相应资质的工程造价咨询人进行。

第三节　工程量清单计价表格的应用

一、封面及总说明

工程量清单列举两个封面，一个为招标人自行编制工程量清单封面，另一个为招标人委托工程造价咨询人编制工程量清单封面，见附录封—1和附录封—2。

总说明见附录表-01。

二、分部分项工程量清单与计价表

分部分项工程量清单中仅列出部分常用分部分项工程量清单项目计价表，见附录表-02～附录表-07，其他省略。

三、措施项目清单与计价表

措施项目清单与计价表见附录表-08和附录表-09。

四、暂列金额明细表

暂列金额明细表见附录表-10。

五、材料暂估单价表

材料暂估单价表见附录表-11。

六、专业工程暂估价表

专业工程暂估价表见附录表-12。

七、计日工表

计日工表见附录表-13。

八、总承包服务费计价表

总承包服务费计价表见附录表-14。

九、规费、税金项目清单与计价表

规费、税金项目清单与计价表见附录表-15。

十、工程量清单综合单价分析表

工程量清单综合单价分析表见附录表-16～附录表-20。

第四节　建筑面积计算

一、建筑面积在工程量计价中的作用

1. 建筑面积是评价设计方案技术经济效果的重要数据

在评价拟建工程的设计方案优劣时,一般都要根据建筑面积计算的技术经济指标与同类结构性质的工程相互比较其技术经济效果。例如建筑面积与占地面积之比的土地利用系数,就可反映所占土地的有效利用情况。又如,工程预算总造价与建筑面积之比的每平方米的预算造价、工程消耗的总劳动量与建筑面积之比的每平方米的用工量、工程消耗的某种材料数量与建筑面积之比的每平方米的某种材料用量等。

2. 建筑面积是编制工程概(预)算的基本依据

在编制工程的初步设计概算时,往往根据图样所计算的建筑面积和图样所标明的结构特征来查出相应的概算指标,编制工程概算书。

在编制施工图预算时,建筑面积又是计算某些分项工程量的依据。例如高层建筑超高费、工程水电费都与建筑面积的多少有关。

3. 建筑面积是计划和统计工作的重要依据

在反映基本建设计划目标,统计和核算其实现的程度以及评价施工企业管理效果时,建筑面积就是主要的数量指标之一。例如计划面积、竣工面积、在建面积等指标。

二、建筑面积的计算方法

《建筑工程建筑面积计算规范》(GB/T 50353—2005)对建筑工程建筑面积的计算给出了如下的规定和要求。

(1)单层建筑物的建筑面积,应按其外墙勒脚以上结构外围水平面积计算,并应符合下列规定:

①单层建筑物高度在 2.20m 及以上者应计算全面面积;高度不足 2.20m 者应计算 1/2 面积。

②利用坡屋顶内空间时净高超过 2.10m 的部位应计算全面面积;净高 1.20～2.10m 的部位应计算 1/2 面积;净高不足 1.20m 的部位不应计算面积。

建筑面积的计算是以勒脚以上外墙结构外边线计算,勒脚是墙根部很矮的一部分墙体加厚,不能代表整个外墙结构,因此要扣除勒脚墙体加厚的部分。

（2）单层建筑物内设有局部楼层者，局部楼层的 2 层及以上楼层，有围护结构的应按其围护结构外围水平面积计算，无围护结构的应按其结构底板水平面积计算。层高在 2.20m 及以上者应计算全面面积；层高不足 2.20m 者应计算 1/2 面积。

①单层建筑物应按不同的高度确定其面积的计算。其高度指室内地面标高至屋面板板面结构标高之间的垂直距离。遇有以屋面板找坡的平屋顶单层建筑物，其高度指室内地面标高至屋面板最低处板面结构标高之间的垂直距离。

②坡屋顶内空间建筑面积计算，可参照《住宅设计规范》（GB 50096－1999）有关规定，将坡屋顶的建筑按不同净高确定其面积的计算。净高指楼面或地面至上部楼板底面或吊顶底面之间的垂直距离。

（3）多层建筑物首层应按其外墙勒脚以上结构外围水平面积计算；2 层及以上楼层应按其外墙结构外围水平面积计算。层高在 2.20m 及以上者应计算全面面积；层高不足 2.20m 者应计算 1/2 面积。

多层建筑物的建筑面积应按不同的层高分别计算。层高是指上下两层楼面结构标高之间的垂直距离。建筑物最底层的层高，有基础底板的指基础底板上表面结构标高至上层楼面的结构标高之间的垂直距离；没有基础底板的指地面标高至上层楼面结构标高之间的垂直距离。最上一层的层高是指楼面结构标高至屋面板板面结构标高之间的垂直距离，遇有以屋面板找坡的屋面，层高指楼面结构标高至屋面板最低处板面结构标高之间的垂直距离。

（4）多层建筑坡屋顶内和场馆看台下，当设计加以利用时净高超过 2.10m 的部位应计算全面面积；净高在 1.20～2.10m 的部位应计算 1/2 面积；当设计不利用或室内净高不足 1.20m 时不应计算面积。

多层建筑坡屋顶内和场馆看台下的空间应视为坡屋顶内的空间，设计加以利用时，应按其净高确定其面积的计算。设计不利用的空间，不应计算建筑面积。

（5）地下室、半地下室（车间、商店、车站、车库、仓库等），包括相应的有永久性顶盖的出入口，应按其外墙上口（不包括采光井、外墙防潮层及其保护墙）外边线所围水平面积计算。层高在2.20m及以上者应计算全面面积；层高不足 2.20m 者应计算 1/2 面积。

原计算规则规定按地下室、半地下室上口外墙外围水平面积计算，文字上不甚严密，"上口外墙"容易理解为地下室、半地下室的上一层建筑的外墙。由于上一层建筑外墙与地下室墙的中心线不一定完全重叠，多数情况是凸出或凹进地下室外墙中心线。

（6）坡地的建筑物吊脚架空层（图5-1）、深基础架空层，设计加以利用并有围护结构的，层高在 2.20m 及以上的部位应计算全面面积；层高不足 2.20m 的部位应计算 1/2 面积。设计加以利用、无围护结构的建筑吊脚架空层，应按其利用部位水平面积的 1/2 计算；设计不利用的深基础架空层、坡地吊脚架空层、多层建筑坡屋顶内、场馆

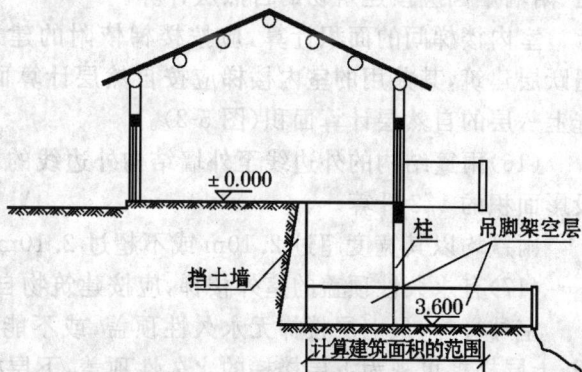

图 5-1 坡地建筑吊脚架空层

看台下的空间不应计算面积。

(7)建筑物的门厅、大厅按一层计算建筑面积。门厅、大厅内设有回廊时,应按其结构底板水平面积计算。层高在 2.20m 及以上者应计算全面面积;层高不足 2.20m 者应计算 1/2 面积。

(8)建筑物间有围护结构的架空走廊,应按其围护结构外围水平面积计算。层高在 2.20m 及以上者应计算全面面积;层高不足 2.20m 者应计算 1/2 面积。有永久性顶盖无围护结构的应按其结构底板水平面积的 1/2 计算。

(9)立体书库、立体仓库、立体车库,无结构层的应按一层计算,有结构层的应按其结构层面积分别计算。层高在 2.20m 及以上者应计算全面面积;层高不足 2.20m 者应计算 1/2 面积。

立体车库、立体仓库、立体书库不规定是否有围护结构,均按是否有结构层计算,应区分不同的层高确定建筑面积计算的范围,改变过去按书架层和货架层计算面积的规定。

(10)有围护结构的舞台灯光控制室,应按其围护结构外围水平面积计算。层高在 2.20m 及以上者应计算全面面积;层高不足 2.20m 者应计算 1/2 面积。

(11)建筑物外有围护结构的落地橱窗、门斗、挑廊、走廊、檐廊,应按其围护结构外围水平面积计算。层高在 2.20m 及以上者应计算全面面积;层高不足 2.20m 者应计算 1/2 面积。有永久性顶盖无围护结构的应按其结构底板水平面积的 1/2 计算。

(12)有永久性顶盖无围护结构的场馆看台应按其顶盖水平投影面积的 1/2 计算。

"场馆"实质上是指"场"(如:足球场、网球场等)看台上有永久性顶盖部分。"馆"应是有永久性顶盖和围护结构的,应按单层或多层建筑相关规定计算面积。

(13)建筑物顶部有围护结构的楼梯间、水箱间、电梯机房等,层高在 2.20m 及以上者应计算全面积;层高不足 2.20m 者应计算 1/2 面积。

如遇建筑物屋顶的楼梯间是坡屋顶,应按坡屋顶的相关规定计算面积。

(14)设有围护结构不垂直于水平面而超出底板外沿的建筑物,应按其底板面的外围水平面积计算。层高在 2.20m 及以上者应计算全面积;层高不足 2.20m 者应计算 1/2 面积。

设有围护结构不垂直于水平面而超出底板外沿的建筑物是指向建筑物外倾斜的墙体,若遇向建筑物内倾斜的墙体,应视为坡屋顶,应按坡屋顶有关规定计算面积。

(15)建筑物内的室内楼梯间、电梯井、观光电梯井、提物井、管道井、通风排气竖井、垃圾道、附墙烟囱应按建筑物的自然层计算。

室内楼梯间的面积计算,应按楼梯依附的建筑物的自然层数计算并在建筑物面积内。遇跃层建筑,其共用的室内楼梯应按自然层计算面积;上下两错层户室共用的室内楼梯,应选上一层的自然层计算面积(图 5-2)。

(16)雨篷结构的外边线至外墙结构外边线的宽度超过 2.10m 者,应按雨篷结构板水平投影面积的 1/2 计算。

雨篷均以其宽度超过 2.10m 或不超过 2.10m 衡量。有柱雨篷和无柱雨篷计算应一致。

(17)有永久性顶盖的室外楼梯,应按建筑物自然层水平投影面积的 1/2 计算。

室外楼梯,最上层楼梯无永久性顶盖,或不能完全遮盖楼梯的雨篷,上层楼梯不计算面积,上层楼梯可视为下层楼梯的永久性顶盖,下层楼梯应计算面积。

(18)建筑物的阳台均应按其水平投影面积的 1/2 计算。

建筑物的阳台,不论是凹阳台、挑阳台、封闭阳台、不封闭阳台均按其水平投影面积的1/2计算。

(19)有永久性顶盖无围护结构的车棚、货棚、站台、加油站、收费站等,应按其顶盖水平投影面积的1/2计算。

车棚、货棚、站台、加油站、收费站等的面积计算。由于建筑技术的发展,出现许多新型结构,例如柱不再是单纯的直立的柱,而出现"∨"形柱、"∧"形柱等不同类型的柱,给面积计算带来许多争议。为此,《建筑工程建筑面积计算规范》中不以柱来确定面积的计算,而依据顶盖的水平投影面积计算。在车棚、货棚、站台、加油站、收费站内设有有围护结构的管理室、休息室等,另按相关规定计算面积。

图 5-2　户室错层剖面示意图

(20)高低联跨的建筑物,应以高跨结构外边线为界分别计算建筑面积;其高低跨内部连通时,其变形缝应计算在低跨面积内。

(21)以幕墙作为围护结构的建筑物,应按幕墙外边线计算建筑面积。

(22)建筑物外墙外侧有保温隔热层的,应按保温隔热层外边线计算建筑面积。

(23)建筑物内的变形缝,应按其自然层合并在建筑物面积内计算。

此处所指建筑物内的变形缝是与建筑物相连通的变形缝,即暴露在建筑物内,在建筑物内可以看得见的变形缝。

(24)下列项目不应计算面积。

①建筑物通道(骑楼、过街楼的底层)。

②建筑物内设备管道夹层。

③建筑物内分隔的单层房间,舞台及后台悬挂幕布、布景的天桥、挑台等。

④屋顶水箱、花架、凉棚、露台、露天游泳池。

⑤建筑物内的操作平台、上料平台、安装箱和罐体的平台。

⑥勒脚、附墙柱、垛、台阶、墙面抹灰、装饰面、镶贴块料面层、装饰性幕墙、空调室外机搁板(箱)、飘窗、构件、配件、宽度在2.10m及以内的雨篷以及与建筑物内不相连通的装饰性阳台、挑廊。

⑦无永久性顶盖的架空走廊、室外楼梯和用于检修、消防等的室外钢楼梯、爬梯。

⑧自动扶梯、自动人行道。自动扶梯(斜步道滚梯),除两端固定在楼层板或梁之外,扶梯本身属于设备,为此扶梯不宜计算建筑面积。水平步道(滚梯)属于安装在楼板上的设备,不应单独计算建筑面积。

⑨独立烟囱、烟道、地沟、油(水)罐、气柜、水塔、储油(水)池、储仓、栈桥、地下人防通道及地铁隧道。

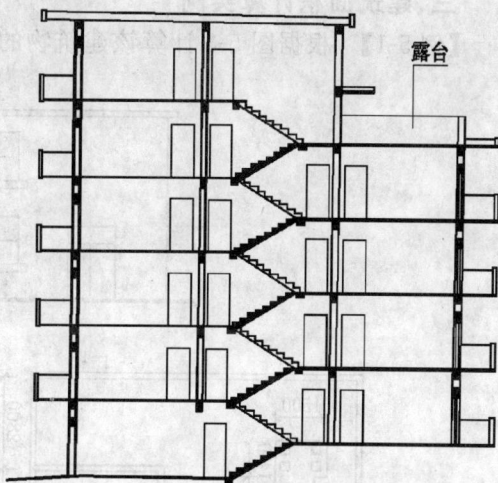

三、建筑面积计算实例

【例 5-1】 根据图 5-3 计算该建筑物的建筑面积(墙厚均为 240mm)。

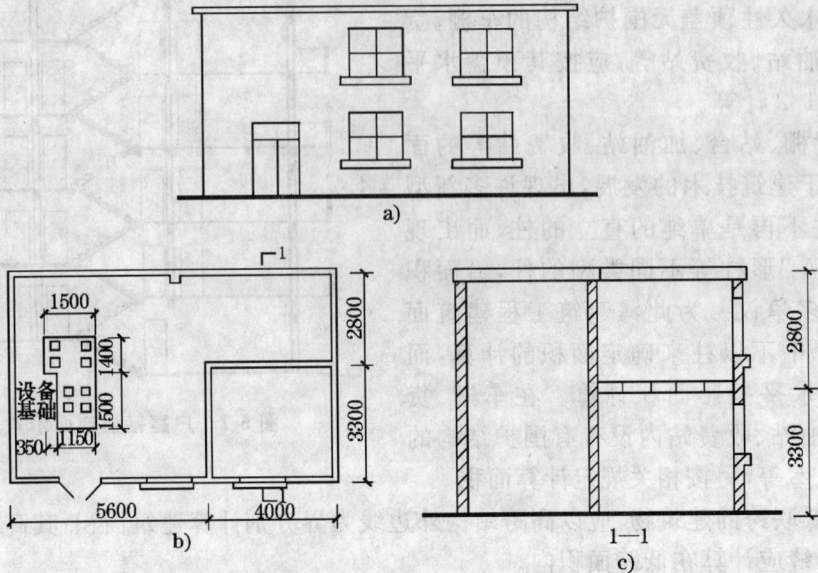

图 5-3 建筑面积计算示意图

a)立面图 b)平面图 c)1—1 剖面图

【解】 二层及二层以上楼层部分建筑面积,仍按其二层以上外墙外围水平投影面积计算。带有部分楼层的单层建筑物的建筑面积的计算公式如下:

$$S=底层建筑面积+部分楼层的建筑面积$$

底层建筑面积:

$$S_1=(5.6+4.0+0.24)\times(3.3+2.8+0.24)=9.84\times6.34=62.39(m^2)$$

楼隔层建筑面积:

$$S_2=(4.0+0.24)\times(3.3+0.24)=15.01(m^2)$$

总建筑面积:

$$S=62.39+15.01=77.40(m^2)$$

【例 5-2】 求如图 5-4 所示某建筑的建筑面积。

【解】 高低连跨的单层建筑物,需分别计算建筑面积,应以结构外边线为分界分别计算。

无论高跨时为中跨还是边跨,高低跨均以中柱外边线(非轴线)为分界线,中柱并入高跨。

高跨建筑面积:

$$S_1=建筑物长\times b_2$$

低跨建筑面积:

$$S_2=建筑物长\times(b_1+b_3)$$

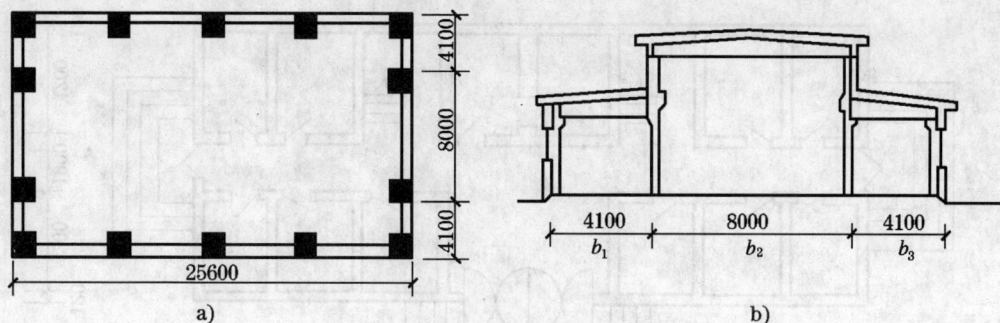

图 5-4　某建筑示意图

a)平面图　　b)立面图

方法一：

$S = 25.6 \times (8.0 + 4.1 + 4.1) = 414.72 (\text{m}^2)$

方法二：

$S_{高} = 25.6 \times 8.0 = 204.8 (\text{m}^2)$

$S_{低} = 25.6 \times 4.1 \times 2 = 209.92 (\text{m}^2)$

$S_{总} = 204.8 + 209.92 = 414.72 (\text{m}^2)$

【例 5-3】　求如图 5-5 所示某宾馆的建筑面积。

【解】　多层建筑物建筑面积,按各层建筑面积之和计算,其首层建筑面积按外墙勒脚以上结构的外围水平面积计算,二层及二层以上按外墙结构的外围水平投影面积计算。

这里应注意以下两点：

①多层房屋的建筑面积应该按建筑的自然层数(指建筑设计层高超过 2.2m 的空间层数)计算,有几个自然层,就计算几层面积。

②多层房屋应该注意外墙外边线是否一致,当外墙外边线不一致时,这时就应该分开计算水平投影面积。

除首层外,其余各层均以外墙外围水平投影计算建筑面积,首层则仍以勒脚以上外墙外围水平投影计算建筑面积,把各层建筑面积叠加即得到总建筑面积。

底层建筑面积：

$S_1 = (3.5 \times 8 + 0.12 \times 2) \times (4.2 \times 2 + 1.9 + 0.12 \times 2) = 297.65 (\text{m}^2)$

二层建筑面积：

$S_2 = (3.5 \times 8 + 0.12 \times 2) \times (4.2 \times 2 + 1.9 + 0.12 \times 2) - (3.5 \times 2 - 0.12 \times 2) \times$
$\quad (4.2 - 0.12 \times 2) = 270.88 (\text{m}^2)$

三、四层建筑面积

$S_3 = (3.5 \times 8 + 0.12 \times 2) \times (4.2 \times 2 + 1.9 + 0.12 \times 2) = 297.65 (\text{m}^2)$

总建筑面积：

$S = 297.65 + 270.88 + 297.65 \times 2 = 1163.83 (\text{m}^2)$

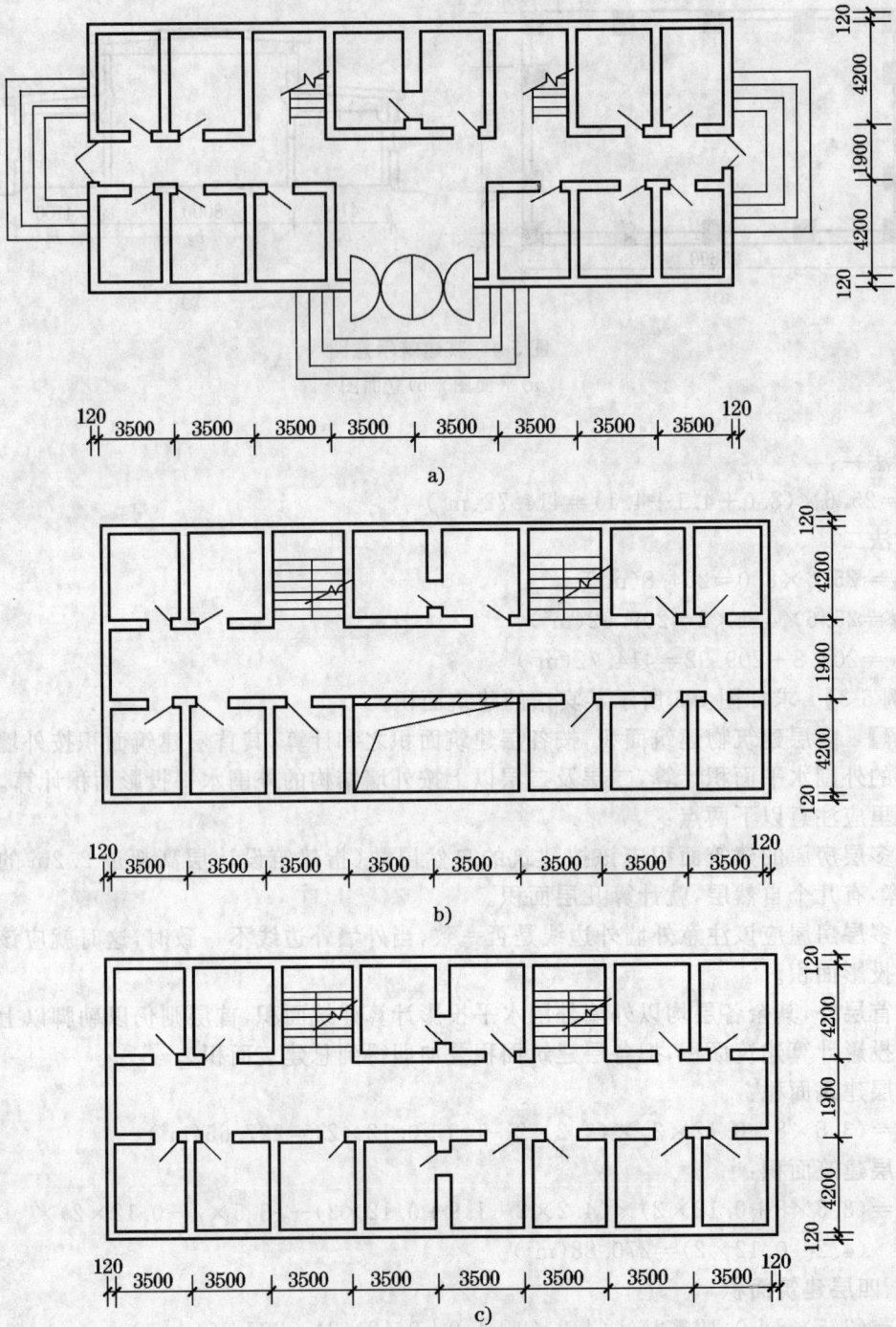

图 5-5　某宾馆示意图

a)底层平面图　b)二层平面图　c)三层、四层平面图

【例 5-4】　根据图 5-6 所示计算单排柱的车棚、货棚、站台的建筑面积。

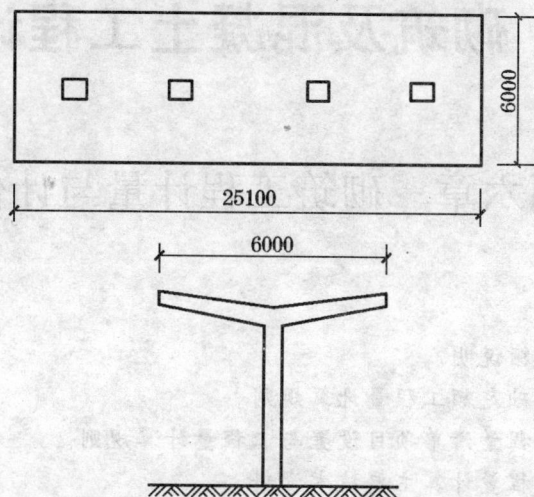

图 5-6　单排柱的车棚、货棚、站台示意图

【解】　单排柱的车棚、货棚、站台等，按其顶盖水平投影面积的 1/2 计算建筑面积。

S＝顶盖水平投影面积×1/2＝25.1×6.0×1/2＝75.3(m²)

第三部分 砌筑及混凝土工程计价及应用

第六章 砌筑工程计量与计价

内容提要:

1. 熟悉砌筑工程定额说明。
2. 了解砌筑工程基础定额工程量计算规则。
3. 掌握砌筑工程工程量清单项目设置与工程量计算规则。
4. 了解砌筑工程工程量计算主要技术资料。
5. 掌握砌筑工程工程量计算在实际工程中的应用。

第一节 砌筑工程基础定额工程量计算规则

一、定额说明

1. *砌砖、砌块*

(1)定额中砖的规格是按标准砖编制的;砌块、多孔砖规格是按常用规格编制的。规格不同时可以换算。

(2)砖墙定额中已包括先立门窗框的调直用工以及腰线、窗台线、挑檐等一般出线用工。

(3)砖砌体均包括了原浆勾缝用工,加浆勾缝时另按相应定额计算。

(4)填充墙以填炉渣、炉渣混凝土为准,若实际使用材料与定额不同允许换算,其他不变。

(5)墙体必需放置的拉结钢筋应按钢筋混凝土章节另行计算。

(6)硅酸盐砌块、加气混凝土砌块墙是按水泥混合砂浆编制的;若设计使用水玻璃矿渣等胶粘剂为胶合料,应按设计要求另行换算。

(7)圆形烟囱基础按砖基础定额执行,人工乘以系数1.2。

(8)砖砌挡土墙,2砖以上执行砖基础定额;2砖以内执行砖墙定额。

(9)零星项目系指砖砌小便池槽、明沟、暗沟、隔热板带砖墩及地板墩等。

(10)项目中砂浆按常用规格、强度等级列出,若与设计不同,可以换算。

2. *砌石*

(1)定额中粗、细料石(砌体)墙按 400mm×220mm×200mm,柱按 450mm×220mm×200mm,踏步石按 400mm×200mm×100mm 规格编制。

(2)毛石墙镶砖墙身按内背镶 1/2 砖编制,墙体厚度为 600mm。

(3)毛石护坡高度超过 4m 时,定额人工乘以系数 1.15。

(4)砌筑圆弧石砌体基础、墙(含砖石混合砌体)按定额项目人工乘以系数1.1。

二、砖基础工程基础定额工程量计算规则

1. 基础与墙(柱)身的划分

(1)基础与墙(柱)身使用同一种材料时,以设计室内地面为界(有地下室者,以地下室室内设计地面为界),以下为基础,以上为墙(柱)身。

(2)基础与墙身使用不同材料时,位于设计室内地面±300mm以内时,以不同材料为分界线;超过±300mm时,以设计室内地面为分界线。

(3)砖、石围墙以设计室外地坪为界线,以下为基础,以上为墙身。

2. 基础长度

(1)外墙墙基按外墙中心线长度计算;内墙墙基按内墙基净长计算。基础大放脚T形接头处的重叠部分以及嵌入基础的钢筋、铁件、管道、基础防潮层及单个面积在0.3m²以内孔洞所占体积不予扣除,但是靠墙暖气沟的挑檐亦不增加。附墙垛基础宽出部分体积应并入基础工程量内。内墙基净长如图6-1所示。

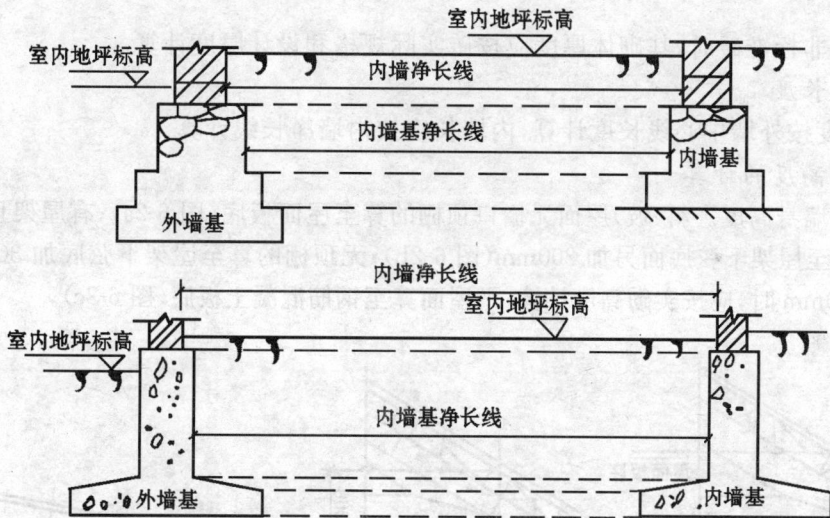

图6-1　内墙基净长

(2)砖砌挖孔桩护壁工程量按实砌体积计算。

三、砖砌体工程基础定额工程量计算规则

1. 砌体工程量计算一般规则

(1)计算墙体时应扣除门窗洞口、过人洞、空圈、嵌入墙身的钢筋混凝土柱、梁(包括过梁、圈梁、挑梁)、砖砌平拱和暖气包壁龛及内墙板头的体积;不扣除梁头、外墙板头、檩头、垫木、木楞头、沿椽木、木砖、门窗走头、砖墙内的加固钢筋、木筋、铁件、钢管及每个面积在0.3m²以下的孔洞等所占的体积;凸出墙面的窗台虎头砖、压顶线、山墙泛水、烟囱根、门窗套及三皮以内的腰线和挑檐等体积亦不增加。

(2)砖垛、三皮砖以上的腰线和挑檐等体积,并入墙身体积内计算。

(3)附墙烟囱(包括附墙通风道、垃圾道)按其外形体积计算,并入所依附的墙体积内,不扣除每一个孔洞横截面在 0.1m² 以下的体积,但是孔洞内的抹灰工程量亦不增加。

(4)女儿墙高度自外墙顶面至所给图示女儿墙顶面高度,分别按不同墙厚并入外墙计算。

(5)平砌砖过梁按图示尺寸以 m³ 计算。如设计无规定时,平砌砖按门窗洞口宽度两端共加 100mm,乘以高度(门窗洞口宽小于 1500mm 时,高度为 240mm;大于 1500mm 时,高度为 365mm)计算;平砌砖过梁按门窗洞口宽度两端共加 500mm,高度按 440mm 计算。

2. 砌体厚度计算

(1)标准砖以 240mm×115mm×53mm 为准,其砌体厚度计算见表 6-1。

表 6-1　标准砖砌体厚度计算表

砖数/厚度	1/4	1/2	3/4	1	1.5	2	2.5	3
厚度计算/mm	53	115	180	240	365	490	615	740

(2)使用非标准砖时,其砌体厚度应按砖实际规格和设计厚度计算。

3. 墙的长度

外墙长度按外墙中心线长度计算,内墙长度按内墙净长线计算。

4. 墙身高度的计算

(1)外墙墙身高度。斜(坡)屋面无檐口顶棚的算至屋面板底(图 6-2a);有屋架且室内外均有顶棚的,算至屋架下弦底面另加 200mm(图 6-2b);无顶棚的算至屋架下弦底加 300mm;出檐宽度超过 600mm 时,应按实砌高度计算;平屋面算至钢筋混凝土板底(图 6-2c)。

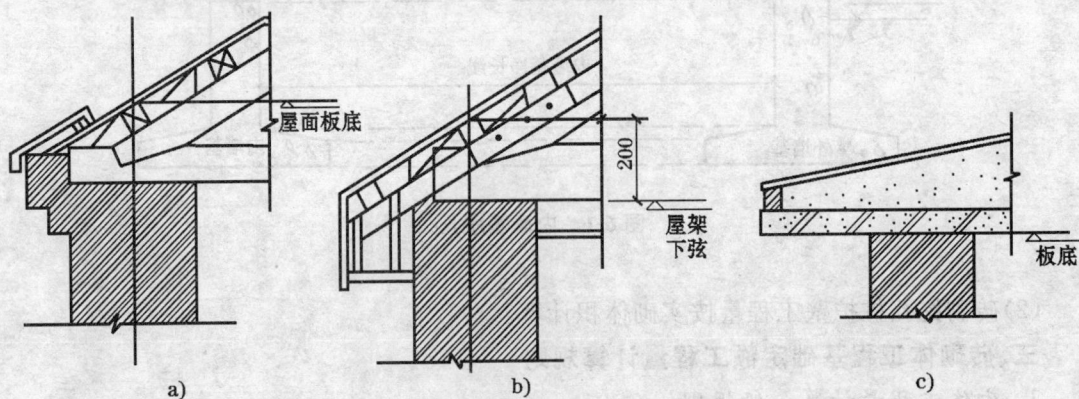

图 6-2　外墙墙身高度计算示意图

(2)内墙墙身高度。位于屋架下弦的其高度算至屋架底;无屋架的算至顶棚底,另加 100mm;有钢筋混凝土楼板隔层的算至板底;有框架梁时算至梁底面。

(3)内、外山墙,墙身高度。按其平均高度计算。

5. 框架间砌体工程量计算

框架间砌体分别内外墙以框架间的净空面积乘以墙厚计算,框架外表面的镶贴砖部分也并入框架间砌体工程量内计算。

6. 空花墙计算

空花墙按空花部分外形体积以立方米计算,空花部分不予扣除,其中实体部分以立方米另行计算。

7. 空斗墙工程量计算

空斗墙按外形尺寸以立方米计算。墙角、内外墙交接处,门窗洞口立边,窗台砖及屋檐处的实砌部分已包括在定额内,不另行计算;但窗间墙、窗台下、楼板下及梁头下等实砌部分,应另行计算,套零星砌体定额项目。

8. 多孔砖、空心砖计算

多孔砖、空心砖按图示厚度以立方米计算,不扣除其孔、空心部分体积。

9. 填充墙工程量计算

填充墙按外形尺寸以立方米计算,其中实砌部分已包括在定额内,不另计算。

10. 加气混凝土墙工程量计算

加气混凝土墙、硅酸盐砌块墙、小型空心砌块墙,按图示尺寸以立方米计算。按设计规定需要镶嵌砖砌体部分已包括在定额内,不另计算。

11. 其他砖砌体工程量计算

(1)砖砌锅台、炉灶,不分大小,均按图示外形尺寸以立方米计算,不扣除各种空洞的体积。

(2)砖砌台阶(不包括梯带)按水平投影面积以立方米计算。

(3)厕所蹲台、水槽腿、灯箱、垃圾箱、台阶挡墙或梯带、花台、花池、地垄墙及支撑地楞的砖墩,房上烟囱、屋面架空隔热层砖墩及毛石墙的门窗立边,窗台虎头砖等实砌体积,以立方米计算,套用零星砌体定额项目。

(4)检查井及化粪池不分壁厚均以立方米计算,洞口上的砖平拱碹等并入砌体体积内计算。

(5)砖砌地沟不分墙基、墙身合并以立方米计算。石砌地沟按其中心线长度以延长米计算。

四、砖构筑物工程基础定额工程量计算规则

1. 砖烟囱工程量计算

(1)筒身。圆形、方形均按图示筒壁平均中心线周长乘以厚度并扣除筒身各种孔洞、钢筋混凝土圈梁、过梁等体积以 m³ 计算,其筒壁周长不同时可按下式分段计算。

$$V = \sum HC\pi D \tag{6-1}$$

式中　V——筒身体积;

H——每段筒身垂直高度;

C——每段筒壁厚度;

D——每段筒壁中心线的平均直径。

(2)烟道、烟囱内衬。按不同内衬材料并扣除孔洞后,以图示实体积计算。

(3)烟囱内壁表面隔热层。按筒身内壁并扣除各种孔洞后的面积以平方米计算;填料按烟囱内衬与筒身之间的中心线平均周长乘以图示宽度和筒高,并扣除各种孔洞所占体积(但不扣除连接横砖及防沉带的体积)后以立方米计算。

(4)烟道砌砖。烟道与炉体的划分以第一道闸门为界,炉体内的烟道部分列入炉体工程量计算。

2. 砖砌水塔工程量计算

(1)水塔基础与塔身划分。以砖砌体的扩大部分顶面为界,以上为塔身,以下为基础,分别套用相应基础砌体定额。

(2)塔身。以图示实砌体积计算,并扣除门窗洞口和混凝土构件所占的体积,砖平拱碹及砖出檐等并入塔身体积内计算,套用水塔砌筑定额。

(3)砖水箱内外壁。不分壁厚,均以图示实砌体积计算,采用相应的内外砖墙定额。

3. 砌体内钢筋加固

砌体内钢筋加固应按设计规定,以 t 计算,套用钢筋混凝土中相应项目。

第二节　砌筑工程工程量清单项目设置及工程量计算规则

一、砖基础(编码:010301)

砖基础的工程量清单项目设置及工程量计算规则应按表 6-2 的规定执行。

表 6-2　砖基础(编码:010301)

项目编码	项目名称	项目特征	计量单位	工程量计算规则	工程内容
010301001	砖基础	(1)砖品种、规格、强度等级 (2)基础类型 (3)基础深度 (4)砂浆强度等级	m^3	按设计图示尺寸以体积计算。包括附墙垛基础宽出部分体积,扣除地梁(圈梁)、构造柱所占体积,不扣除基础大放脚 T 形接头处的重叠部分及嵌入基础内的钢筋、铁件、管道、基础砂浆防潮层和单个面积 $0.3m^2$ 以内的孔洞所占体积,靠墙暖气沟的挑檐不增加 基础长度:外墙按中心线,内墙按净长线计算	(1)砂浆制作、运输 (2)砌砖 (3)防潮层铺设 (4)材料运输

二、砖砌体(编码:010302)

砖砌体的工程量清单项目设置及工程量计算规则应按表 6-3 的规定执行。

表 6-3　砖砌体(编码:010302)

项目编码	项目名称	项目特征	计量单位	工程量计算规则	工程内容
010302001	实心砖墙	(1)砖品种、规格、强度等级 (2)墙体类型 (3)墙体厚度 (4)墙体高度 (5)勾缝要求 (6)砂浆强度等级、配合比	m³	按设计图示尺寸以体积计算。扣除门窗洞口、过人洞、空圈、嵌入墙内的钢筋混凝土柱、梁(圈梁、挑梁、过梁)及凹进墙内的壁龛、管槽、暖气槽、消火栓箱所占体积。不扣除梁头、板头、檩头、垫木、木楞头、沿缘木、木砖、门窗走头、砖墙内加固钢筋、木筋、铁件、钢管及单个面积 0.3m² 以内的孔洞所占体积。凸出墙面的腰线、挑檐、压顶、窗台线、虎头砖、门窗套的体积亦不增加。凸出墙面的砖垛并入墙体体积内计算 　(1)墙长度。外墙按中心线,内墙按净长计算 　(2)墙高度 　①外墙:斜(坡)屋面无檐口顶棚者算至屋面板底;有屋架且室内外均有顶棚者算至屋架下弦底另加 200mm;无顶棚者算至屋架下弦底另加 300mm,出檐宽度超过 600mm 时按实砌高度计算;平屋面算至钢筋混凝土板底 　②内墙:位于屋架下弦者,算至屋架下弦底;无屋架者算至顶棚底另加 100mm;有钢筋混凝土楼板隔层者算至楼板顶;有框架梁时算至梁底 　③女儿墙:从屋面板上表面算至女儿墙顶面(如有混凝土压顶时算至压顶下表面) 　④内、外山墙:按其平均高度计算 　(3)围墙。高度算至压顶上表面(如有混凝土压顶时算至压顶下表面),围墙柱并入围墙体积内	(1)砂浆制作、运输 (2)砌砖 (3)勾缝 (4)砖压顶砌筑 (5)材料运输

续表 6-3

项目编码	项目名称	项目特征	计量单位	工程量计算规则	工程内容
010302002	空斗墙	(1)砖品种、规格、强度等级 (2)墙体类型 (3)墙体厚度 (4)勾缝要求 (5)砂浆强度等级、配合比	m³	按设计图示尺寸以空斗墙外形体积计算。墙角、内外墙交接处、门窗洞口立边、窗台砖、屋檐处的实砌部分体积并入空斗墙体积内	(1)砂浆制作、运输 (2)砌砖 (3)装填充料 (4)勾缝 (5)材料运输
010302003	空花墙	(1)砖品种、规格、强度等级 (2)墙体类型 (3)墙体厚度 (4)勾缝要求 (5)砂浆强度等级		按设计图示尺寸以空花部分外形体积计算,不扣除空洞部分体积	
010302004	填充墙	(1)砖品种、规格、强度等级 (2)墙体厚度 (3)填充材料种类 (4)勾缝要求 (5)砂浆强度等级		按设计图示尺寸以填充墙外形体积计算	
010302005	实心砖柱	(1)砖品种、规格、强度等级 (2)柱类型 (3)柱截面 (4)柱高 (5)勾缝要求 (6)砂浆强度等级、配合比		按设计图示尺寸以体积计算。扣除混凝土及钢筋混凝土梁垫、梁头、板头所占体积	(1)砂浆制作、运输 (2)砌砖 (3)勾缝 (4)材料运输
010302006	零星砌砖	(1)零星砌砖名称、部位 (2)勾缝要求 (3)砂浆强度等级、配合比	m³ (m²、 m、个)		

三、砖构筑物(编码:010303)

砖构筑物的工程量清单项目设置及工程量计算规则应按表6-4的规定执行。

表 6-4　砖构筑物(编码:010303)

项目编码	项目名称	项目特征	计量单位	工程量计算规则	工程内容
010303001	砖烟囱、水塔	(1)筒身高度 (2)砖品种、规格、强度等级 (3)耐火砖品种、规格 (4)耐火泥品种 (5)隔热材料种类 (6)勾缝要求 (7)砂浆强度等级、配合比	m³	按设计图示筒壁平均中心线周长乘以厚度乘以高度以体积计算。扣除各种孔洞、钢筋混凝土圈梁、过梁等的体积	(1)砂浆制作、运输 (2)砌砖 (3)涂隔热层 (4)装填充料 (5)砌内衬 (6)勾缝 (7)材料运输
010303002	砖烟道	(1)烟道截面形状、长度 (2)砖品种、规格、强度等级 (3)耐火砖品种规格 (4)耐火泥品种 (5)勾缝要求 (6)砂浆强度等级、配合比		按图示尺寸以体积计算	
010303003	砖窨井、检查井	(1)井截面 (2)垫层材料种类、厚度 (3)底板厚度 (4)勾缝要求 (5)混凝土强度等级 (6)砂浆强度等级、配合比 (7)防潮层材料种类	座	按设计图示数量计算	(1)土方挖运 (2)砂浆制作、运输 (3)铺设垫层 (4)底板混凝土制作、运输、浇筑、振捣、养护 (5)砌砖 (6)勾缝 (7)井池底、壁抹灰 (8)抹防潮层 (9)回填 (10)材料运输
010303004	砖水池、化粪池	(1)池截面 (2)垫层材料种类、厚度 (3)底板厚度 (4)勾缝要求 (5)混凝土强度等级 (6)砂浆强度等级、配合比			

四、砌块砌体(编码:010304)

砌块砌体的工程量清单项目设置及工程量计算规则应按表6-5的规定执行。

表 6-5　砌块砌体(编码:010304)

项目编码	项目名称	项目特征	计量单位	工程量计算规则	工程内容
010304001	空心砖墙、砌块墙	(1)墙体类型 (2)墙体厚度 (3)空心砖、砌块品种、规格、强度等级 (4)勾缝要求 (5)砂浆强度等级、配合比	m³	按设计图示尺寸以体积计算。扣除门窗洞口、过人洞、空圈、嵌入墙内的钢筋混凝土柱、梁(圈梁、挑梁、过梁)及凹进墙内的壁龛、管槽、暖气槽、消火栓箱所占体积,不扣除梁头、板头、檩头、垫木、木楞头、沿缘木、木砖、门窗走头、砖墙内加固钢筋、木筋、铁件、钢管及单个面积 0.3m² 以内的孔洞所占体积,凸出墙面的腰线、挑檐、压顶、窗台线、虎头砖、门窗套的体积不增加,凸出墙面的砖垛并入墙体体积内 (1)墙长度。外墙按中心线,内墙按净长计算 (2)墙高度 　①外墙:斜(坡)屋面无檐口顶棚者算至屋面板底;有屋架且室内外均有顶棚者算至屋架下弦底另加 200mm;无顶棚者算至屋架下弦底另加 300mm,出檐宽度超过 600mm 时按实砌高度计算;平屋面算至钢筋混凝土板底 　②内墙:位于屋架下弦者,算至屋架下弦底;无屋架者算至顶棚底另加 100mm;有钢筋混凝土楼板隔层者算至楼板顶;有框架梁时算至梁底 　③女儿墙:从屋面板上表面算至女儿墙顶面(如有压顶时算至压顶下表面) 　④内、外山墙:按其平均高度计算 (3)围墙。高度算至压顶上表面(如有混凝土压顶时算至压顶下表面),围墙柱并入围墙体积内	(1)砂浆制作、运输 (2)砌砖、砌块 (3)勾缝 (4)材料运输
010304002	空心砖柱、砌块柱	(1)柱高度 (2)柱截面 (3)空心砖、砌块品种、规格、强度等级 (4)勾缝要求 (5)砂浆强度等级、配合比		按设计图示尺寸以体积计算。扣除混凝土及钢筋混凝土梁垫、梁头、板头所占体积	

五、石砌体(编码:010305)

石砌体的工程量清单项目设置及工程量计算规则应按表 6-6 的规定执行。

表 6-6　石砌体(编码:010305)

项目编码	项目名称	项目特征	计量单位	工程量计算规则	工程内容
010305001	石基础	(1)石料种类、规格 (2)基础深度 (3)基础类型 (4)砂浆强度等级、配合比		按设计图示尺寸以体积计算。包括附墙垛基础宽出部分体积,不扣除基础砂浆防潮层及单个面积 0.3m² 以内的孔洞所占体积,靠墙暖气沟的挑檐不增加体积。基础长度:外墙按中心线,内墙按净长计算	(1)砂浆制作、运输 (2)砌石 (3)防潮层铺设 (4)材料运输
010305002	石勒脚	(1)石料种类、规格 (2)石表面加工要求 (3)勾缝要求 (4)砂浆强度等级、配合比	m³	按设计图示尺寸以体积计算。扣除单个 0.3m² 以外的孔洞所占的体积	
010305003	石墙	(1)石料种类、规格 (2)墙厚 (3)石表面加工要求 (4)勾缝要求 (5)砂浆强度等级、配合比		按设计图示尺寸以体积计算。扣除门窗洞口、过人洞、空圈、嵌入墙内的钢筋混凝土柱、梁(圈梁、挑梁、过梁)及凹进墙内的壁龛、管槽、暖气槽、消火栓箱所占体积,不扣除梁头、板头、檩头、垫木、木楞头、沿缘木、木砖、门窗走头、砖墙内加固钢筋、木筋、铁件、钢管及单个面积 0.3m² 以内的孔洞所占体积,凸出墙面的腰线、挑檐、压顶、窗台线、虎头砖、门窗套不增加体积,凸出墙面的砖垛并入墙体体积内 (1)墙长度。外墙按中心线,内墙按净长计算 (2)墙高度 ①外墙:斜(坡)屋面无檐口顶棚者算至屋面板底;有屋架且室内外均有顶棚者算至屋架下弦底另加 200mm;无顶棚者算至屋架下弦底另加 300mm,出檐宽度超过 600mm 时按实砌高度计算;平屋面算至钢筋混凝土板底 ②内墙:位于屋架下弦者,算至屋架下弦底;无屋架者算至顶棚底另加 100mm;有钢筋混凝土楼板隔层者算至楼板顶;有框架梁时算至梁底 ③女儿墙:从屋面板上表面算至女儿墙顶面(如有压顶时算至压顶下表面) ④内、外山墙:按其平均高度计算 (3)围墙。高度算至压顶上表面(如有混凝土压顶时算至压顶下表面),围墙柱、砖压顶并入围墙体积内	(1)砂浆制作、运输 (2)砌石 (3)石表面加工 (4)勾缝 (5)材料运输

续表 6-6

项目编码	项目名称	项目特征	计量单位	工程量计算规则	工程内容
010305004	石挡土墙	(1)石料种类、规格 (2)墙厚 (3)石表面加工要求 (4)勾缝要求 (5)砂浆强度等级、配合比	m³	按设计图示尺寸以体积计算	(1)砂浆制作、运输 (2)砌石 (3)压顶抹灰 (4)勾缝 (5)材料运输
010305005	石柱	(1)石料种类、规格 (2)柱截面 (3)石表面加工要求 (4)勾缝要求 (5)砂浆强度等级、配合比	m³	按设计图示尺寸以体积计算	(1)砂浆制作、运输 (2)砌石 (3)石表面加工 (4)勾缝 (5)材料运输
010305006	石栏杆		m	按设计图示以长度计算	
010305007	石护坡	(1)垫层材料种类、厚度 (2)石料种类、规格 (3)护坡厚度、高度 (4)石表面加工要求 (5)勾缝要求 (6)砂浆强度等级、配合比	m³	按设计图示尺寸以体积计算	(1)铺设垫层 (2)石料加工 (3)砂浆制作、运输 (4)砌石 (5)石表面加工 (6)勾缝 (7)材料运输
010305008	石台阶		m³	按设计图示尺寸以体积计算	
010305009	石坡道		m²	按设计图示尺寸以水平投影面积计算	
010305010	石地沟、石明沟	(1)沟截面尺寸 (2)垫层种类、厚度 (3)石料种类、规格 (4)石表面加工要求 (5)勾缝要求 (6)砂浆强度等级、配合比	m	按设计图示以中心线长度计算	(1)土石挖运 (2)砂浆制作、运输 (3)铺设垫层 (4)砌石 (5)石表面加工 (6)勾缝 (7)回填 (8)材料运输

六、砖散水、地坪、地沟(编码:010306)

砖散水、地坪、地沟的工程量清单项目设置及工程量计算规则,应按表 6-7 的规定执行。

表 6-7   砖散水、地坪、地沟(编码:010306)

项目编码	项目名称	项目特征	计量单位	工程量计算规则	工程内容
010306001	砖散水、地坪	(1)垫层材料种类、厚度 (2)散水、地坪厚度 (3)面层种类、厚度 (4)砂浆强度等级、配合比	m²	按设计图示尺寸以面积计算	(1)地基找平、夯实 (2)铺设垫层 (3)砌砖散水、地坪 (4)抹砂浆面层
010306002	砖地沟、明沟	(1)沟截面尺寸 (2)垫层材料种类、厚度 (3)混凝土强度等级 (4)砂浆强度等级、配合比	m	按设计图示以中心线长度计算	(1)挖运土石 (2)铺设垫层 (3)底板混凝土制作、运输、浇筑、振捣、养护 (4)砌砖 (5)勾缝、抹灰 (6)材料运输

七、其他相关问题

其他相关问题应按下列规定处理:

(1)基础垫层包括在基础项目内。

(2)标准砖尺寸应为 240mm×115mm×53mm。标准砖墙厚度应按表 6-1 计算。

(3)砖基础与砖墙(身)划分应以设计室内地坪为界(有地下室的按地下室室内设计地坪为界),以下为基础,以上为墙(柱)身。基础与墙身使用不同材料,位于设计室内地坪±300mm 以内时以不同材料为界,超过±300mm,应以设计室内地坪为界。砖围墙应以设计室外地坪为界,以下为基础,以上为墙身。

(4)框架外表面的镶贴砖部分,应单独按表 6-3 中相关零星砌砖项目编码列项。

(5)附墙烟囱、通风道、垃圾道,应以设计图示尺寸以体积(扣除孔洞所占体积)计算,并入所依附墙体体积内。当设计规定孔洞内需抹灰时,应按墙、柱面工程中相关项目编码列项。

(6)空斗墙的窗间墙、窗台下、楼板下等的实砌部分,应按表 6-3 中零星砌砖项目编码列项。

(7)台阶、台阶挡墙、梯带、锅台、炉灶、蹲台、池槽、池槽腿、花台、花池、楼梯栏板、阳台栏板、地垄墙、屋隔热板下的砖墩、0.3m² 以内孔洞填塞等,应按零星砌砖项目编码列项。砖砌锅台与炉灶可按外形尺寸以个计算,砖砌台阶可按水平投影面积以平方米计算,小便槽、地垄墙可按长度计算,其他工程量按 m^3 计算。

(8)砖烟囱应以设计室外地坪为界,以下为基础,以上为筒身。

(9)砖烟囱体积可按式(6-1)分段计算。

(10)砖烟道与炉体的划分应以第一道闸门为界。

(11)水塔基础与塔身划分应以砖砌体的扩大部分顶面为界,以上为塔身,以下为基础。

(12)石基础、石勒脚、石墙身的划分。基础与勒脚应以设计室外地坪为界,勒脚与墙身应以设计室内地坪为界。石围墙内外地坪标高不同时,应以较低地坪标高为界,以下为基础;内外标高之差为挡土墙时,挡土墙以上为墙身。

(13)石梯带工程量应计算在石台阶工程量内。

(14)石梯膀应按表 6-6 石挡土墙项目编码列项。

(15)砌体内加筋的制作、安装,应按相关项目编码列项。

第三节　砌筑工程工程量计算

一、条形砖基础工程量计算

条形基础:

$$V_{外墙基}＝S_{断}×L_{中}＋V_{垛基} \tag{6-2}$$

$$V_{内墙基}＝S_{断}×L_{净} \tag{6-3}$$

其中,条形砖基断面面积:

$$S_{断}＝(基础高度＋大放脚折加高度)×基础墙厚 \tag{6-4}$$

或

$$S_{断}＝基础高度×基础墙厚＋大放脚增加面积 \tag{6-5}$$

砖基础的大放脚形式有等高式和间隔式,如图 6-3a、b 所示。大放脚的折加高度或大放脚增加面积可根据砖基础的大放脚形式、大放脚错台层数从表 6-8、表 6-9 中查得。

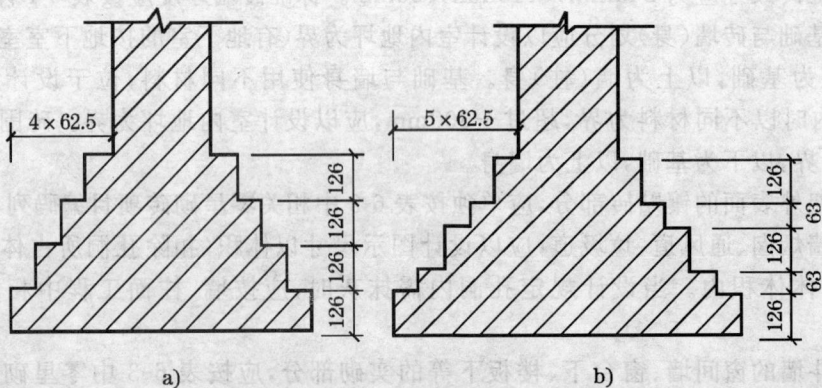

图 6-3　砖基础放脚形式

a)等高式　b)间隔式

表 6-8 标准砖等高式砖墙基大放脚折加高度表

放脚层数	折加高度/m						增加断面积/m²
	1/2 砖 (0.115)	1 砖 (0.24)	$1\frac{1}{2}$ 砖 (0.365)	2 砖 (0.49)	$2\frac{1}{2}$ 砖 (0.615)	3 砖 (0.74)	
一	0.137	0.066	0.043	0.032	0.026	0.021	0.01575
二	0.411	0.197	0.129	0.096	0.077	0.064	0.04725
三	0.822	0.394	0.259	0.193	0.154	0.128	0.0945
四	1.369	0.656	0.432	0.321	0.259	0.213	0.1575
五	2.054	0.984	0.647	0.482	0.384	0.319	0.2363
六	2.876	1.378	0.906	0.675	0.538	0.447	0.3308
七		1.838	1.208	0.900	0.717	0.596	0.4410
八		2.363	1.553	1.157	0.922	0.766	0.5670
九		2.953	1.942	1.447	1.153	0.958	0.7088
十		3.609	2.373	1.768	1.409	1.171	0.8663

注:1. 本表按标准砖双面放脚,每层等高 12.6cm(二皮砖,二灰缝)砌出 6.25cm 计算。

2. 本表折加墙基高度的计算,以 240mm×115mm×53mm 标准砖,1cm 灰缝及双面大放脚为准。

3. 折加高度(m)$=\dfrac{放脚断面积(m^2)}{墙厚(m)}$。

4. 采用折加高度数字时,取两位小数,第三位以后四舍五入。采用增加断面数字时,取三位小数,第四位以后四舍五入。

表 6-9 标准砖间隔式墙基大放脚折加高度表

放脚层数	折加高度/m						增加断面积/m²
	1/2 砖 (0.115)	1 砖 (0.24)	$1\frac{1}{2}$ 砖 (0.365)	2 砖 (0.49)	$2\frac{1}{2}$ 砖 (0.615)	3 砖 (0.74)	
一	0.137	0.066	0.043	0.032	0.026	0.021	0.0158
二	0.343	0.164	0.108	0.080	0.064	0.053	0.0394
三	0.685	0.320	0.216	0.161	0.128	0.106	0.0788
四	1.096	0.525	0.345	0.257	0.205	0.170	0.1260
五	1.643	0.788	0.518	0.386	0.307	0.255	0.1890
六	2.260	1.083	0.712	0.530	0.423	0.331	0.2597
七		1.444	0.949	0.707	0.563	0.468	0.3465
八			1.208	0.900	0.717	0.596	0.4410
九			1.125	0.896	0.745	0.5513	
十				1.088	0.905	0.6694	

注:1. 本表适用于间隔式砖墙基大放脚(即底层为二皮开始高 12.6cm,上层为一皮砖高 6.3cm,每边每层砌出 6.25cm)。

2. 本表折加墙基高度的计算,以 240mm×115mm×53mm 标准砖,1cm 灰缝及双面大放脚为准。

3. 本表砖墙基础体积计算公式与上表(等高式砖墙基)同。

　　垛基是大放脚凸出部分的基础,如图 6-4 所示,为了方便使用,垛基工程量可直接查表 6-10 计算:

$$V_{垛基} = 垛基正身体积 + 放脚部分体积 \qquad (6-6)$$

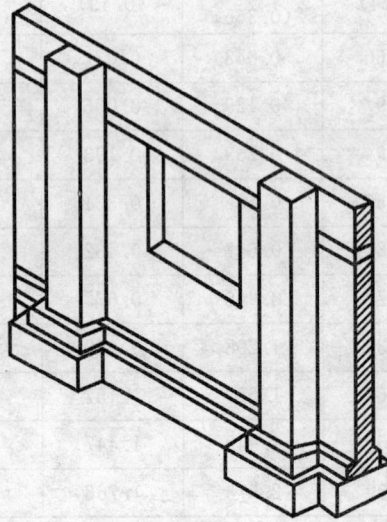

图 6-4　垛基

表 6-10　砖垛基础体积　　　　　　　　　　　(单位:m³/每个砖垛基础)

项目	凸出墙面宽	1/2 砖 (12.5cm)		1 砖 (25cm)			$1\frac{1}{2}$ 砖 (37.8cm)			2 砖 (50cm)		
	砖垛尺寸 /mm	125× 240	125× 365	250× 240	250× 365	250× 490	375× 365	375× 490	375× 615	500× 490	500× 615	500× 740
垛基正身体积	80cm	0.024	0.037	0.048	0.073	0.098	0.110	0.147	0.184	0.196	0.246	0.296
	90cm	0.027	0.041	0.054	0.082	0.110	0.123	0.165	0.208	0.221	0.277	0.333
	100cm	0.030	0.046	0.060	0.091	0.123	0.137	0.184	0.231	0.245	0.308	0.370
	110cm	0.033	0.050	0.066	0.100	0.135	0.151	0.202	0.254	0.270	0.338	0.407
	120cm	0.036	0.055	0.072	0.110	0.147	0.164	0.221	0.277	0.294	0.369	0.444
	130cm	0.039	0.059	0.078	0.119	0.159	0.178	0.239	0.300	0.319	0.400	0.481
	140cm	0.042	0.064	0.084	0.128	0.172	0.192	0.257	0.323	0.343	0.431	0.518
	150cm	0.045	0.068	0.090	0.137	0.184	0.205	0.276	0.346	0.368	0.461	0.555
	160cm	0.048	0.073	0.096	0.146	0.196	0.219	0.294	0.369	0.392	0.492	0.592
	170cm	0.051	0.078	0.102	0.155	0.208	0.233	0.312	0.392	0.417	0.523	0.629
	180cm	0.054	0.082	0.108	0.164	0.221	0.246	0.331	0.415	0.441	0.554	0.666
	每增减 5cm	0.0015	0.0023	0.0030	0.0045	0.0062	0.0063	0.0092	0.0115	0.0126	0.0154	0.1850

注: 垛基正身体积中的"垛基高"为行向标注。

续表 6-10

项目		凸出墙面宽	1/2 砖 (12.5cm)		1 砖(25cm)			$1\frac{1}{2}$砖(37.8cm)			2 砖(50cm)		
		砖垛尺寸 /mm	125× 240	125× 365	250× 240	250× 365	250× 490	375× 365	375× 490	375× 615	500× 490	500× 615	500× 740
放脚部分体积	层数		等高式/间隔式		等高式/间隔式			等高式/间隔式			等高式/间隔式		
	一		0.002/0.002		0.004/0.004			0.006/0.006			0.008/0.008		
	二		0.006/0.005		0.012/0.010			0.018/0.015			0.023/0.020		
	三		0.012/0.010		0.023/0.020			0.035/0.029			0.047/0.039		
	四		0.020/0.016		0.039/0.032			0.059/0.047			0.078/0.063		
	五		0.029/0.024		0.059/0.047			0.088/0.070			0.117/0.094		
	六		0.041/0.032		0.082/0.065			0.123/0.097			0.164/0.129		
	七		0.055/0.043		0.109/0.086			0.164/0.129			0.221/0.172		
	八		0.070/0.055		0.141/0.109			0.211/0.164			0.284/0.225		

二、条形毛石基础工程量计算

条形毛石基础工程量的计算可参照表 6-11 进行。

表 6-11　条形毛石基础工程量表(定值)

基础阶数	图示	截面尺寸/mm			截面面积 /m²	毛石砌体/ (m³/10m)	材料消耗	
		顶宽	底宽	高			毛石	砂浆
							/m³	
一阶式		600	600	600	0.36	3.60	4.14	1.44
		700	700	600	0.42	4.20	4.83	1.68
		800	800	600	0.48	4.80	5.52	1.92
		900	900	600	0.54	5.40	6.21	2.16
		600	600	1000	0.60	6.00	6.90	2.40
		700	700	1000	0.70	7.00	8.05	2.80
		800	800	1000	0.80	8.00	9.20	3.20
		900	900	1000	0.90	9.00	10.12	3.60
二阶式		600	1000	800	0.64	6.40	7.36	2.56
		700	1100	800	0.72	7.20	8.28	2.88
		800	1200	800	0.80	8.00	9.20	3.20
		900	13000	800	0.88	8.80	10.12	3.52

续表 6-11

基础阶数	图示	截面尺寸/mm			截面面积/m²	毛石砌体/(m³/10m)	材料消耗	
		顶宽	底宽	高			毛石	砂浆
							/m³	
二阶式		600	1000	1200	1.04	9.40	11.96	4.16
		700	1100	1200	1.16	11.60	13.34	4.64
		800	1200	1200	1.28	12.80	14.72	5.12
		900	1300	1200	1.40	14.00	16.10	5.60
三阶式		600	1400	1200	1.20	12.00	13.80	4.80
		700	1500	1200	1.32	13.20	15.18	5.28
		800	1600	1200	1.44	14.40	16.56	5.76
		900	1700	1200	1.56	15.60	17.94	6.24
		600	1400	1600	1.76	17.60	20.24	7.04
		700	1500	1600	1.92	19.20	22.08	7.68
		800	1600	1600	2.08	20.80	23.92	8.92
		900	1700	1600	2.24	22.40	25.76	8.96

三、条形毛石基础断面面积计算

条形毛石基础断面面积可参照表 6-12 进行计算。

表 6-12　条形毛石基础断面面积表

宽度/mm	断面面积/m²											
	高度/mm											
	400	450	500	550	600	650	700	750	800	850	900	950
500	0.200	0.225	0.250	0.275	0.300	0.325	0.350	0.375	0.400	0.425	0.450	0.475
550	0.220	0.243	0.275	0.303	0.330	0.358	0.385	0.413	0.440	0.468	0.495	0.523
600	0.240	0.270	0.300	0.330	0.360	0.390	0.420	0.450	0.480	0.510	0.540	0.570
650	0.260	0.293	0.325	0.358	0.390	0.423	0.455	0.488	0.520	0.553	0.585	0.518
700	0.280	0.315	0.350	0.385	0.420	0.455	0.490	0.525	0.560	0.595	0.630	0.665
750	0.300	0.338	0.375	0.413	0.450	0.488	0.525	0.563	0.600	0.638	0.675	0.713
800	0.320	0.360	0.400	0.440	0.480	0.520	0.560	0.600	0.640	0.680	0.720	0.760
850	0.340	0.383	0.425	0.468	0.510	0.553	0.595	0.638	0.680	0.723	0.765	0.808
900	0.360	0.405	0.450	0.495	0.540	0.585	0.630	0.675	0.720	0.765	0.810	0.855
950	0.380	0.428	0.475	0.523	0.570	0.618	0.665	0.713	0.760	0.808	0.855	0.903

续表 6-12

宽度 /mm	断面面积/m²											
	高度/mm											
	400	450	500	550	600	650	700	750	800	850	900	950
1000	0.400	0.450	0.500	0.550	0.600	0.650	0.700	0.750	0.800	0.850	0.900	0.950
1050	0.420	0.473	0.525	0.578	0.630	0.683	0.735	0.788	0.840	0.893	0.945	0.998
1100	0.440	0.495	0.550	0.605	0.660	0.715	0.770	0.825	0.880	0.935	0.990	1.050
1150	0.460	0.518	0.575	0.633	0.690	0.748	0.805	0.863	0.920	0.978	1.040	1.093
1200	0.480	0.540	0.600	0.660	0.720	0.780	0.840	0.900	0.960	1.020	1.080	1.140
1250	0.500	0.563	0.625	0.688	0.750	0.813	0.875	0.933	1.000	1.063	1.125	1.188
1300	0.520	0.585	0.650	0.715	0.780	0.845	0.910	0.975	1.040	1.105	1.170	1.235
1350	0.540	0.608	0.675	0.743	0.810	0.878	0.945	1.013	1.080	1.148	1.215	1.283
1400	0.560	0.630	0.700	0.770	0.840	0.910	0.980	1.050	1.120	1.190	1.260	1.330
1450	0.580	0.653	0.725	0.798	0.870	0.943	1.015	1.088	1.160	1.233	1.305	1.378
1500	0.600	0.675	0.750	0.825	0.900	0.975	1.050	1.125	1.200	1.275	1.350	1.425
1600	0.640	0.720	0.800	0.880	0.960	1.040	1.120	1.200	1.280	1.360	1.440	1.520
1700	0.680	0.765	0.850	0.935	1.020	1.105	1.190	1.275	1.360	1.445	1.530	1.615
1800	0.720	0.810	0.900	0.990	1.080	1.170	1.260	1.350	1.440	1.530	1.620	1.710
2000	0.800	0.900	1.000	1.100	1.200	1.300	1.400	1.500	1.600	1.700	1.800	1.900

四、独立砖基础工程量计算

（1）独立基础。按图示尺寸计算。

（2）砖柱基础。如图 6-5 所示，可查表 6-13 计算，公式为：

$$V_{柱基} = V_{柱基身} + V_{柱放脚}$$

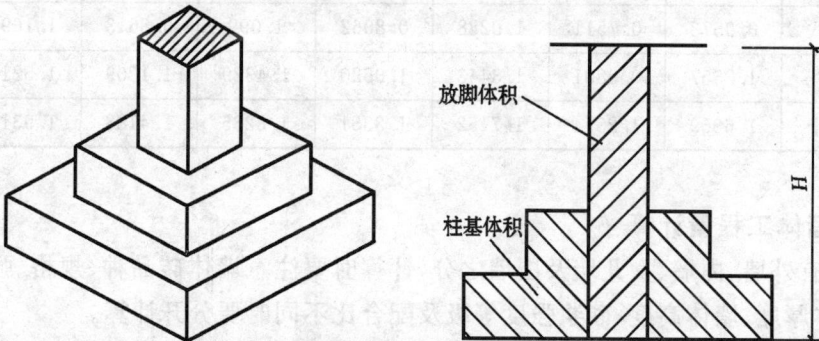

图 6-5　柱基

表 6-13　砖柱基础体积

柱断面尺寸		240×240		240×365		365×365		365×490	
每米深柱基身体积		0.0576m³		0.0876m³		0.1332m³		0.17885m³	
	层数	等高	不等高	等高	不等高	等高	不等高	等高	不等高
砖柱增加四边放脚体积	一	0.0095	0.0095	0.0115	0.0115	0.0135	0.0135	0.0154	0.0154
	二	0.0325	0.0278	0.0384	0.0327	0.0443	0.0376	0.0502	0.0425
	三	0.0729	0.0614	0.0847	0.0713	0.0965	0.0811	0.1084	0.091
	四	0.1347	0.1097	0.1544	0.1254	0.174	0.1412	0.1937	0.1569
	五	0.2217	0.1793	0.2512	0.2029	0.2807	0.2265	0.3103	0.2502
	六	0.3379	0.2694	0.3793	0.3019	0.4206	0.3344	0.4619	0.3669
	七	0.4873	0.3868	0.5424	0.4301	0.5976	0.4734	0.6527	0.5167
	八	0.6738	0.5306	0.7447	0.5857	0.8155	0.6408	0.8864	0.6959
	九	0.9013	0.7075	0.9899	0.7764	1.0785	0.8453	1.1671	0.9142
	十	1.1738	0.9167	1.2821	1.0004	1.3903	1.0841	1.4986	1.1678
柱断面尺寸		490×490		490×615		615×615		615×740	
每米深柱基身体积		0.2401m³		0.30135m³		0.37823m³		0.4551m³	
	层数	等高	不等高	等高	不等高	等高	不等高	等高	不等高
砖柱增加四边放脚体积	一	0.0174	0.0174	0.0194	0.0194	0.0213	0.0213	0.0233	0.0233
	二	0.0561	0.0474	0.0621	0.0524	0.0680	0.0573	0.0739	0.0622
	三	0.1202	0.1008	0.1320	0.1106	0.1438	0.1205	0.1556	0.1303
	四	0.2134	0.1727	0.2331	0.1884	0.2528	0.2042	0.2725	0.2199
	五	0.3398	0.2738	0.3693	0.2974	0.3989	0.3210	0.4284	0.3447
	六	0.5033	0.3994	0.5446	0.4318	0.586	0.4643	0.6273	0.4968
	七	0.7078	0.560	0.7629	0.6033	0.8181	0.6467	0.8732	0.690
	八	0.9573	0.7511	1.0288	0.8062	1.099	0.8613	1.1699	0.9164
	九	1.2557	0.9831	1.3443	1.0520	1.4329	1.1209	1.5214	1.1898
	十	1.6069	1.2514	1.7152	1.3351	1.8235	1.4188	1.9317	1.5024

五、砖墙体工程量计算

砖墙体有外墙、内墙、女儿墙及围墙之分,计算时要注意墙体砖品种、规格、强度等级、墙体类型、墙体厚度、墙体高度、砂浆强度等级及配合比不同时要分开计算。

(1)外墙。

$$V_外 = (H_外 \times L_中 - F_洞) \times b + V_{墙减} \tag{6-8}$$

式中　$H_{外}$——外墙高度；

　　　$L_{中}$——外墙中心线长度；

　　　$F_{洞}$——门窗洞口、过人洞、空圈面积；

　　$V_{增减}$——相应的增减体积，其中 $V_{增}$ 是指有墙垛时增加的墙垛体积；

　　　b——墙体厚度。

对于砖垛工程量的计算可查表 6-14。

表 6-14　标准砖附墙砖垛或附墙烟囱、通风道折算墙身面积系数

墙身厚度 D/cm 凸出断面 $a\times b$/cm	1/2 砖 11.5	3/4 砖 18	1 砖 24	$1\frac{1}{2}$ 砖 36.5	2 砖 49	$2\frac{1}{2}$ 砖 61.5
12.25×24	0.2609	0.1685	0.1250	0.0822	0.0612	0.0488
12.5×36.5	0.3970	0.2562	0.1900	0.1249	0.0930	0.0741
12.5×49	0.5330	0.3444	0.2554	0.1680	0.1251	0.0997
12.5×61.5	0.6687	0.4320	0.3204	0.2107	0.1569	0.1250
25×24	0.5218	0.3371	0.2500	0.1644	0.1224	0.0976
25×36.5	0.7938	0.5129	0.3804	0.2500	0.1862	0.1485
25×49	1.0625	0.6882	0.5104	0.2356	0.2499	0.1992
25×61.5	1.3374	0.8641	0.6410	0.4214	0.3138	0.2501
37.5×24	0.7826	0.5056	0.3751	0.2466	0.1836	0.1463
37.5×36.5	1.1904	0.7691	0.5700	0.3751	0.2793	0.2226
37.5×49	1.5983	1.0326	0.7650	0.5036	0.3749	0.2989
37.5×61.5	2.0047	1.2955	0.9608	0.6318	0.4704	0.3750
50×24	1.0435	0.6742	0.5000	0.3288	0.2446	0.1951
50×36.5	1.5870	1.0253	0.7604	0.5000	0.3724	0.2967
50×49	2.1304	1.3764	1.0208	0.6712	0.5000	0.3980
50×61.5	2.6739	1.7273	1.2813	0.8425	0.6261	0.4997
62.5×36.5	1.9813	1.2821	0.9510	0.6249	0.4653	0.3709
62.5×49	2.6635	1.7208	1.3763	0.8390	0.6249	0.4980
62.5×61.5	3.3426	2.1600	1.6016	1.0532	0.7842	0.6250
74×36.5	2.3487	1.5174	1.1254	0.7400	0.5510	0.4392

注：表中 a 为凸出墙面尺寸（cm），b 为砖垛（或附墙烟囱、通风道）的宽度（cm）。

（2）内墙。

$$V_{内}=(H_{内}\times L_{净}-F_{洞})\times b+V_{增减} \tag{6-9}$$

式中　$H_{内}$——内墙高度；

$L_{净}$——内墙净长度；

$F_{洞}$——门窗洞口、过人洞、空圈面积；

$V_{增减}$——计算墙体时相应的增减体积；

b——墙体厚度。

(3)女儿墙。

$$V_{女}=H_{女}\times L_{中}\times b+V_{增减} \tag{6-10}$$

式中　$H_{女}$——女儿墙高度；

$L_{中}$——女儿墙中心线长度；

b——女儿墙厚度。

(4)砖围墙。砖围墙高度算至压顶上表面(如有混凝土压顶时算至压顶下表面)，围墙柱并入围墙体积内计算。

六、砖墙用砖和砂浆计算

(1)一斗一卧空斗墙用砖和砂浆理论计算。

$$砖=\frac{一斗一卧一层砖的块数}{墙厚\times一斗一卧砖高\times墙长} \tag{6-11}$$

$$砂浆=\frac{墙长\times4\times(立砖净空\times10+斗砖宽\times20+卧砖长\times12.52)\times0.01\times0.053}{墙厚\times一斗一卧砖高\times墙长} \tag{6-12}$$

(2)各种不同厚度的墙用砖和砂浆净用量计算。

每立方米砖砌体各种不同厚度的墙用砖和砂浆净用量的理论计算如下：

①墙用砖。

$$砖的净用量=\frac{1}{墙厚\times(砖长+灰缝)\times(砖厚+灰缝)}\times K \tag{6-13}$$

式中　K——墙厚的砖数$\times2$(墙厚的砖数是指 0.5、1、1.5、2…)。

②砂浆净用量。

$$砂浆净用量=1-砖数净用量\times每块砖体积 \tag{6-14}$$

标准砖规格为 240mm$\times$115mm$\times$53mm，每块砖的体积为 0.0014628m^3，灰缝横竖方向均为1cm。

(3)方形砖柱用砖和砂浆用量理论计算。

$$砖=\frac{一层砖的块数}{长\times宽\times(一层砖厚+灰缝)} \tag{6-15}$$

$$砂浆=1-砖数净用量\times每块砖体积 \tag{6-16}$$

(4)圆形砖柱用砖和砂浆理论计算。

$$砖=\frac{1}{\pi/4\times0.49\times0.49\times(砖厚+灰缝)} \tag{6-17}$$

$$砂浆=1-每块砖体积\times\frac{1}{(长+1/2灰缝)\times(宽+灰缝)\times(厚+灰缝)} \tag{6-18}$$

七、砖砌山墙面积计算

(1)山墙(尖)面积计算(图 6-6)。

坡度　$1：2(26°34')=L^2\times0.125$

坡度　1∶4(14°02′)＝$L^2 \times 0.0625$

坡度　1∶12(4°45′)＝$L^2 \times 0.02083$

公式中坡度＝$H \colon S$。

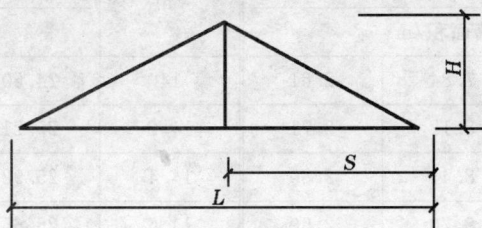

图 6-6　山墙面积计算示意图

(2)山墙(尖)面积(表 6-15)。

表 6-15　山墙(尖)面积表

长度 L /m	坡度(H∶S)			长度 L /m	坡度(H∶S)		
	1∶2	1∶4	1∶12		1∶2	1∶4	1∶12
	山尖面积/m²				山墙面积/m²		
4.0	2.00	1.00	0.33	7.6	7.22	3.61	1.20
4.2	2.21	1.10	0.37	7.8	7.61	3.80	1.27
4.4	2.42	1.21	0.40	8.0	8.00	4.00	1.33
4.6	2.65	1.32	0.44	8.2	8.41	4.20	1.40
4.8	2.88	1.44	0.48	8.4	8.82	4.41	1.47
5.0	3.13	1.56	0.52	8.6	9.25	4.62	1.54
5.2	3.38	1.69	0.56	8.8	9.68	4.84	1.61
5.4	3.65	1.82	0.61	9.0	10.13	5.06	1.69
5.6	3.92	1.96	0.65	9.2	10.58	5.29	1.76
5.8	4.21	2.10	0.70	9.4	11.05	5.52	1.84
6.0	4.50	2.25	0.75	9.6	11.52	5.76	1.92
6.2	4.81	2.40	0.80	9.8	12.01	6.00	2.00
6.4	5.12	2.56	0.85	10.0	12.50	6.25	2.08
6.6	5.45	2.72	0.91	10.2	13.01	6.50	2.17
6.8	5.78	2.89	0.96	10.4	13.52	6.76	2.25
7.0	6.13	3.06	1.02	10.6	14.05	7.02	2.34
7.2	6.43	3.24	1.08	10.8	14.58	7.29	2.43
7.4	6.85	3.42	1.14	11	15.13	7.56	2.53

续表 6-15

长度 L /m	坡度（$H:S$）			长度 L /m	坡度（$H:S$）		
	1：2	1：4	1：12		1：2	1：4	1：12
	山墙面积/m²				山墙面积/m²		
11.2	15.68	7.84	2.61	14	24.50	12.23	4.08
11.4	16.25	8.12	2.71	14.2	25.21	12.60	4.20
11.6	16.82	8.41	2.80	14.4	25.92	12.96	4.32
11.8	17.41	8.70	2.90	14.6	26.65	13.32	4.44
12	18.00	9.00	3.00	14.8	27.33	13.69	4.56
12.2	18.61	9.30	3.10	15	28.13	14.06	4.69
12.4	19.22	9.61	3.20	15.2	28.88	14.44	4.81
12.6	19.85	9.92	3.31	15.4	29.65	14.82	4.94
12.8	20.43	10.24	3.41	15.6	30.42	15.21	5.07
13.0	21.13	10.56	3.52	15.8	21.21	15.60	5.20
13.2	21.73	10.89	3.63	16	32.00	16.00	5.33
13.4	22.45	11.22	3.74	16.2	32.81	16.40	5.47
13.6	23.12	11.56	3.85	16.4	33.62	16.81	5.60
13.8	23.81	11.90	3.97	16.6	34.45	17.22	5.76

八、烟囱环形砖基础工程量计算

烟囱环形砖基础如图 6-7 所示，砖基大放脚分等高式和非等高式两种类型。基础体积的计算方法与条形基础的方法相同，分别计算出砖基身及放脚增加断面面积即可得烟囱基础体积公式。

1. 砖基身断面面积

$$砖基身断面面积 = bh_c \qquad (6-19)$$

式中 b——砖基身顶面宽度(m)；

h_c——砖基身高度(m)。

2. 砖基础体积

$$V_{hj} = (bh_c + V_f)l_c \qquad (6-20)$$

式中 V_{hj}——烟囱环形砖基础体积(m³)；

V_f——烟囱基础放脚增加断面面积(m²)；

$l_c = 2\pi r_0$——烟囱砖基础计算长度，其中 r_0 是烟囱中心至环形砖基扩大面中心的半径。

九、圆形整体式烟囱砖基础工程量计算

图 6-8 是圆形整体式砖基础，其基础体积的计算同样可分为基身和大放脚两部分，其基身与放脚应以基础扩大顶面向内收一个台阶宽(62.5mm)处为界，界内为基身，界外为放脚。

若烟囱筒身外径恰好与基身重合,则其基身与放脚的划分即以筒身外径为分界。

(1)圆形整体式烟囱基础的体积V_{yj}的计算。圆形整体式烟囱基础的体积V_{yj}可按式(6-21)计算:

$$V_{yj} = V_s + V_f \tag{6-21}$$

其中,砖基身体积V_s为:

$$V_s = \pi r_s^2 h_c \tag{6-22}$$

$$r_s = r_w - 0.0625 \tag{6-23}$$

式中　r_s——圆形基身半径(m);

　　　　r_w——圆形基础扩大面半径(m);

　　　　h_c——基身高度(m)。

(2)砖基大放脚增加体积V_f的计算。由图6-8可见,圆形基础大放脚可视为相对于基础中心的单面放脚。若计算出单面放脚增加断面相对于基础中心线的平均半径r_0,即可计算大放脚增加的体积。平均半径r_0可按重心法求得。以等高式放脚为例,其计算公式如下:

$$r_0 = r_s + \frac{\sum_{i=1}^{n} S_i d_i}{\sum S_i} = r_s + \frac{\sum_{i=1}^{n} i^2}{n \text{层放脚单面断面面积}} \times 2.04 \times 10^{-4} \tag{6-24}$$

式中　i——从上向下计数的大放脚层数。

则圆形砖基放脚增加体积V_f为:

$$V_f = 2\pi r_0 n \text{层放脚单面断面面积} \tag{6-25}$$

式中　n层放脚单面断面面积由查表求得。

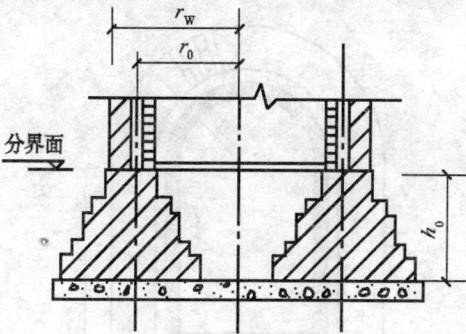

图6-7　烟囱环形基础　　　　图6-8　图形整体式烟囱砖基础

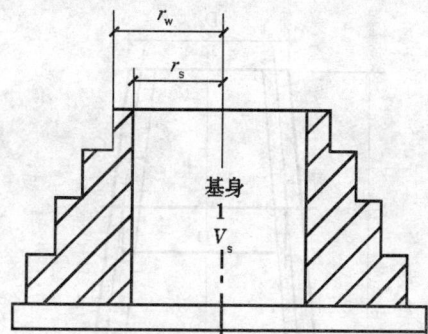

十、烟囱筒身工程量计算

烟囱筒身不论圆形、方形,均按图示筒壁平均中心线周长乘以筒壁厚度,再乘以筒身垂直高度,扣除筒身各种孔洞(0.3m² 以上),钢筋混凝土圈梁、过梁等所占体积以立方米(m³)计算。若其筒壁周长不同时,分别计算每段筒身体积,相加后即得整个烟囱筒身的体积,计算公式如下:

$$V = \sum HC\pi D - \text{应扣除体积} \tag{6-26}$$

式中　V——烟囱筒身体积(m³);

H——每段筒身垂直高度(m);

C——每段筒壁厚度(m);

D——每段筒壁中心线的平均直径(图 6-9)。

$$D=\frac{(D_1-C)+(D_2-C)}{2}=\frac{D_1+D_2}{2}-C \tag{6-27}$$

十一、烟道砌块工程量计算

烟道与炉体的划分以第一道闸门为界,属炉体内的烟道部分列入炉体工程量计算。烟道砌砖工程量按图示尺寸以实砌体积计算(图 6-10)。

$$V=C[2H+\pi(R-\frac{C}{2})]L \tag{6-28}$$

式中　V——砖砌烟道工程量(m³);

C——烟道墙厚(m);

H——烟道墙垂直部分高度(m);

R——烟道拱形部分外半径(m);

L——烟道长度(m),自炉体第一道闸门至烟囱筒身外表面相交处。

参照图 6-10,即可写出烟道内衬工程量计算公式为:

$$V=C_1[2H+\pi(R-C-\delta-\frac{C_1}{2})+(R-C-\delta-C_1)\times 2] \tag{6-29}$$

式中　V——烟道内衬体积(m³);

C_1——烟道内衬厚度(m)。

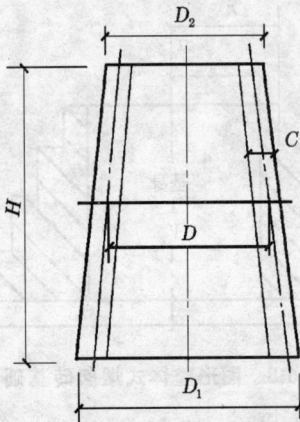

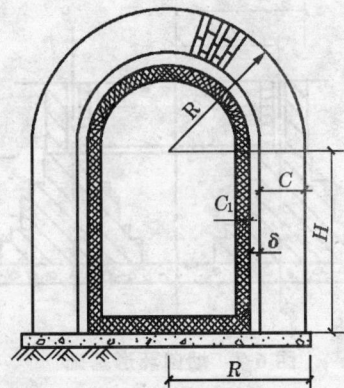

图 6-9　烟囱筒身工程量计算示意图　　　　图 6-10　烟道工程量计算图

第四节　砌筑工程工程量计算与应用实例

【例 6-1】　根据图 6-11 砖基础施工图有关尺寸,计算砖基础的长度(基础墙厚均为240)。

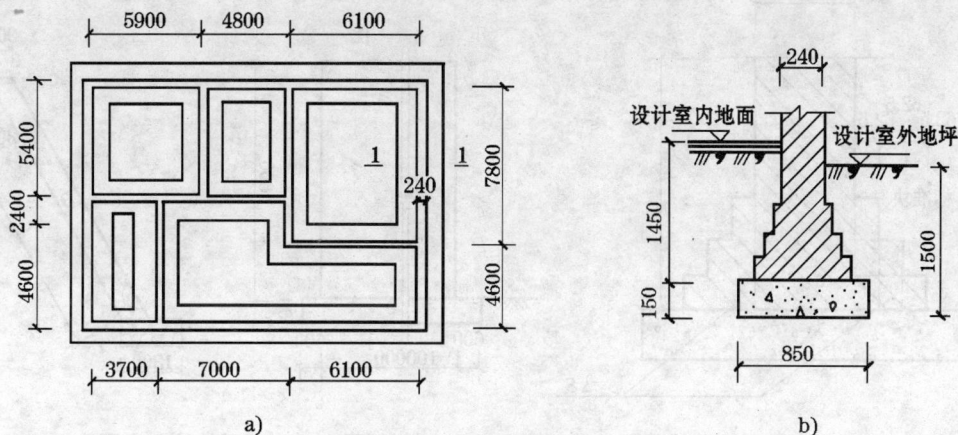

图 6-11　砖基础施工图

a)基础平面图　b)1—1剖面图

分析:外墙基础长按外墙中心线长度计算;内墙基础按内墙净长计算。

【解】　(1)外墙砖基础长($L_{中}$)。

$L_{中}=[(4.6+2.4+5.4)+(3.7+7.0+6.1)]\times 2=58.4$(m)

(2)内墙砖基础净长($L_{内}$)。

$L_{内}=(5.4-0.24)+(7.8-0.24)+(4.6+2.4-0.24)+(5.9+4.8-0.24)+6.1=36.04$(m)

【例 6-2】　某工程等高式标准砖大放脚基础如图 6-12 所示,当基础墙高 $h=2.0$m、基础长 $l=34.81$m 时,计算砖基础工程量。

【解】　$V_{砖基}=$(基础墙厚×基础墙高+大放脚增加面积)×基础长

$\qquad\qquad =(dh+\Delta S)\times l=[dh+0.126\times 0.0625n(n+1)]l$

$\qquad\qquad =[dh+0.007875n(n+1)]l$

式中　　0.007875——标准砖大放脚一个标准块的面积;

　0.007875$n(n+1)$——全部大放脚的面积;

$\qquad\qquad n$——大放脚层数;

$\qquad\qquad d$——基础墙厚(m);

$\qquad\qquad h$——基础墙高(m);

$\qquad\qquad l$——砖基础长(m)。

$\qquad V_{砖基}=(0.49\times 2.0+0.007875\times 3\times 4)\times 34.81=37.40$(m³)

【例 6-3】　根据图 6-13 所示尺寸,计算 100m 长浆砌毛石护坡工程量。

【解】　(1)护坡毛石基础。

$\qquad\qquad V=0.6\times 1.3\times(100+0.6\times 2)=78.94$(m³)

(2)毛石护坡。

$\qquad\qquad B=0.30\times \cos 30°=0.30\times \dfrac{\sqrt{3}}{2}=0.26$(m)

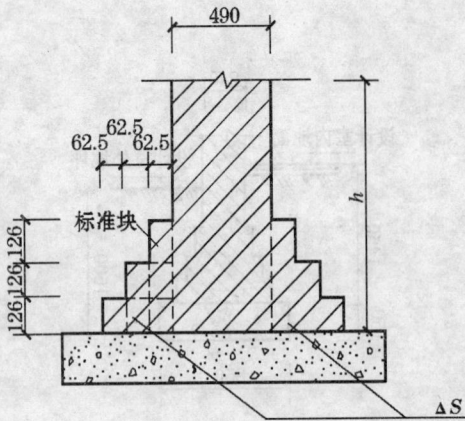

图 6-12　等高式大放脚砖基础

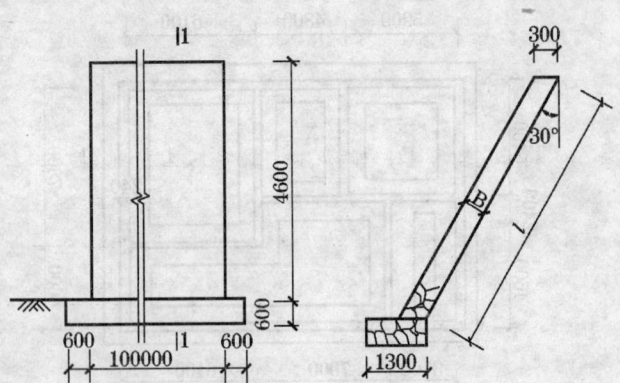

图 6-13　毛石护坡示意图

$$l=4.6\times\frac{1}{\cos30°}=4.6\times\frac{2}{\sqrt{3}}=5.31(\text{m})$$

$$V=0.26\times5.31\times100=138.06(\text{m}^3)$$

【例 6-4】　如图 6-14 所示,某车棚用 MU25 混合砂浆砌筑砖柱 30 个,基础采用 MU50 水泥砂浆砌筑毛石,计算该工程清单合价。

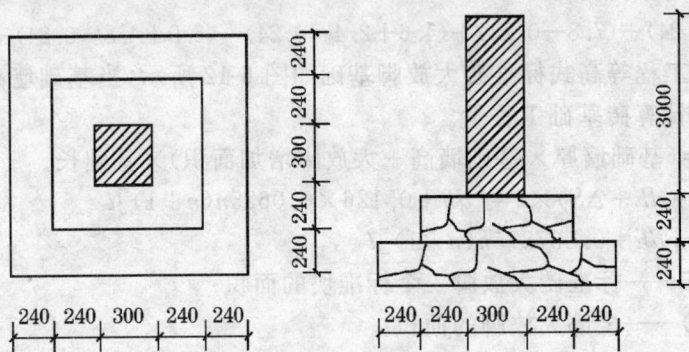

图 6-14　某车棚砖柱

【解】　依据某省建筑工程消耗量定额价目表计取有关费用。

(1)清单工程量计算。

基础:$V=(1.26\times1.26+0.78\times0.78)\times0.24\times30=15.81(\text{m}^3)$

砖柱:$V=0.3\times0.3\times3.0\times30=8.1(\text{m}^3)$

(2)消耗量定额工程量。

原土夯实:$V=1.26\times1.26\times30=47.63(\text{m}^3)$

毛石基础:$V=(1.26\times1.26+0.78\times0.78)\times0.24\times30=15.81(\text{m}^3)$

矩形砖柱:$V=0.3\times0.3\times3.0\times30=8.1(\text{m}^3)$

(3)石砌基础。

①原土夯实:

人工费:3.52×47.63/10＝16.77(元)

材料费:无

机械费:无

②毛石基础:

人工费:259.82×15.81/10＝410.78(元)

材料费:807.88×15.81/10＝1277.26(元)

机械费:24.56×15.81/10＝38.83(元)

(4)矩形砖柱。

人工费:441.54×8.1/10＝357.65(元)

材料费:1144.73×8.1/10＝927.23(元)

机械费:14.26×8.1/10＝11.55(元)

(5)综合。

①石砌基础:

直接费合计:1743.64元

管理费:1743.64×34%＝592.84(元)

利润:1743.64×8%＝139.49(元)

合价:1743.64＋592.84＋139.49＝2475.97(元)

综合单价:2475.97÷15.81＝156.61(元)

结果见表 6-16 和表 6-17。

表 6-16　分部分项工程量清单计价表

序号	项目编码	项目名称	项目特征描述	计量单位	工程数量	金额/元		
						综合单价	合价	其中:直接费
1	010305001001	石砌基础	毛石砌筑基础,M5.0砂浆,MU20毛石	m³	15.81	156.61	2475.97	1743.64

表 6-17　分部分项工程量清单综合单价计算表

项目编号	010305001001		项目名称	石砌基础	计量单位		m³

清单综合单价组成明细

定额编号	定额内容	定额单位	数量	单价/(元/m³)			合价/(元/m³)			
				人工费	材料费	机械费	人工费	材料费	机械费	管理费和利润
1-4-5	原土夯实	10m³	4.763	3.52	—	—	16.77	—	—	7.04
3-2-1	毛石基础	10m³	1.581	259.82	807.88	24.56	410.78	1277.26	38.83	725.29

续表 6-17

项目编号	010305001001		项目名称	石砌基础	计量单位	m³
清单综合单价组成明细						

定额编号	定额内容	定额单位	数量	单价/(元/m³)			合价/(元/m³)			
				人工费	材料费	机械费	人工费	材料费	机械费	管理费和利润
人工单价		小计					427.55	1277.26	38.83	732.33
28元/工日		未计价材料费					—			
清单项目综合单价/(元/m³)							156.61			

②矩形砖柱:

直接费合计:1296.43 元

管理费:1296.43×34%＝440.79(元)

利润:1296.43×8%＝103.71(元)

合价:1296.43＋440.79＋103.71＝1840.93(元)

综合单价:1840.93÷8.1＝227.28(元)

结果见表 6-18 和表 6-19。

表 6-18　分部分项工程量清单计价表

序号	项目编码	项目名称	项目特征描述	计量单位	工程数量	金额/元		
						综合单价	合价	其中:直接费
1	010302005001	矩形砖柱	实心砖柱,M2.5 砂浆,MU10 烧结实心砖	m³	8.1	227.28	1840.93	1296.43

表 6-19　分部分项工程量清单综合单价计算表

项目编号	010302005001		项目名称	矩形砖柱	计量单位	m³
清单综合单价组成明细						

定额编号	定额内容	定额单位	数量	单价/(元/m³)			合价/(元/m³)			
				人工费	材料费	机械费	人工费	材料费	机械费	管理费和利润
3-1-4	矩形砖柱	10m³	0.81	441.54	1144.73	14.26	357.65	927.23	11.55	544.50
人工单价		小计					357.65	927.23	11.55	544.50
28元/工日		未计价材料费					—			
清单项目综合单价/(元/m³)							227.28			

【例 6-5】　某联合站砖砌地沟如图 6-15 所示,排水沟长 100m,池壁内侧抹水泥砂浆。盖板不计,计算该工程清单合价。

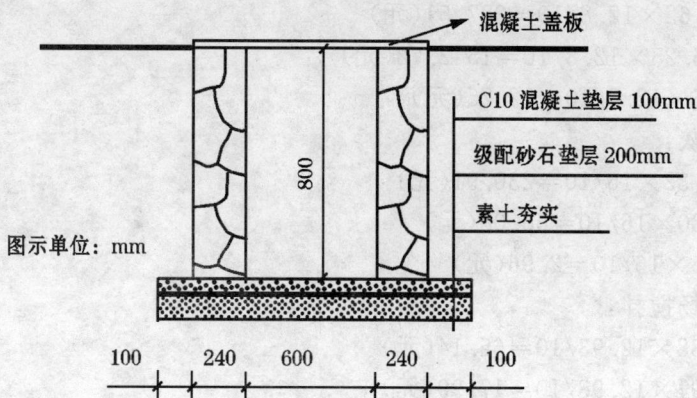

图示单位：mm

图 6-15　砖砌地沟

【解】　依据某省建筑工程消耗量定额价目表计取有关费用。

(1)清单工程量计算。

$V=100$m

(2)消耗量定额工程量。

人工挖土方：$V=(1.28\times0.3+1.48\times0.8)\times100=156.8(\text{m}^3)$

原土夯实：$V=1.28\times100=128(\text{m}^3)$

砂石垫层：$V=1.28\times0.2\times100=25.6(\text{m}^3)$

C10 混凝土垫层：$V=1.28\times0.1\times100=12.8(\text{m}^3)$

沟内壁抹灰：$V=0.8\times0.2\times100=16(\text{m}^3)$

混凝土现场搅拌：$V=12.8\times1.01=12.93(\text{m}^3)$

翻斗车运混凝土：$V=12.93(\text{m}^3)$

(3)砖砌地沟。

①人工挖土方：

人工费：$70.84\times156.8/10=1110.77$(元)

材料费：无

机械费：$0.43\times156.8/10=6.74$(元)

②原土夯实：

人工费：$3.52\times128/10=45.06$(元)

材料费：无

机械费：无

③砂石垫层：

人工费：$176.66\times25.6/10=452.25$(元)

材料费：$510.48\times25.6/10=1306.83$(元)

机械费：$5.77\times25.6/10=14.77$(元)

④C10 混凝土垫层：

人工费：224.62×12.8/10＝287.51（元）

材料费：1205.25×12.8/10＝1542.72（元）

机械费：9.96×12.8/10＝12.75（元）

⑤沟内壁抹灰：

人工费：144.32×16/10＝230.91（元）

材料费：41.30×16/10＝66.08（元）

机械费：1.85×16/10＝2.96（元）

⑥混凝土现场搅拌：

人工费：50.38×12.93/10＝65.14（元）

材料费：13.91×12.93/10＝17.99（元）

机械费：34.99×12.93/10＝45.24（元）

⑦翻斗车运混凝土：

人工费：无

材料费：无

机械费：27.46×12.93/10＝35.51（元）

（4）综合。

直接费合计：5243.23 元

管理费：5243.23×34％＝1782.70（元）

利润：5243.23×8％＝419.46（元）

合价：5243.23＋1782.70＋419.46＝7445.39（元）

综合单价：7445.39÷100＝74.45（元）

结果见表 6-20 和表 6-21。

表 6-20　分部分项工程量清单计价表

序号	项目编码	项目名称	项目特征描述	计量单位	工程数量	金额/元		
						综合单价	合价	其中：直接费
1	010306002001	砖砌地沟	内净尺寸 0.6m×0.8m,C10 混凝土垫层厚 100mm,级配砂石垫层厚 200mm,M7.5 水泥砂浆砌筑	m³	100	74.45	7445.39	5243.23

表 6-21　分部分项工程量清单综合单价计算表

项目编号	010306002001		项目名称	砖砌地沟	计量单位	m³	

清单综合单价组成明细

定额编号	定额内容	定额单位	数量	单价/(元/m³)			合价/(元/m³)			
				人工费	材料费	机械费	人工费	材料费	机械费	管理费和利润
1-2-10	人工挖沟槽	10m³	15.68	70.84	—	0.43	1110.77	—	6.74	469.35
1-4-5	原土夯实	10m³	12.8	3.52			45.06			18.93
2-1-3	砂石垫层	10m³	2.56	176.66	510.48	5.77	452.25	1306.83	14.77	745.02
2-1-13	C10混凝土垫层	10m³	1.28	224.62	1205.25	9.96	287.51	1542.72	12.75	774.05
9-2-25	沟内壁抹灰	10m³	1.6	144.32	41.30	1.85	230.91	66.08	2.96	125.98
4-4-15	混凝土搅拌	10m³	1.293	50.38	13.91	34.99	65.14	17.99	45.24	53.92
4-4-5	混凝土运输	10m³	1.293	—	—	27.46	—	—	35.51	14.91
人工单价		小　计					2191.64	2933.62	117.97	2202.16
28元/工日		未计价材料费					—			
清单项目综合单价/(元/m³)							74.45			

第七章　混凝土及钢筋混凝土工程计量与计价

内容提要：

1. 熟悉混凝土及钢筋混凝土工程定额说明。
2. 了解混凝土及钢筋混凝土工程基础定额工程量计算规则。
3. 掌握混凝土及钢筋混凝土工程工程量清单项目设置与工程量计算规则。
4. 了解混凝土及钢筋混凝土工程工程量计算主要技术资料。
5. 掌握混凝土及钢筋混凝土工程工程量计算在实际工程中的应用。

第一节　混凝土及钢筋混凝土工程基础定额工程量计算规则

一、定额说明

1. 模板

(1)现浇混凝土模板按不同构件,分别以组合钢模板、钢支撑、木支撑,复合木模板、钢支撑、木支撑,木模板、木支撑配制。模板不同时,可以编制补充定额。

(2)预制钢筋混凝土模板按不同构件分别以组合钢模板、复合木模板、木模板、定型钢模、长线台多拉模,并配制相应的砖地模,砖胎模、长线台混凝土地模编制。使用其他模板时,可以换算。

(3)定额中框架轻板项目只适用于全装配式定型框架轻板住宅工程。

(4)模板工作内容包括清理、场内运输、安装、刷隔离剂、浇灌混凝土时模板维护、拆模、集中堆放、场外运输。木模板包括制作(预制包括刨光,现浇不刨光),组合钢模板、复合木模板包括装箱。

(5)现浇混凝土梁、板、柱、墙按支模高度(地面至板底)3.6m编制,超过3.6m时,超过部分工程量另按超高的项目计算。

(6)用钢滑升模板施工的烟囱、水塔及贮仓按无井架施工计算,并综合了操作平台。不再计算脚手架及竖井架。

(7)用钢滑升模板施工的烟囱、水塔、提升模板使用的钢爬杆,用量按100%摊销计算,贮仓按50%摊销计算。设计要求不同时,另行换算。

(8)倒锥壳水塔塔身钢滑升模板项目也适用于一般水塔塔身滑升模板工程。

(9)烟囱钢滑升模板项目均已包括烟囱筒身、牛腿、烟道口;水塔钢滑升模板均已包括直筒、门窗洞口等模板用量。

(10)组合钢模板、复合木模板项目,未包括回库维修费用。应按定额项目中所列摊销量的模板、零星夹具材料价格的8%计入模板预算价格之内。回库维修费的内容包括模板的运输费、维修的人工、机械及材料费用等。

2．钢筋

(1)钢筋工程按钢筋的不同品种、不同规格,按现浇构件钢筋、预制构件钢筋、预应力钢筋及箍筋分别列项。

(2)预应力构件中的非预应力钢筋按预制钢筋相应项目计算。

(3)设计图样未注明的钢筋接头和施工损耗的,已综合在定额项目内。

(4)绑扎铁丝、成型点焊和接头焊接用的电焊条已综合在定额项目内。

(5)钢筋工程内容包括制作、绑扎、安装以及浇灌混凝土时维护钢筋用工。

(6)现浇构件钢筋以手工绑扎,预制构件钢筋以手工绑扎、点焊分别列项,实际施工与定额不同时,不再换算。

(7)非预应力钢筋不包括冷加工,若设计要求冷加工,另行计算。

(8)预应力钢筋若设计要求人工时效处理,应另行计算。

(9)预制构件钢筋若用不同直径钢筋点焊在一起,按直径最小的定额项目计算;若粗细筋直径比在两倍以上,其人工乘以系数1.25。

(10)后张法钢筋的锚固是按钢筋帮条焊、U型插垫编制的,若采用其他方法锚固,应另行计算。

(11)表7-1所列的构件,其钢筋可按表列系数调整人工、机械用量。

表 7-1　单位工程定位放线质量标准和检验方法

项　目	预　制　钢　筋		现　浇　钢　筋		构　筑　物			
							储仓	
系数范围	拱梯形屋架	托架梁	小型构件	小型池槽	烟囱	水塔	矩形	圆形
人工、机械调整系数	1.16	1.05	2	2.52	1.7	1.7	1.25	1.50

3．混凝土

(1)混凝土的工作内容包括筛沙子、筛洗石子、后台运输、搅拌、前台运输、清理、润湿模板、浇灌、捣固及养护。

(2)毛石混凝土按毛石占混凝土体积20％计算。若设计要求不同,可以换算。

(3)小型混凝土构件指每件体积在0.05m³以内的未列出定额项目的构件。

(4)预制构件厂生产的构件,在混凝土定额项目中考虑了预制厂内构件运输、堆放、码垛、装车运出等的工作内容。

(5)构筑物混凝土按构件选用相应的定额项目。

(6)轻板框架的混凝土梅花柱按预制异型柱;叠合梁按预制异型梁;楼梯段和整间大楼板按相应预制构件定额项目计算。

(7)现浇钢筋混凝土柱、墙定额项目均按规范规定综合了底部灌注1∶2水泥砂浆的用量。

(8)混凝土已按常用列出强度等级。若与设计要求不同,可以换算。

二、混凝土及钢筋混凝土工程基础定额工程量计算规则

1.一般规定

(1)～(8)同混凝土定额说明。

(9)承台桩基础定额中已考虑了凿桩头用工。

(10)集中搅拌、运输、泵输送混凝土参考定额中,当输送高度超过30m时,输送泵台班用量乘以系数1.10,输送高度超过50m时,输送泵台班用量乘以系数1.25。

2.现浇混凝土及钢筋混凝土模板工程量计算规则

(1)现浇混凝土及钢筋混凝土模板工程量,除另有规定者外,均应区别模板的不同材质,按混凝土与模板接触面的面积以 m² 计算。

(2)现浇钢筋混凝土柱、梁、板、墙的支模高度(即室外地坪至板底或板面至板底之间的高度)以 3.6m 以内为准;超过 3.6m 以上的部分,另按超过部分计算增加支撑工程量。

(3)现浇钢筋混凝土墙、板上单孔面积在 0.3m² 以内的孔洞不予扣除,洞侧壁模板亦不增加;单孔面积在 0.3m² 以外时,应予扣除,洞侧壁模板面积并入墙、板模板工程量之内计算。

(4)现浇钢筋混凝土框架分别按梁、板、柱、墙有关规定计算,附墙柱并入墙内工程量计算。

(5)杯形基础杯口高度大于杯口大边长度的,套高杯基础定额项目。

(6)柱与梁、柱与墙、梁与梁等连接的重叠部分以及伸入墙内的梁头、板头部分,均不计算模板面积。

(7)构造柱外露面均应按图示外露部分计算模板面积。构造柱与墙接触面不计算模板面积。

(8)现浇钢筋混凝土悬挑板(雨篷、阳台)按图示外挑部分尺寸的水平投影面积计算。挑出墙外的牛腿梁及板边模板不另计算。

(9)现浇钢筋混凝土楼梯以图示露明面尺寸的水平投影面积计算,不扣除小于 500mm 楼梯井所占面积。楼梯的踏步、踏步板、平台梁等侧面模板,不另计算。

(10)混凝土台阶不包括梯带,按图示台阶尺寸的水平投影面积计算。台阶端头两侧不另计算模板面积。

(11)现浇混凝土小型池槽按构件外围体积计算,池槽内、外侧及底部的模板不应另计算。

3.现浇混凝土工程量计算规则

(1)混凝土工程量除另有规定者外,均按图示尺寸实体体积以立方米计算。不扣除构件内钢筋、预埋铁件及墙、板中 0.3m² 内的孔洞所占体积。

(2)基础。

①有肋带形混凝土基础,其肋高与肋宽之比在 4:1 以内的按有肋带形基础计算。超过 4:1 时,其基础底按板式基础计算,以上部分按墙计算。

②箱式满堂基础应分别按无梁式满堂基础、柱、墙、梁、板有关规定计算,套相应定额项目。

③设备基础除块体以外,其他类型设备基础分别按基础、梁、柱、板、墙等有关规定计算,

套相应的定额项目计算。

（3）柱。按图示断面尺寸乘以柱高以立方米计算。柱高按下列规定确定：

①有梁板的柱高应自柱基上表面（或楼板上表面）至上一层楼板上表面之间的高度计算。

②无梁板的柱高应自柱基上表面（或楼板上表面）至柱帽下表面之间的高度计算。

③框架柱的柱高应自柱基上表面至柱顶高度计算。

④构造柱按全高计算，与砖墙嵌接部分的体积并入柱身体积内计算。

⑤依附柱上的牛腿并入柱身体积内计算。

（4）梁。按图示断面尺寸乘以梁长以立方米计算，梁长按下列规定确定：

①梁与柱连接时，梁长算至柱侧面。

②主梁与次梁连接时，次梁长算至主梁侧面。伸入墙内梁头，梁垫体积并入梁体积内计算。

（5）板。按图示面积乘以板厚以立方米计算，其中：

①有梁板包括主、次梁与板，按梁、板体积之和计算。

②无梁板按板和柱帽体积之和计算。

③平板按板实体体积计算。

④现浇挑檐天沟与板（包括屋面板、楼板）连接时，以外墙为分界线，与圈梁（包括其他梁）连接时，以梁外边线为分界线。外墙边线以外或梁外边线以外为挑檐天沟。

⑤各类板伸入墙内的板头并入板体积内计算。

⑥墙：按图示中心线长度乘以墙高及厚度以立方米计算，应扣除门窗洞口及 0.3m² 以外孔洞的体积，墙垛及凸出部分并入墙体积内计算。

⑦整体楼梯包括休息平台，平台梁、斜梁及楼梯的连接梁，按水平投影面积计算，不扣除宽度小于 500mm 的楼梯井，伸入墙内部分不另增加。

⑧阳台、雨篷（悬挑板），按伸出外墙的水平投影面积计算，伸出外墙的牛腿不另计算。带反挑檐的雨篷按展开面积并入雨篷内计算。

⑨栏杆按净长度以延长米计算。伸入墙内的长度已综合在定额内。栏板以立方米计算，伸入墙内的栏板合并计算。

⑩预制板补现浇板缝时，按平板计算。

⑪预制钢筋混凝土框架柱现浇接头（包括梁接头），按设计规定的断面和长度以立方米计算。

4. 钢筋混凝土构件接头灌缝工程量计算规则

（1）钢筋混凝土构件接头灌缝。包括构件坐浆、灌缝、堵板孔、塞板梁缝等。均按预制钢筋混凝土构件实体体积以立方米计算。

（2）柱与柱基的灌缝，按首层柱体积计算；首层以上柱灌缝按各层柱体积计算。

（3）空心板堵孔的人工材料，已包括在定额内。如不堵孔时每 10m³ 空心板体积应扣除 0.23m³ 预制混凝土块和 2.2 个工日。

三、预制钢筋混凝土工程基础定额工程量计算规则

1. 预制钢筋混凝土构件模板工程量计算规则

（1）预制钢筋混凝土模板工程量，除另有规定外均按混凝土实体体积以立方米计算。

(2)小型池槽按外形体积以立方米计算。

(3)预制桩尖按虚体积(不扣除桩尖虚体积部分)计算。

2. 预制混凝土工程量计算规则

(1)混凝土工程量均按图示尺寸实体体积以立方米计算,不扣除构件内钢筋、铁件及小于 300mm×300mm 以内孔洞面积。

(2)预制桩按桩全长(包括桩尖)乘以桩断面(空心桩应扣除孔洞体积)以立方米计算。

(3)混凝土与钢构件组合的构件:混凝土部分按构件实体积以立方米计算,钢构件部分按吨计算,分别按照相应的定额项目。

四、构筑物钢筋混凝土工程基础定额工程量计算规则

1. 构筑物钢筋混凝土模板工程量计算规则

(1)构筑物工程的模板工程量,除另有规定外,区别现浇、预制和构件类别,分别按现浇混凝土及钢筋混凝土和预制钢筋混凝土构件模板工程量计算规定中有关规定计算。

(2)大型池槽等分别按基础、墙、板、梁、柱等有关规定计算并采用相应定额项目。

(3)液压滑升钢模板施工的烟筒、水塔塔身、贮仓等,均按混凝土体积,以立方米计算。预制倒圆锥形水塔罐壳模板按混凝土体积,以立方米计算。

(4)预制倒圆锥形水塔罐壳组装、提升、就位,按不同容积以座计算。

2. 构筑物钢筋混凝土工程量计算规则

(1)构筑物混凝土除另规定外,均按图示尺寸扣除门窗洞口及 0.3m² 以外孔洞所占体积以实体体积计算。

(2)水塔。

①筒身与槽底以槽底连接的圈梁底为界,以上为槽底,以下为筒身。

②筒式塔身及依附于筒身的过梁、雨篷挑檐等并入筒身体积内计算;柱式塔身、柱、梁合并计算。

③塔顶及槽底,塔顶包括顶板和圈梁,槽底包括底板挑出的斜壁板和圈梁等合并计算。

(3)贮水池不分平底、锥底、坡底均按池底计算,壁基梁、池壁不分圆形壁和矩形壁,均按池壁计算;其他项目均按现浇混凝土部分相应项目计算。

五、钢筋工程基础定额工程量计算规则

1. 钢筋工程工程量计算规则

(1)钢筋工程应区别现浇、预制构件、不同钢种和规格,分别按设计长度乘以单位重量,以吨计算。

(2)计算钢筋工程量时,设计已规定钢筋搭接长度的,按规定搭接长度计算;设计未规定搭接长度的,已包括在钢筋的损耗率之内,不另计算搭接长度。钢筋电渣压力焊接、套筒挤压等接头以个计算。

(3)先张法预应力钢筋,按构件外形尺寸计算长度,后张法预应力钢筋按设计图规定的预应力钢筋预留孔道长度,并区别不同的锚具类型,分别按下列规定计算:

①低合金钢筋两端采用螺杆锚具时,预应力的钢筋按预留孔道的长度减 0.35m,螺杆另行计算。

②低合金钢筋一端采用镦头插片,另一端采用螺杆锚具时,预应力钢筋长度按预留孔道长度计算,螺杆另行计算。

③低合金钢筋一端采用镦头插片,另一端采用帮条锚具时,预应力钢筋增加 0.15m,两端均采用帮条锚具时,预应力钢筋共增加 0.3m 计算。

④低合金钢筋采用后张混凝土自锚时,预应力钢筋长度增加 0.35m 计算。

⑤低合金钢筋或钢绞线采用 JM、XM、QM 型锚具,孔道长度在 20m 以内时,预应力钢筋长度增加 1m;孔道长度 20m 以上时预应力钢筋长度增加 1.8m 计算。

⑥碳素钢丝采用锥形锚具,孔道长在 20m 以内时,预应力钢筋长度增加 1m;孔道长在 20m 以上时,预应力钢筋长度增加 1.8m。

⑦碳素钢丝两端采用镦粗头时,预应力钢丝长度增加 0.35m 计算。

2. 其他规定

(1)钢筋混凝土构件预埋铁件工程量按设计图示尺寸以 t 计算。

(2)固定预埋螺栓、铁件的支架,固定双层钢筋的铁马凳、垫铁件,按审定的施工组织设计规定计算,采用相应定额项目。

第二节　混凝土及钢筋混凝土工程工程量清单项目设置及工程量计算规则

一、现浇混凝土基础(编码:010401)

工程量清单项目设置及工程量计算规则应按表 7-2 的规定执行。

表 7-2　现浇混凝土基础(编码:010401)

项目编码	项目名称	项目特征	计量单位	工程量计算规则	工程内容
010401001	带形基础	(1)混凝土强度等级 (2)混凝土拌和料要求 (3)砂浆强度等级	m³	按设计图示尺寸以体积计算。不扣除构件内钢筋、预埋铁件和伸入承台基础的桩头所占体积	(1)混凝土制作、运输、浇筑、振捣及养护 (2)地脚螺栓二次灌浆
010401002	独立基础				
010401003	满堂基础				
010401004	设备基础				
010401005	桩承台基础				
010401006	垫层				

二、现浇混凝土柱(编码:010402)

工程量清单项目设置及工程量计算规则应按表 7-3 的规定执行。

表 7-3　　现浇混凝土柱（编码：010402）

项目编码	项目名称	项目特征	计量单位	工程量计算规则	工程内容
010402001	矩形柱	（1）柱高度 （2）柱截面尺寸 （3）混凝土强度等级 （4）混凝土拌和料要求	m³	按设计图示尺寸以体积计算。不扣除构件内钢筋、预埋铁件所占体积 柱高： （1）有梁板的柱高，应自柱基上表面（或楼板上表面）至上一层楼板上表面之间的高度计算 （2）无梁板的柱高，应自柱基上表面（或楼板上表面）至柱帽下表面之间的高度计算 （3）框架柱的柱高，应自柱基上表面至柱顶高度计算 （4）构造柱按全高计算，嵌接墙体部分并入柱身体积 （5）依附柱上的牛腿和升板的柱帽，并入柱身体积计算	混凝土制作、运输、浇筑、振捣及养护
010402002	异形柱				

三、现浇混凝土梁（编码：010403）

工程量清单项目设置及工程量计算规则应按表 7-4 的规定执行。

表 7-4　　现浇混凝土梁（编码：010403）

项目编码	项目名称	项目特征	计量单位	工程量计算规则	工程内容
010403001	基础梁	（1）梁底标高 （2）梁截面 （3）混凝土强度等级 （4）混凝土拌和料要求	m³	按设计图示尺寸以体积计算。不扣除构件内钢筋、预埋铁件所占体积，伸入墙内的梁头、梁垫并入梁体积内 梁长： （1）梁与柱连接时，梁长算至柱侧面 （2）主梁与次梁连接时，次梁长算至主梁侧面	混凝土制作、运输、浇筑、振捣及养护
010403002	矩形梁				
010403003	异形梁				
010403004	圈梁				
010403005	过梁				
010403006	弧形、拱形梁				

四、现浇混凝土墙（编码：010404）

工程量清单项目设置及工程量计算规则应按表 7-5 的规定执行。

表 7-5　现浇混凝土墙(编码:010404)

项目编码	项目名称	项目特征	计量单位	工程量计算规则	工程内容
010404001	直形墙	(1)墙类型 (2)墙厚度 (3)混凝土强度等级 (4)混凝土拌和料要求	m³	按设计图示尺寸以体积计算。不扣除构件内钢筋、预埋铁件所占体积,扣除门窗洞口及单个面积 0.3m² 以外的孔洞所占体积,墙垛及突出墙面部分并入墙体体积内计算	混凝土制作、运输、浇筑、振捣及养护
010404002	弧形墙				

五、现浇混凝土板(编码:010405)

工程量清单项目设置及工程量计算规则应按表 7-6 的规定执行。

表 7-6　现浇混凝土板(编码:010405)

项目编码	项目名称	项目特征	计量单位	工程量计算规则	工程内容
010405001	有梁板	(1)板底标高 (2)板厚度 (3)混凝土强度等级 (4)混凝土拌和料要求	m³	按设计图示尺寸以体积计算。不扣除构件内钢筋、预埋铁件及单个面积 0.3m² 以内的孔洞所占体积。有梁板(包括主、次梁与板)按梁、板体积之和计算,无梁板按板和柱帽体积之和计算,各类板伸入墙内的板头并入板体积内计算,薄壳板的肋、基梁并入薄壳体积内计算	混凝土制作、运输、浇筑、振捣及养护
010405002	无梁板				
010405003	平板				
010405004	拱板				
010405005	薄壳板				
010405006	栏板				
010405007	天沟、挑檐板	(1)混凝土强度等级 (2)混凝土拌和料要求		按设计图示尺寸以体积计算	
010405008	雨篷、阳台板			按设计图示尺寸以墙外部分体积计算。包括伸出墙外的牛腿和雨篷反挑檐的体积	
010405009	其他板			按设计图示尺寸以体积计算	

六、现浇混凝土楼梯(编码:010406)

工程量清单项目设置及工程量计算规则应按表 7-7 的规定执行。

表 7-7　现浇混凝土楼梯(编码:010406)

项目编码	项目名称	项目特征	计量单位	工程量计算规则	工程内容
010406001	直形楼梯	(1)混凝土强度等级 (2)混凝土拌和料要求	m²	按设计图示尺寸以水平投影面积计算。不扣除宽度小于 500mm 的楼梯井,伸入墙内部分不计算	混凝土制作、运输、浇筑、振捣及养护
010406002	弧形楼梯				

七、现浇混凝土其他构件(编码:010407)

工程量清单项目设置及工程量计算规则应按表7-8的规定执行。

表7-8　现浇混凝土其他构件(编码:010407)

项目编码	项目名称	项目特征	计量单位	工程量计算规则	工程内容
010407001	其他构件	(1)构件的类型 (2)构件规格 (3)混凝土强度等级 (4)混凝土拌和料要求	m³、(m²,m)	按设计图示尺寸以体积计算。不扣除构件内钢筋、预埋铁件所占体积	混凝土制作、运输、浇筑、振捣及养护
010407002	散水、坡道	(1)垫层材料种类、厚度 (2)面层厚度 (3)混凝土强度等级 (4)混凝土拌和料要求 (5)填塞材料种类	m²	按设计图示尺寸以面积计算。不扣除单个0.3m²以内的孔洞所占面积	(1)地基夯实 (2)铺设垫层 (3)混凝土制作、运输、浇筑、振捣及养护 (4)变形缝填塞
010407003	电缆沟、地沟	(1)沟截面 (2)垫层材料种类、厚度 (3)混凝土强度等级 (4)混凝土拌和料要求 (5)防护材料种类	m	按设计图示以中心线长度计算	(1)挖运土石 (2)铺设垫层 (3)混凝土制作、运输、浇筑、振捣及养护 (4)刷防护材料

八、后浇带(编码:010408)

工程量清单项目设置及工程量计算规则应按表7-9的规定执行。

表7-9　后浇带(编码:010408)

项目编码	项目名称	项目特征	计量单位	工程量计算规则	工程内容
010408001	后浇带	(1)部位 (2)混凝土强度等级 (3)混凝土拌和料要求	m³	按设计图示尺寸以体积计算	混凝土制作、运输、浇筑、振捣及养护

九、预制混凝土柱(编码:010409)

工程量清单项目设置及工程量计算规则应按表 7-10 的规定执行。

表 7-10　　预制混凝土柱(编码:010409)

项目编码	项目名称	项目特征	计量单位	工程量计算规则	工程内容
010409001	矩形柱	(1)柱类型 (2)单件体积 (3)安装高度 (4)混凝土强度等级 (5)砂浆强度等级	m³ (根)	(1)按设计图示尺寸以体积计算。不扣除构件内钢筋、预埋铁件所占体积 (2)按设计图示尺寸以"数量"计算	(1)混凝土制作、运输、浇筑、振捣及养护 (2)构件制作、运输 (3)构件安装 (4)砂浆制作、运输 (5)接头灌缝、养护
010409002	异形柱				

十、预制混凝土梁(编码:010410)

工程量清单项目设置及工程量计算规则应按表 7-11 的规定执行。

表 7-11　　预制混凝土梁(编码:010410)

项目编码	项目名称	项目特征	计量单位	工程量计算规则	工程内容
010410001	矩形梁	(1)单件体积 (2)安装高度 (3)混凝土强度等级 (4)砂浆强度等级	m³ (根)	按设计图示尺寸以体积计算。不扣除构件内钢筋、预埋铁件所占体积	(1)混凝土制作、运输、浇筑、振捣及养护 (2)构件制作、运输 (3)构件安装 (4)砂浆制作、运输 (5)接头灌缝、养护
010410002	异形梁				
010410003	过梁				
010410004	拱形梁				
010410005	鱼腹式吊车梁				
010410006	风道梁				

十一、预制混凝土屋架(编码:010411)

工程量清单项目设置及工程量计算规则应按表 7-12 的规定执行。

表 7-12　　预制混凝土屋架(编码:010411)

项目编码	项目名称	项目特征	计量单位	工程量计算规则	工程内容
010411001	折线型屋架	(1)屋架的类型、跨度 (2)单件体积 (3)安装高度 (4)混凝土强度等级 (5)砂浆强度等级	m³ (榀)	按设计图示尺寸以体积计算。不扣除构件内钢筋、预埋铁件所占体积	(1)混凝土制作、运输、浇筑、振捣及养护 (2)构件制作、运输 (3)构件安装 (4)砂浆制作、运输 (5)接头灌缝、养护
010411002	组合屋架				
010411003	薄腹屋架				
010411004	门式刚架屋架				
010411005	天窗架屋架				

十二、预制混凝土板(编码:010412)

工程量清单项目设置及工程量计算规则应按表 7-13 的规定执行。

表 7-13　预制混凝土板(编码:010412)

项目编码	项目名称	项目特征	计量单位	工程量计算规则	工程内容
010412001	平板	(1)构件尺寸 (2)安装高度 (3)混凝土强度等级 (4)砂浆强度等级	m³ (块)	按设计图示尺寸以体积计算。不扣除构件内钢筋、预埋铁件及单个尺寸 300mm×300mm 以内的孔洞所占体积,扣除空心板空洞体积	(1)混凝土制作、运输、浇筑、振捣及养护 (2)构件制作、运输 (3)构件安装 (4)升板提升 (5)砂浆制作、运输 (6)接头灌缝、养护
010412002	空心板				
010412003	槽形板				
010412004	网架板				
010412005	折线板				
010412006	带肋板				
010412007	大型板				
010412008	沟盖板、井盖板、井圈	(1)构件尺寸 (2)安装高度 (3)混凝土强度等级 (4)砂浆强度等级	m³ (块、套)	按设计图示尺寸以体积计算。不扣除构件内钢筋、预埋铁件所占体积	(1)混凝土制作、运输、浇筑、振捣及养护 (2)构件制作、运输 (3)构件安装 (4)砂浆制作、运输 (5)接头灌缝、养护

十三、预制混凝土楼梯(编码:010413)

工程量清单项目设置及工程量计算规则应按表 7-14 的规定执行。

表 7-14　预制混凝土楼梯(编码:010413)

项目编码	项目名称	项目特征	计量单位	工程量计算规则	工程内容
010413001	楼梯	(1)楼梯类型 (2)单件体积 (3)混凝土强度等级 (4)砂浆强度等级	m³	按设计图示尺寸以体积计算。不扣除构件内钢筋、预埋铁件所占体积,扣除空心踏步板空洞体积	(1)混凝土制作、运输、浇筑、振捣及养护 (2)构件制作、运输 (3)构件安装 (4)砂浆制作、运输 (5)接头灌缝、养护

十四、其他预制构件(编码:010414)

工程量清单项目设置及工程量计算规则应按表 7-15 的规定执行。

表 7-15 其他预制构件(编码:010414)

项目编码	项目名称	项目特征	计量单位	工程量计算规则	工程内容
010414001	烟道、垃圾道、通风道	(1)构件类型 (2)单件体积 (3)安装高度 (4)混凝土强度等级 (5)砂浆强度等级	m³	按设计图示尺寸以体积计算。不扣除构件内钢筋、预埋铁件及单个尺寸 300mm × 300mm 以内的孔洞所占体积,扣除烟道、垃圾道、通风道的孔洞所占体积	(1)混凝土制作、运输、浇筑、振捣及养护 (2)(水磨石)构件制作、运输 (3)构件安装 (4)砂浆制作、运输 (5)接头灌缝、养护 (6)酸洗、打蜡
010414002	其他构件	(1)构件的类型 (2)单件体积 (3)水磨石面层厚度 (4)安装高度 (5)混凝土强度等级			
010414003	水磨石构件	(6)水泥石子浆配合比 (7)石子品种、规格及颜色 (8)酸洗、打蜡要求			

十五、混凝土构筑物(编码:010415)

工程量清单项目设置及工程量计算规则应按表 7-16 的规定执行。

表 7-16 混凝土构筑物(编码:010415)

项目编码	项目名称	项目特征	计量单位	工程量计算规则	工程内容
010415001	贮水(油)池	(1)池类型 (2)池规格 (3)混凝土强度等级 (4)混凝土拌和料要求	m³	按设计图示尺寸以体积计算。不扣除构件内钢筋、预埋铁件及单个面积 0.3m² 以内的孔洞所占体积	混凝土制作、运输、浇筑、振捣及养护
010415002	贮仓	(1)类型、高度 (2)混凝土强度等级 (3)混凝土拌和料要求			
010415003	水塔	(1)类型 (2)支筒高度、水箱容积 (3)倒圆锥形罐壳厚度、直径 (4)混凝土强度等级 (5)混凝土拌和料要求 (6)砂浆强度等级			(1)混凝土制作、运输、浇筑、振捣及养护 (2)预制倒圆锥形罐壳、组装、提升及就位 (3)砂浆制作、运输 (4)接头灌缝、养护
010415004	烟囱	(1)高度 (2)混凝土强度等级 (3)混凝土拌和料要求			混凝土制作、运输、浇筑、振捣及养护

十六、钢筋工程(编码:010416)

工程量清单项目设置及工程量计算规则应按表7-17的规定执行。

表7-17　钢筋工程(编码:010416)

项目编码	项目名称	项目特征	计量单位	工程量计算规则	工程内容
010416001	现浇混凝土钢筋	钢筋种类、规格	t	按设计图示钢筋(网)长度(面积)乘以单位理论质量计算	(1)钢筋(网、笼)制作、运输 (2)钢筋(网、笼)安装
010416002	预制构件钢筋				
010416003	钢筋网片				
010416004	钢筋笼				
010416005	先张法预应力钢筋	(1)钢筋种类、规格 (2)锚具种类		按设计图示钢筋长度乘以单位理论质量计算	(1)钢筋制作、运输 (2)钢筋张拉
010416006	后张法预应力钢筋	(1)钢筋种类、规格 (2)钢丝束种类、规格 (3)钢绞线种类、规格 (4)锚具种类 (5)砂浆强度等级		按设计图示钢筋(丝束、绞线)长度乘以单位理论质量计算 (1)低合金钢筋两端均采用螺杆锚具时,钢筋长度按孔道长度减0.35m计算,螺杆另行计算 (2)低合金钢筋一端采用镦头插片、另一端采用螺杆锚具时,钢筋长度按孔道长度计算,螺杆另行计算 (3)低合金钢筋一端采用镦头插片、另一端采用帮条锚具时,钢筋长度按孔道长度增加0.15m计算;两端均采用帮条锚具时,钢筋长度按孔道长度增加0.3m计算 (4)低合金钢筋采用后张混凝土自锚时,钢筋长度按孔道长度增加0.35m计算 (5)低合金钢筋(钢绞线)采用JM、XM、QM型锚具,孔道长度在20m以内时,钢筋长度按孔道长度增加1m计算;孔道长度20m以外时,钢筋(钢绞线)长度按孔道长度增加1.8m计算 (6)碳素钢丝采用锥形锚具,孔道长度在20m以内时,钢丝束长度按孔道长度增加1m计算;孔道长在20m以上时,钢丝束长度按孔道长度增加1.8m计算 (7)碳素钢丝束采用镦头锚具时,钢丝束长度按孔道长度增加0.35m计算	(1)钢筋、钢丝束、钢绞线制作、运输 (2)钢筋、钢丝束、钢绞线安装 (3)预埋管孔道铺设 (4)锚具安装 (5)砂浆制作、运输 (6)孔道压浆、养护
010416007	预应力钢丝				
010416008	预应力钢绞线				

十七、螺栓、铁件(编码:010417)

工程量清单项目设置及工程量计算规则应按表7-18的规定执行。

表 7-18　螺栓、铁件(编码:010417)

项目编码	项目名称	项目特征	计量单位	工程量计算规则	工程内容
010417001	螺栓	(1)钢材种类、规格 (2)螺栓长度 (3)铁件尺寸	t	按设计图示尺寸以质量计算	(1)螺栓(铁件)制作、运输 (2)螺栓(铁件)安装
010417002	预埋铁件				

十八、其他相关问题处理

(1)混凝土垫层包括在基础项目内。

(2)有肋带形基础、无肋带形基础应分别编码(第五级编码)列项,并注明肋高。

(3)箱式满堂基础可按表 7-2、表 7-3、表 7-4、表 7-5、表 7-6 中满堂基础、柱、梁、墙、板分别编码列项;也可利用表 7-2 的第五级编码分别列项。

(4)框架式设备基础可按表 7-2、表 7-3、表 7-4、表 7-5、表 7-6 中设备基础、柱、梁、墙、板分别编码列项;也可利用表 7-2 的第五级编码分别列项。

(5)构造柱应按表 7-3 中矩形柱项目编码列项。

(6)现浇挑檐、天沟板、雨篷、阳台与板(包括屋面板、楼板)连接时,以外墙外边线为分界线;与圈梁(包括其他梁)连接时,以梁外边线为分界线。外边线以外为挑檐、天沟、雨篷或阳台。

(7)整体楼梯(包括直形楼梯、弧形楼梯)水平投影面积包括休息平台、平台梁、斜梁和楼梯的连接梁。当整体楼梯与现浇楼板无梯梁连接时,以楼梯的最后一个踏步边缘加 300mm 为界。

(8)现浇混凝土小型池槽、压顶、扶手、垫块、台阶、门框等应按表 7-8 中其他构件项目编码列项。其中,扶手、压顶(包括伸入墙内的长度)应按延长米计算,台阶应按水平投影面积计算。

(9)三角形屋架应按表 7-13 中折线型屋架项目编码列项。

(10)不带肋的预制遮阳板、雨篷板、挑檐板、栏板等应按表 7-13 中平板项目编码列项。

(11)预制 F 形板、双 T 形板、单肋板和带反挑檐的雨篷板、挑檐板、遮阳板等应按表 7-13 中带肋板项目编码列项。

(12)预制大型墙板、大型楼板、大型屋面板等应按表 7-13 中大型板项目编码列项。

(13)预制钢筋混凝土楼梯可按斜梁、踏步分别编码(第五级编码)列项。

(14)预制钢筋混凝土小型池槽、压顶、扶手、垫块、隔热板、花格等应按表 7-15 中其他构件项目编码列项。

(15)贮水(油)池的池底、池壁、池盖可分别编码(第五级编码)列项。有壁基梁的应以壁基梁底为界,以上为池壁,以下为池底;无壁基梁的锥形坡底应算至其上口,池壁下部的八字勒脚应并入池底体积内。无梁池盖的柱高应从池底上表面算至池盖下表面,柱帽和柱座应并在柱体积内。肋形池盖应包括主、次梁体积;球形池盖应以池壁顶面为界,边侧梁应并入球形池盖体积内。

(16)贮仓立壁和贮仓漏斗可分别编码(第五级编码)列项,应以相互交点水平线为界,壁上圈梁应并入漏斗体积内。

(17)滑模筒仓按表 7-16 中贮仓项目编码列项。

(18)水塔基础、塔身、水箱可分别编码(第五级编码)列项。筒式塔身应以筒座上表面或基础底板上表面为界;柱式(框架式)塔身应以柱脚与基础底板或梁顶为界,与基础板连接的梁应并入基础体积内。塔身与水箱应以箱底相连接的圈梁下表面为界,以上为水箱,以下为塔身。依附于塔身的过梁、雨篷、挑檐等,应并入塔身体积内;柱式塔身应不分柱、梁合并计算。依附于水箱壁的柱、梁,应并入水箱壁体积内。

(19)现浇构件中固定位置的支撑钢筋、双层钢筋用的"铁马"、伸出构件的锚固钢筋、预制构件的吊钩等,应并入钢筋工程量内。

第三节　混凝土及钢筋混凝土工程工程量计算

一、钢筋混凝土柱计算高度的确定

(1)有梁板的柱高,自柱基上表面(或楼板上表面)至上一层楼板上表面之间的高度计算,如图 7-1a 所示。

(2)无梁板的柱高,自柱基上表面(或楼板上表面)至柱帽下表面之间的高度计算,如图 7-1b 所示。

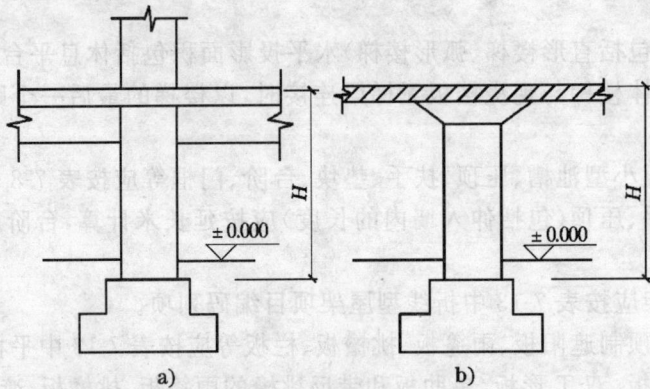

图 7-1　钢筋混凝土柱

(3)框架柱的柱高,自柱基上表面至柱顶高度计算,如图 7-2 所示。

(4)构造柱按设计高度计算,与墙嵌接部分的体积并入柱身体积内计算,如图 7-3a 所示。

(5)依附柱上的牛腿,并入柱体积内计算,如图 7-3b 所示。

二、钢筋混凝土梁分界线的确定

(1)梁与柱连接时,梁长算至柱侧面;梁(单梁、框架梁、圈梁及过梁)与板整体现浇时,梁高计算至板底,如图 7-4 所示。

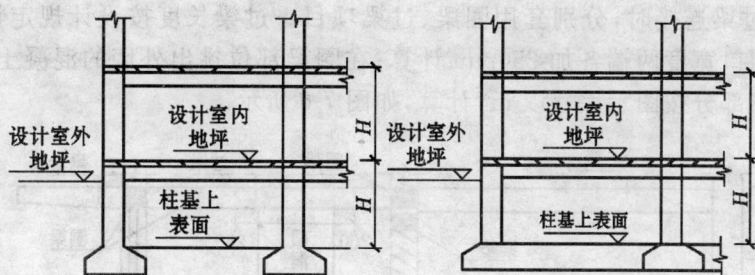

图 7-2　框架柱

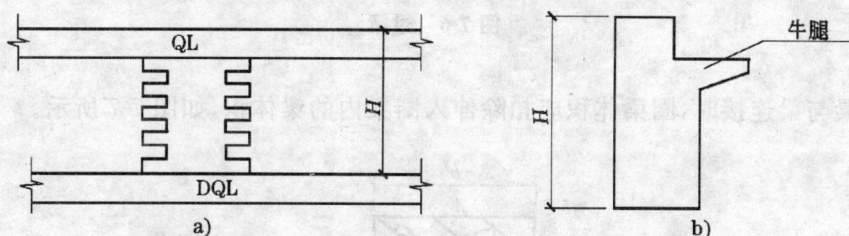

图 7-3　构造柱

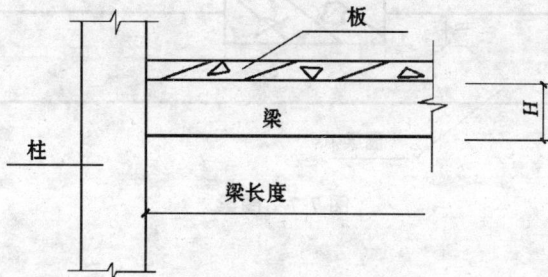

图 7-4　钢筋混凝土梁

（2）主梁与次梁连接时，次梁长算至主梁侧面。伸入墙体内的梁头、梁垫体积并入梁体积内计算，如图 7-5 所示。

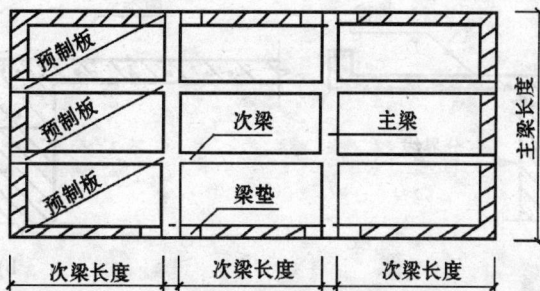

图 7-5　主梁与次梁

（3）圈梁与过梁连接时，分别套用圈梁、过梁项目。过梁长度按设计规定计算，设计无规定时，按门窗洞口宽度两端各加 250mm 计算；在圈梁部位挑出外墙的混凝土梁以外墙外边线为界限，挑出部分按图示尺寸以 m^3 计算，如图 7-6 所示。

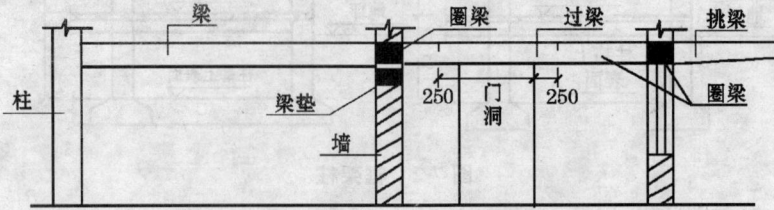

图 7-6　过梁

（4）圈梁与梁连接时，圈梁体积应扣除伸入圈梁内的梁体积，如图 7-7 所示。

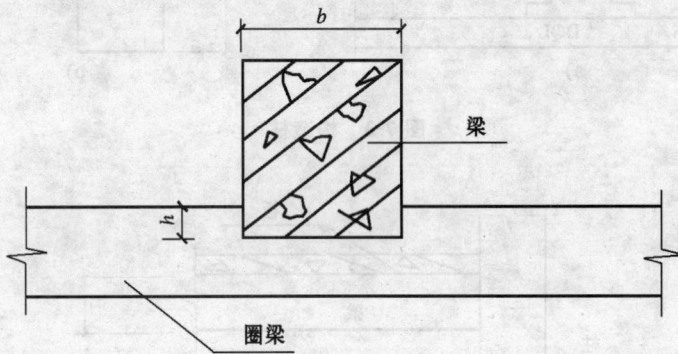

图 7-7　圈梁

三、现浇挑檐与现浇板及圈梁分界线的确定

现浇挑檐与板（包括屋面板）连接时，以外墙外边线为界限，如图 7-8a 所示；与圈梁（包括其他梁）连接时，以梁外边线为界限。外边线以外为挑檐，如图 7-8b 所示。

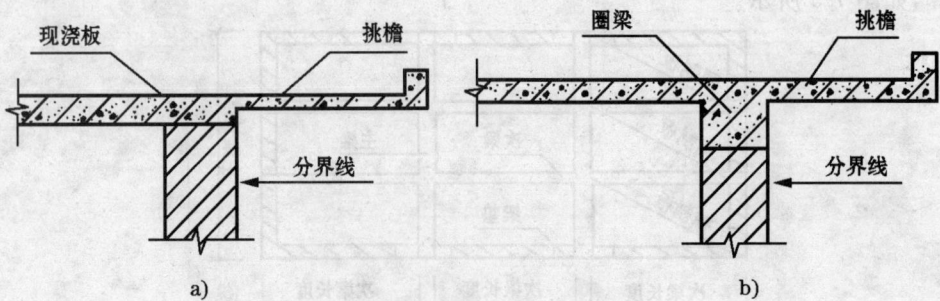

a)　　　　　　　　　　b)

图 7-8　现浇挑檐与圈梁

四、阳台板与栏板及现浇楼板的分界线确定

阳台板与栏板的分界以阳台板顶面为界;阳台板与现浇楼板的分界以墙外皮为界,其嵌入墙内的梁应按梁有关规定单独计算,如图 7-9 所示。伸入墙内的栏板合并计算。

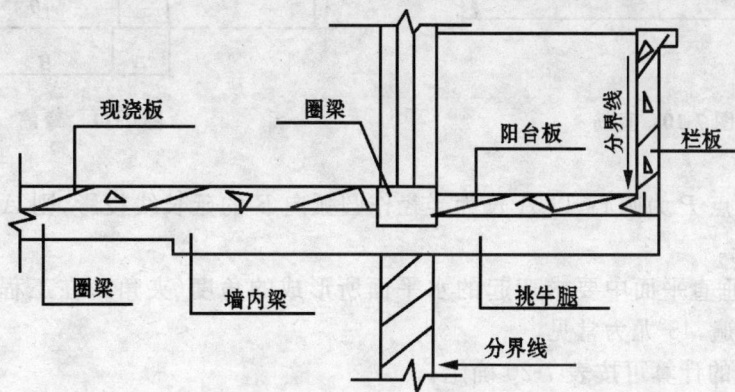

图 7-9　阳台与楼板

五、钢筋长度的计算

(1)直筋(图 7-10 和表 7-19)计算公式如下:

$$钢筋净长 = L - 26 + 12.5D \qquad (7-1)$$

(2)弯筋。计算弯筋斜长度的基本原理。如图 7-11 所示,D 为钢筋的直径,H' 为弯筋需要弯起的高度,A 为局部钢筋的斜长度,B 为 A 向水平面的垂直投影长度。

表 7-19　钢筋弯头、搭接长度计算表

钢筋直径 (D)/mm	保护层(b)/cm			钢筋直径 (D)/mm	保护层(b)/cm		
	1.5	2.0	2.5		1.5	2.0	2.5
	按 L 增加长度/cm				按 L 增加长度/cm		
4	2.0	1.0	—	22	24.5	23.5	22.5
6	4.5	3.5	2.5	24	27.0	26.0	25.0
8	7.0	6.0	5.0	25	28.3	27.3	26.3
9	8.3	7.3	6.3	26	29.5	28.5	27.5
10	9.5	8.5	7.5	28	32.0	31.0	30.0
12	12.0	11.0	10.0	30	34.5	33.5	32.5
14	14.5	13.5	12.5	32	37.0	36.0	35.0
16	17.0	16.0	15.0	35	40.8	39.8	38.8
18	19.5	18.5	17.5	38	44.5	43.5	42.5
19	20.8	19.8	18.8	40	47.0	46.0	45.0
20	22.0	21.0	20.0				

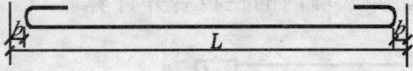

图 7-10　直筋

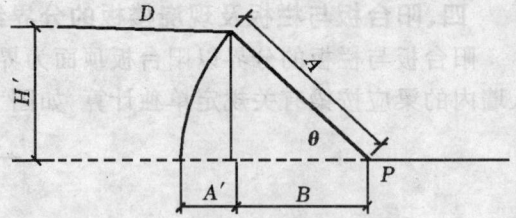

图 7-11　弯筋

假使以起弯点 P 为圆心,以 A 长为半径作圆弧向 B 的延长线投影,则 $A=B+A'$,A' 是 A 与 B 的长度差。

θ 为弯筋在垂直平面中要求弯起的水平面所形成的角度(夹角);在工程上一般以 $30°$、$45°$ 和 $60°$ 为最普遍,$45°$ 尤为常见。

弯筋斜长度的计算可按表 7-20 确定。

表 7-20　弯筋斜长度的计算表

弯起角度 $\theta(°)$	30	45	60	弯起角度 $\theta(°)$		30	45	60
$A'=\mathrm{tg}\dfrac{\theta}{2}H'$	0.268	0.414	0.577	弯起高度 H' 每 5cm 增加长度/cm	一端	1.34	2.07	2.885
					两端	2.68	4.14	5.77

(3)弯钩增加长度。根据规范要求,绑扎骨架中的受力钢筋,应在末端做弯钩。HPB300 级钢筋末端做 180° 弯钩其圆弧弯曲直径不应小于钢筋直径的 2.5 倍,平直部分长度不宜小于钢筋直径的 3 倍;HRB335、HRB400 级钢筋末端需作 90° 或 135° 弯折时,HRB335 级钢筋的弯曲直径不宜小于钢筋直径的 4 倍;HRB400 级钢筋不宜小于钢筋直径的 5 倍。

钢筋弯钩增加长度按下列简图所示计算(弯曲直径为 2.5d,平直部分为 3d),其计算值为:

半圆弯钩 $=(2.5d+1d)\times\pi\times\dfrac{180}{360}-2.5d/2-1d+(平直)3d=6.25d$ (图 7-12a)

直弯钩 $=(2.5d+1d)\times\pi\times\dfrac{180-90}{360}-2.5d/2-1d+(平直)3d=3.5d$ (图 7-12b)

斜弯钩 $=(2.5d+1d)\times\pi\times\dfrac{180-45}{360}-2.5d/2-1d+(平直)3d=4.9d$ (图 7-12c)

如果弯曲直径为 4d,其计算值则为:

直弯钩 $=(4d+1d)\times\pi\times\dfrac{180-90}{360}-4d/2-1d+3d=3.9d$

斜弯钩 $=(4d+1d)\times\pi\times\dfrac{180-45}{360}-4d/2-1d+3d=5.9d$

如果弯曲直径为 5d,其计算值则为:

直弯钩 $=(5d+1d)\times\pi\times\dfrac{180-90}{360}-5d/2-1d+3d=4.2d$

斜弯钩 $=(5d+1d)\times\pi\times\dfrac{180-45}{360}-5d/2-1d+3d=6.6d$

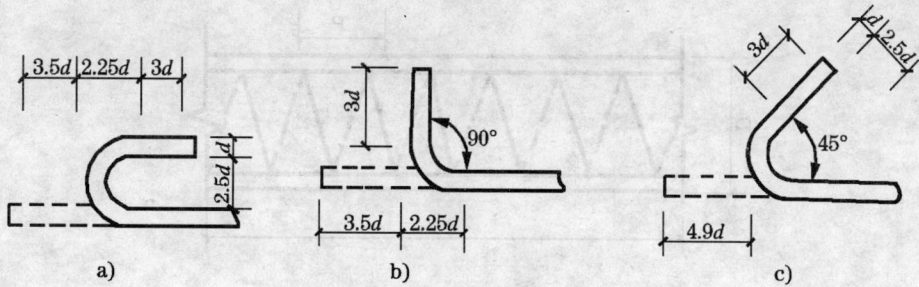

图 7-12 弯钩

a)半圆弯钩 b)直弯钩 c)斜弯钩

钢筋的下料长度是钢筋的中心线长度。

(4)箍筋。

①计算方法:包围箍(图 7-13a)的长度=2(A+B)+弯钩增加长度

开口箍(图 7-13b)的长度=2A+B+弯钩增加长度

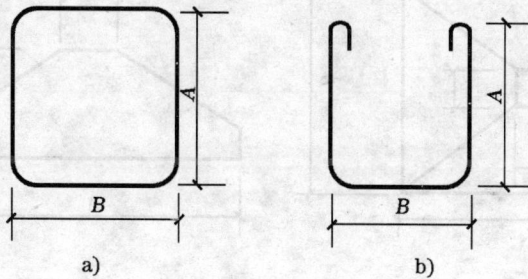

图 7-13 箍筋

a)包围箍 b)开口箍

箍筋弯钩增加长度见表 7-21。

表 7-21 钢筋弯钩长度

弯钩形式		180°	90°	135°
弯钩 增加值	一般结构	8.25d	5.5d	6.87d
	有抗震要求结构	13.25d	10.5d	11.87d

②用于圆柱的螺旋箍(图 7-14)的长度计算公式为:

$$L = N\sqrt{P^2+(D-2a-d)^2\pi^2} + 弯钩增加长度 \tag{7-2}$$

式中　N——螺旋箍圈数;

D——圆柱直径(m);

a——混凝土保护层厚度;

P——螺距。

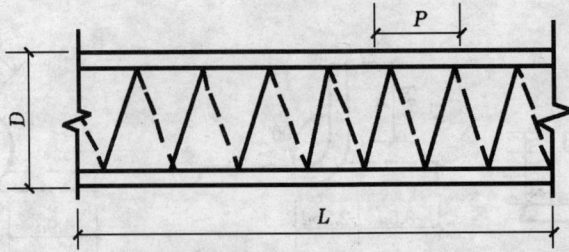

图 7-14　螺旋箍

六、锥形独立基础工程量计算

一般情况下,锥形独立基础(图 7-15)的下部为矩形,上部为截头锥体,可分别计算相加后得其体积,即

$$V=ABh_1+\frac{h-h_1}{b}[AB+ab+(A+a)(B+b)] \qquad (7\text{-}3)$$

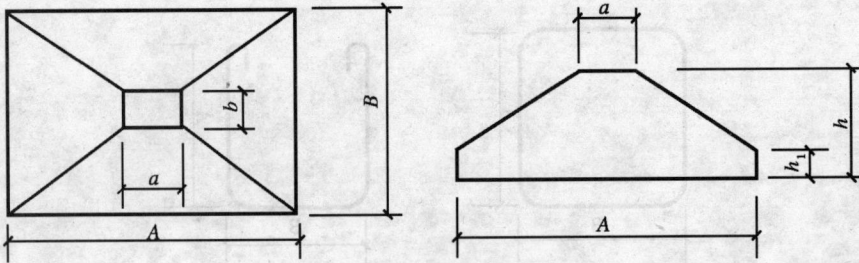

图 7-15　锥形独立基础

七、杯形基础工程量计算

杯形基础的体积可参照表 7-22 计算。

表 7-22　杯形基础的体积表

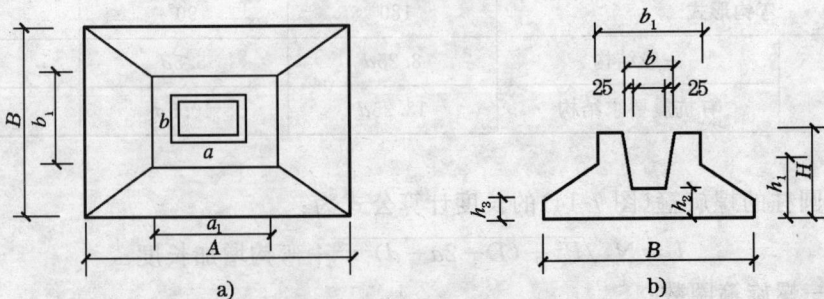

| a) | b) |

$$V=ABh_3+\frac{h_1-h_3}{6}\left[AB+(A+a_1)(B+b_1)+a_1b_1\right]$$
$$+a_1b_1(H-h_1)-(H-h_2)(a-0.025)(b-0.025)$$

续表 7-22

柱断面 /mm	杯形柱基规格尺寸/mm										基础混凝土用量/(m³/个)
	A	B	a	a_1	b	b_1	H	h_1	h_2	h_3	
400×400	1300	1300	550	1000	550	1000	600	300	200	200	0.66
	1400	1400	550	1000	550	1000	600	300	200	200	0.73
	1500	1500	550	1000	550	1000	600	300	200	200	0.80
	1600	1600	550	1000	550	1000	600	300	250	200	0.87
	1700	1700	550	1000	550	1000	700	300	250	200	1.04
	1800	1800	550	1000	550	1000	700	300	250	200	1.13
	1900	1900	550	1000	550	1000	700	300	250	200	1.22
	2000	2000	550	1100	550	1100	800	400	250	200	1.63
	2100	2100	550	1100	550	1100	800	400	250	200	1.74
	2200	2200	550	1100	550	1100	800	400	250	200	1.86
	2300	2300	550	1200	550	1200	800	400	250	200	2.12
400×600	2300	1900	750	1400	550	1200	800	400	250	200	1.92
	2300	2100	750	1450	550	1250	800	400	250	200	2.13
	2400	2200	750	1450	550	1250	800	400	250	200	2.26
	2500	2300	750	1450	550	1250	800	400	250	200	2.40
	2600	2400	750	1550	550	1350	800	400	250	200	2.68
	3000	2700	750	1550	550	1350	1000	500	300	200	2.83
	3300	3900	750	1550	550	1350	1000	600	300	200	4.63
400×700	2500	2300	850	1550	550	1350	900	500	250	200	2.76
	2700	2500	850	1550	550	1350	900	500	250	200	3.16
	3000	2700	850	1550	550	1350	1000	500	300	200	3.89
	3300	2900	850	1550	550	1350	1000	600	300	200	4.60
	4000	2800	850	1750	550	1350	1000	700	300	200	6.02
400×800	3000	2700	950	1700	550	1350	1000	500	300	200	3.90
	3300	2900	950	1750	550	1350	1000	600	300	200	4.65
	4000	2800	950	1750	550	1350	1000	700	300	250	5.98
	4500	3000	950	1850	550	1350	1000	800	300	250	7.93
500×800	3000	2700	950	1700	650	1450	1000	500	300	200	3.96
	3300	2900	950	1750	650	1450	1000	600	300	200	4.70
	4000	2800	950	1750	650	1450	1000	700	300	250	6.02
	4500	3000	950	1850	650	1450	1200	800	300	250	7.99
500×1000	4000	2800	1150	1950	650	1450	1200	800	300	250	6.90
	4500	3000	1150	1950	650	1450	1200	800	300	250	8.00

八、现浇无筋倒圆台基础工程量计算

倒圆台基础体积计算公式(图 7-16)为:

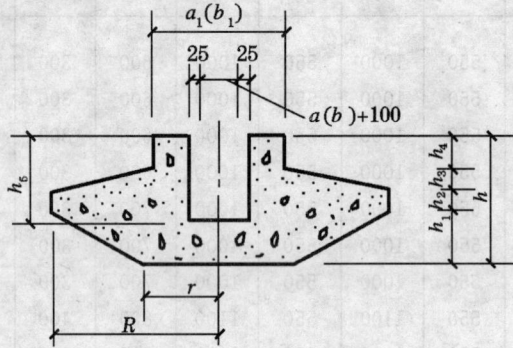

图 7-16　倒圆台基础

$$V = \frac{\pi h_1}{3}(R^2 + r^2 + Rr) + \pi R^2 h_2 + \frac{\pi h_3}{3}\left[R^2 + \left(\frac{a_1}{2}\right)^2 + R\frac{a_1}{2}\right] + a_1 b_1 h_4$$

$$- \frac{h_5}{3}\left[(a + 0.1 + 0.025 \times 2)(b + 0.1 + 0.025 \times 2) + ab\right.$$

$$\left. + \sqrt{(a + 0.1 + 0.025 \times 2)(b + 0.1 + 0.025 \times 2)ab}\right] \tag{7-4}$$

式中　a——柱长边尺寸(m);

a_1——杯口外包长边尺寸(m);

R——底最大半径(m);

r——底面半径(m);

b——柱短边尺寸(m);

b_1——杯口外包短边尺寸(m);

$h_{1\sim5}$——断面高度(m);

π——3.1416。

九、现浇钢筋混凝土倒圆锥形薄壳基础工程量计算

现浇钢筋混凝土倒圆锥形薄壳基础体积计算公式(图 7-17)为:

$$V(\text{m}^3) = V_1 + V_2 + V_3 \tag{7-5}$$

$$V_1(\text{薄壳部分}) = \pi(R_1 + R_2)\delta h_1 \cos\theta \tag{7-6}$$

$$V_2(\text{截头圆锥体部分}) = \frac{\pi h_2}{3}(R_3^2 + R_2 R_4 + R_4^2) \tag{7-7}$$

$$V_3(\text{圆体部分}) = \pi R_2^2 h_2 \tag{7-8}$$

公式中半径、高度、厚度均用 m 为计算单位。

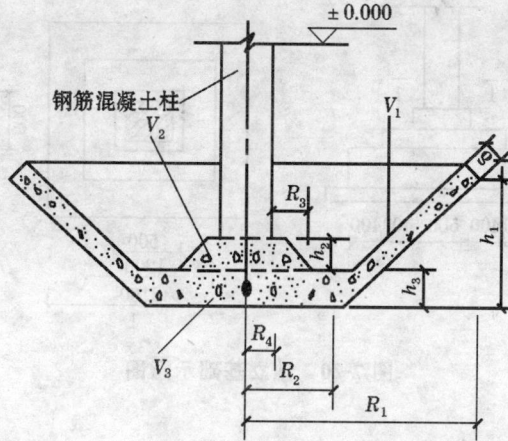

图 7-17　现浇钢筋混凝土倒圆锥形薄壳基础

第四节　混凝土及钢筋混凝土工程工程量计算与应用实例

【例 7-1】　如图 7-18 所示,求现浇钢筋混凝土雨篷工程量。

【解】　工程量$=\dfrac{1}{4}\times 3.1416\times 2.6\times 2.6=5.31(\text{m}^2)$

【例 7-2】　如图 7-19 所示,求圈梁工程量。

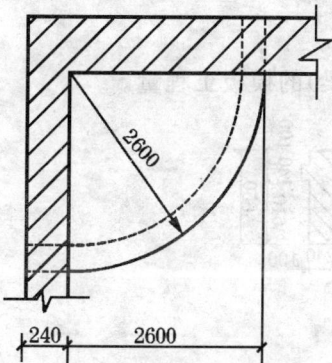

图 7-18　雨篷示意图

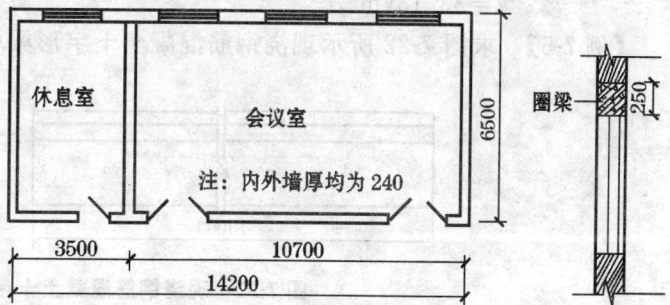

图 7-19　某会议室平面示意图

【解】　圈梁工程量$=0.25\times 0.24\times[(14.2+6.5)\times 2+6.5]=2.87(\text{m}^2)$

【例 7-3】　如图 7-20 所示,求现浇钢筋混凝土独立基础工程量。

【解】　现浇钢筋混凝土独立基础工程量,应按图示尺寸计算其实体积。

$V=2.1\times 2.1\times 0.47+1.3\times 1.3\times 0.18+0.5\times 0.5\times 0.25$

　　$=2.07+0.304+0.0625=2.44(\text{m}^3)$

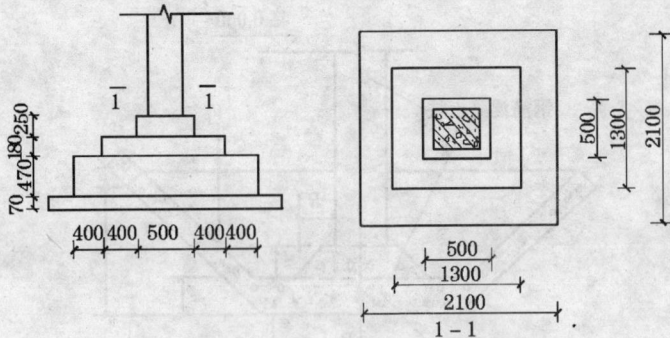

图 7-20　独立基础示意图

【例 7-4】　某工程预制钢筋混凝土 T 形起重机梁(图 7-21)30 根,计算其混凝土工程量。

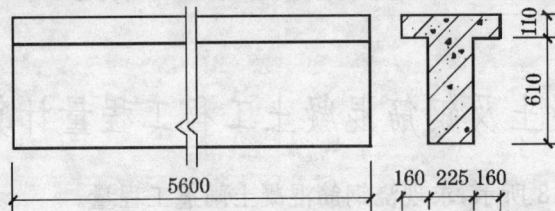

图 7-21　预制钢筋混凝土 T 形起重机梁

【解】　$V=[0.225\times(0.61+0.11)+(0.16\times2\times0.11)]\times5.6\times30$

$=(0.162+0.0352)\times168$

$=33.13(\text{m}^3)$

【例 7-5】　求图 7-22 所示现浇钢筋混凝土十字形梁(花篮梁)的模板工程量。

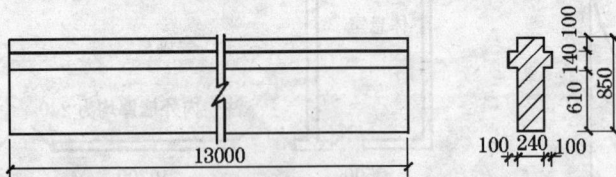

图 7-22　现浇钢筋混凝土十字形梁

【解】　模板工程量按接触面积计算。

工程量 $=13.0\times(0.85\times2+0.44)+0.24\times0.85\times2+0.1\times0.14\times2\times2$

$=27.82+0.408+0.056$

$=28.28(\text{m}^2)$

【例 7-6】　如图 7-23 所示为现浇混凝土板:板厚 240mm,混凝土强度等级 C25(石子 <20mm),现场搅拌混凝土,钢筋及模板计算从略。编制其工程量综合单价及合价表。

【解】　依据某省建筑工程消耗量定额价目表计取有关费用。

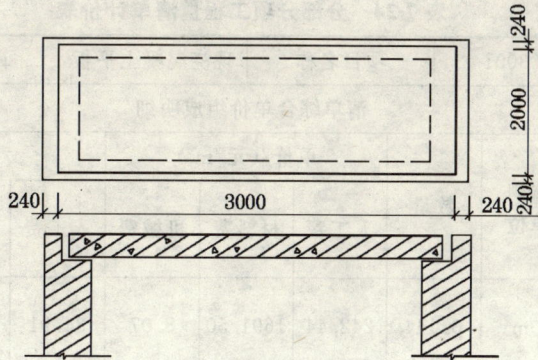

图 7-23　现浇混凝土平板

(1)清单工程量计算。

平板工程量 $V = 3.0 \times 2 \times 0.24 = 1.44 (m^3)$

(2)消耗量定额工程量。

平板工程量 $V = 3.0 \times 2 \times 0.24 = 1.44 (m^3)$

(3)现浇混凝土平板。

①现浇混凝土平板 C25：

人工费：$242.44 \times 1.44 / 10 = 34.91$(元)

材料费：$1691.50 \times 1.44 / 10 = 243.58$(元)

机械费：$8.07 \times 1.44 / 10 = 1.16$(元)

②现场搅拌混凝土：

人工费：$50.38 \times 1.44 / 10 = 7.25$(元)

材料费：$13.91 \times 1.44 / 10 = 2.00$(元)

机械费：$56.52 \times 1.44 / 10 = 8.14$(元)

(4)综合。

直接费合计：297.04 元

管理费：$297.04 \times 34\% = 100.99$(元)

利润：$297.04 \times 8\% = 23.76$(元)

合价：$297.04 + 100.99 + 23.76 = 421.79$(元)

综合单价：$421.79 \div 1.44 = 292.91$(元)

计算结果见表 7-23 和表 7-24。

表 7-23　分部分项工程量清单综合单价计算表

序号	项目编码	项目名称	项目特征描述	计量单位	工程数量	金额/元		
						综合单价	合价	其中：直接费
1	010405003001	现浇混凝土平板	板厚 240mm，混凝土强度等级 C25（石子＜20mm），现场搅拌混凝土	m³	1.44	292.91	421.79	297.04

表 7-24　分部分项工程量清单计价表

项目编号	010405003001		项目名称		现浇混凝土平板		计量单位		m³

清单综合单价组成明细

定额编号	定额内容	定额单位	数量	单价/(元/m³)			合价/(元/m³)			
				人工费	材料费	机械费	人工费	材料费	机械费	管理费和利润
4-2-38	现浇混凝土平板 C25	10m³	0.144	242.44	1691.50	8.07	34.91	243.58	1.16	117.45
4-4-16	现场搅拌混凝土	10m³	0.144	50.38	13.91	56.52	7.25	2.00	8.14	7.30
人工单价			小　计				42.16	245.58	9.3	124.75
28 元/工日			未计价材料费				—			
清单项目综合单价(元/m³)							292.91			

【例 7-7】　如图 7-24 所示现浇混凝土矩形柱:混凝土强度等级 C25,现场搅拌混凝土,钢筋及模板计算从略。编制其工程量综合单价及合价表。

【解】　依据某省建筑工程消耗量定额价目表计取有关费用。

(1)清单工程量计算。

矩形柱混凝土工程量 $V = 0.4 \times 0.4 \times (4.5 + 4.0) = 1.36 (m³)$

(2)消耗量定额工程量。

矩形柱混凝土工程量 $V = 0.4 \times 0.4 \times (4.5 + 4.0) = 1.36 (m³)$

(3)现浇混凝土矩形柱。

①C25 现浇混凝土矩形柱:

人工费:$421.52 \times 1.36/10 = 57.33 (元)$

材料费:$1524.39 \times 1.36/10 = 207.32 (元)$

机械费:$9.01 \times 1.36/10 = 1.23 (元)$

②现场搅拌混凝土:

人工费:$50.38 \times 1.36/10 = 6.85 (元)$

材料费:$13.91 \times 1.36/10 = 1.89 (元)$

机械费:$56.52 \times 1.36/10 = 7.69 (元)$

(4)综合。

直接费合计:282.31 元

管理费:$282.31 \times 34\% = 95.99 (元)$

利润:$282.31 \times 8\% = 22.58 (元)$

合价:$282.31 + 95.99 + 22.58 = 400.88 (元)$

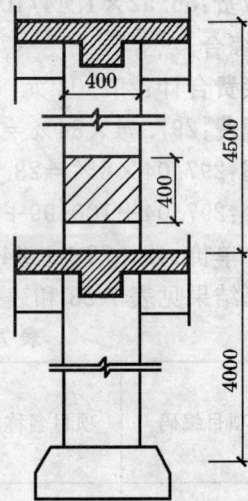

图 7-24　现浇钢筋混凝土矩形柱

综合单价:400.88÷1.36＝294.76(元)

计算结果见表 7-25 和表 7-26。

表 7-25　分部分项工程量清单计价表

序号	项目编码	项目名称	项目特征描述	计量单位	工程数量	金额/元		
						综合单价	合价	其中:直接费
1	010402001001	现浇混凝土矩形柱	混凝土强度等级 C25,现场搅拌混凝土	m³	1.36	294.76	400.88	282.31

表 7-26　分部分项工程量清单综合单价计算表

项目编号	010402001001			项目名称	现浇混凝土矩形柱		计量单位		m³

清单综合单价组成明细

定额编号	定额内容	定额单位	数量	单价/(元/m³)			合价/(元/m³)			
				人工费	材料费	机械费	人工费	材料费	机械费	管理费和利润
4-2-17	C25 现浇混凝土矩形柱	10m³	0.136	421.52	1524.39	9.01	57.33	207.32	1.23	111.67
4-4-16	现场搅拌混凝土	10m³	0.136	50.38	13.91	56.52	6.85	1.89	7.69	6.90
人工单价		小　计					64.18	209.21	8.92	118.57
28 元/工日		未计价材料费					—			
清单项目综合单价/(元/m³)							294.76			

第四部分　砌筑及混凝土工程造价工作管理

第八章　砌筑及混凝土工程施工图预算

内容提要：
1. 熟悉施工图预算的概念和作用。
2. 了解施工图预算的内容与编制依据。
3. 掌握施工图预算的编制方法与审查方法、步骤。

第一节　施工图预算概述

一、施工图预算的概念

　　施工图预算是在施工图设计完成后，工程开工前，根据已批准的施工图样、现行的预算定额、费用定额和地区人工、材料、设备与机械台班等资源价格，在施工方案或施工组织设计已大致确定的前提下，按照规定的计算程序计算直接工程费、措施费，并计取间接费、利润、税金等费用确定单位工程造价的技术经济文件。

二、施工图预算的作用

　　(1)它是设计阶段控制工程造价的重要环节，是控制施工图设计不突破设计预算的重要措施。

　　(2)它是编制或调整固定资产投资计划的依据。

　　(3)对于实行施工招标的工程，它是编制标底的依据，也是承包企业投标报价的基础。

　　(4)对于不宜实行招标而采用施工图预算加调整价结算的工程，它可作为确定合同价款的基础或作为审查施工企业提出的施工图预算的依据。

三、施工图预算的内容

　　施工图预算有单位工程预算、单项工程预算和建设项目总预算。单位工程预算是根据施工图设计文件、现行预算定额、单位估价表、费用定额以及人工、材料、设备、机械台班等预算价格资料，以一定方法，编制单位工程的施工图预算；然后汇总所有各单位工程施工图预算，成为单项工程施工图预算；再汇总所有单项工程施工图预算，形成最终的建设项目建筑安装工程的总预算。

　　单位工程预算包括建筑工程预算和设备安装工程预算。建筑工程预算按其工程性质分为一般土建工程预算、给排水工程预算、采暖通风工程预算、煤气工程预算、电气照明工程预算、弱电工程预算、特殊构筑物(例如炉窑等)工程预算和工业管道工程预算等。设备安装工程预算可分为机械设备安装工程预算、电气设备安装工程预算和热力设备安装工程预算等。

第二节　施工图预算的编制与审查

一、施工图预算的编制依据

(1)国家、行业和地方政府有关工程建设和造价管理的法律、法规和规定。

(2)经过批准和会审的施工图设计文件和有关标准图集。

(3)工程地质勘察资料。

(4)企业定额、现行建筑工程和安装工程预算定额和费用定额、单位估价表、有关费用规定等文件。

(5)材料与构配件市场价格、价格指数。

(6)施工组织设计或施工方案。

(7)经批准的拟建项目的概算文件。

(8)现行的有关设备原价及运杂费率。

(9)建设场地中的自然条件和施工条件。

(10)工程承包合同、招标文件。

二、施工图预算的编制方法

施工图预算由单位工程施工图预算、单项工程施工图预算和建设项目施工图预算三级逐级编制综合汇总而成。因为施工图预算是以单位工程为单位编制的,按单项工程汇总而成,所以施工图预算编制的关键在于编制好单位工程施工图预算,本节重点讲解单位工程施工图预算的编制。

《建筑工程施工发包与承包计价管理办法》(建设部令第 107 号)规定,施工图预算、招标标底(相当于现招标控制价)、投标报价由成本、利润和税金构成。其编制可以采用工料单价法和综合单价法两种计价方法,工料单价法是传统的定额计价模式下的施工图预算编制方法,而综合单价法是适应市场经济条件的工程量清单计价模式下的施工图预算编制方法。

1. 工料单价法

工料单价法是分部分项工程的单价为直接工程费单价,以分部分项工程量乘以对应分部分项工程单价后的合计为单位直接工程费,直接工程费汇总后另加措施费、间接费、利润、税金生成施工图预算造价。

按照分部分项工程单价产生的方法不同,工料单价法又可以分为预算单价法和实物法。

(1)预算单价法。预算单价法是采用地区统一单位估价表中的各分项工程工料预算单价(基价)乘以相应的各分项工程的工程量,求和后得到包括人工费、材料费和施工机械使用费在内的单位工程直接工程费,措施费、间接费、利润和税金可根据统一规定的费率乘以相应的计费基数得到,将上述费用汇总后得到该单位工程的施工图预算造价。

预算单价法编制施工图预算的基本步骤如下。

①编制前的准备工作:编制施工图预算的过程是具体确定建筑安装工程预算造价的过程。编制施工图预算,不仅要严格遵守国家计价法规、政策,严格按图样计量,而且还要考虑施工现场条件因素,是一项复杂而细致的工作,也是一项政策性和技术性都很强的工作,所以,必须事前做好充分准备。准备工作主要包括两大方面:一是组织准备;二是资料的收集

和现场情况的调查。

②熟悉图样和预算定额以及单位估价表：图样是编制施工图预算的基本依据。熟悉图样不但要弄清图样的内容，而且要对图样进行审核，图样间相关尺寸是否有误；设备与材料表上的规格、数量是否与图示相符；详图、说明、尺寸和其他符号是否正确等。若发现错误应及时纠正。另外，还要熟悉标准图以及设计更改通知（或类似文件），这些都是图样的组成部分，不可遗漏。通过对图样的熟悉，要了解工程的性质、系统的组成，设备和材料的规格型号和品种，以及有无新材料、新工艺的采用。

预算定额和单位估价表是编制施工图预算的计价标准，对其适用范围、工程量计算规则及定额系数等都要充分了解，做到心中有数，这样才能使预算编制准确、迅速。

③了解施工组织设计和施工现场情况：编制施工图预算前，应了解施工组织设计中影响工程造价的有关内容。例如，各分部分项工程的施工方法，土方工程中余土外运使用的工具、运距，施工平面图对建筑材料、构件等堆放点到施工操作地点的距离等，以便能正确计算工程量和正确套用或确定某些分项工程的基价。这对于正确计算工程造价，提高施工图预算质量，具有重要意义。

④划分工程项目和计算工程量。

a. 划分工程项目。划分的工程项目必须和定额规定的项目一致，这样才能正确地套用定额。不能重复列项计算，也不能漏项少算。

b. 计算并整理工程量。必须按定额规定的工程量计算规则进行计算，该扣除部分要扣除，不该扣除的部分不能扣除。当按照工程项目将工程量全部计算完以后，要对工程项目和工程量进行整理，即合并同类项和按序排列，为套用定额、计算直接工程费和进行工料分析打下基础。

⑤套单价（计算定额基价）：即将定额子项中的基价填于预算表单价栏内，并将单价乘以工程量得出合价，将结果填入合价栏。

⑥工料分析：工料分析是按分项工程项目，依据定额或单位估价表，计算人工和各种材料的实物耗量，并将主要材料汇总成表。工料分析的方法是：首先从定额项目表中分别将各分项工程消耗的每项材料和人工的定额消耗量查出；再分别乘以该工程项目的工程量，得到分项工程工料消耗量，最后将各分项工程工料消耗量加以汇总，得出单位工程人工、材料的消耗数量。

⑦计算主材费（未计价材料费）：因为许多定额项目基价为不完全价格，即未包括主材费用在内。计算所在地定额基价费（基价合计）之后，还应计算出主材费，以便计算工程造价。

⑧按费用定额取费：它是按有关规定计取措施费和按当地费用定额的取费规定计取间接费、利润、税金等。

⑨计算汇总工程造价：将直接费、间接费、利润和税金相加即为工程预算造价。

施工图预算编制程序如图 8-1 所示。

a. "⇨"双线箭头表示的是施工图预算编制的主要程序。

b. 施工图预算编制依据的代号有 A、T、K、L、M、N、P、Q、R。

c. 施工图预算编制内容的代号有 B、C、D、E、F、G、H、I、S、J。

（2）实物法。用实物法编制单位工程施工图预算，就是根据施工图计算的各分项工程量

```
                                    ┌────────────────────────┐
                                    │ N │ 施工合同或同类工程资料 │
                                    └────────────────────────┘
                                              │ ↓
       ┌──────────────────────┐      ┌──────────────┐ ┌──────┐ ┌──────┐
       │ T │ 建筑安装工程预算定额 │      │ P │ 间接费定额 │ │Q│利润率│ │R│税率 │
       └──────────────────────┘      └──────────────┘ └──────┘ └──────┘
```

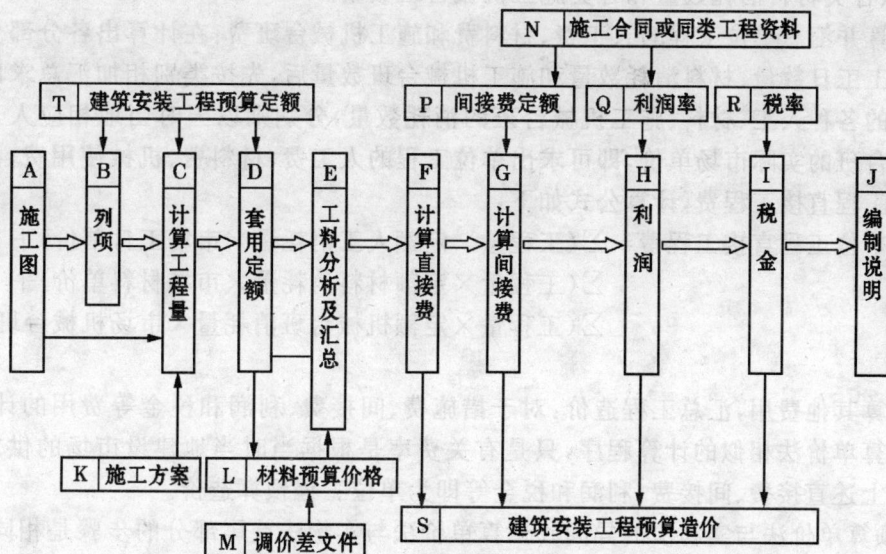

图 8-1　施工图预算编制程序示意图

分别乘以地区定额中人工、材料、施工机械台班的定额消耗量,分类汇总得出该单位工程所需的全部人工、材料、施工机械台班消耗数量,然后再乘以当时当地人工工日单价、各种材料单价、施工机械台班单价,求出相应的人工费、材料费、机械使用费,再加上措施费,就可以求出该工程的直接费。间接费、利润及税金等计取方法与预算单价法相同。

单位工程直接工程费的计算公式如下:

$$人工费＝综合工日消耗量×综合工日单价 \tag{8-1}$$

$$材料费＝\sum（各种材料消耗量×相应材料单价） \tag{8-2}$$

$$机械费＝\sum（各种机械消耗量×相应机械台班单价） \tag{8-3}$$

$$单位工程直接工程费＝人工费＋材料费＋机械费 \tag{8-4}$$

实物法的优点是能比较及时地将反映各种材料、人工、机械的当时当地市场单价计入预算价格,不需调价,反映当时当地的工程价格水平。

实物法编制施工图预算的基本步骤如下:

①编制前的准备工作:具体工作内容见预算单价法相应步骤的内容。但是此时要全面收集各种人工、材料、机械台班的当时当地的市场价格,应包括不同品种、规格的材料预算单价;不同工种、等级的人工工日单价;不同种类、型号的施工机械台班单价等。要求获得的各种价格应全面、真实、可靠。

②熟悉图样和预算定额:本步骤的内容见预算单价法相应步骤。

③了解施工组织设计和施工现场情况:本步骤的内容见预算单价法相应步骤。

④划分工程项目和计算工程量:本步骤的内容见预算单价法相应步骤。

⑤套用定额消耗量,计算人工、材料、机械台班消耗量:根据地区定额中人工、材料、施工机械台班的定额消耗量,乘以各分项工程的工程量,分别计算出各分项工程所需的各类人工

工日数量、各类材料消耗数量和各类施工机械台班数量。

⑥计算并汇总单位工程的人工费、材料费和施工机械台班费：在计算出各分部分项工程的各类人工工日数量、材料消耗数量和施工机械台班数量后，先按类别相加汇总求出该单位工程所需的各种人工、材料、施工机械台班的消耗数量，分别乘以当时当地相应人工、材料、施工机械台班的实际市场单价，即可求出单位工程的人工费、材料费、机械使用费，再汇总计算出单位工程直接工程费，计算公式如下：

$$单位工程直接工程费 = \sum(工程量 \times 定额人工消耗量 \times 市场工日单价) +$$
$$\sum(工程量 \times 定额材料消耗量 \times 市场材料单价) +$$
$$\sum(工程量 \times 定额机械台班消耗量 \times 市场机械台班单价)$$

$$(8-5)$$

⑦计算其他费用，汇总工程造价：对于措施费、间接费、利润和税金等费用的计算，可以采用与预算单价法相似的计算程序，只是有关费率是根据当时当地建设市场的供求情况确定。汇总上述直接费、间接费、利润和税金等即为单位工程预算造价。

(3)预算单价法与实物法的异同。预算单价法与实物法首尾部分的步骤是相同的，所不同的主要是中间的三个步骤，具体内容如下：

①采用实物法计算工程量后，套用相应人工、材料、施工机械台班预算定额消耗量。建设部1995年颁发的《全国统一建筑工程基础定额》(GJD 101—1995)(土建部分，是一部量价分离定额)和现行全国统一安装定额、专业统一和地区统一的计价定额的实物消耗量，是以国家或地方或行业技术规范、质量标准制定的，它反映一定时期施工工艺水平的分项工程计价所需的人工、材料、施工机械消耗量的标准。这些消耗量标准(例如，建材产品、标准、设计、施工技术及其相关规范和工艺水平等方面)没有大的变化，是相对稳定的，所以，它是合理确定和有效控制造价的依据。同时，工程造价主管部门按照定额管理要求，根据技术发展变化也会对定额消耗量标准进行适时地补充修改。

②求出各分项工程人工、材料、施工机械台班消耗数量并汇总成单位工程所需各类人工工日、材料和施工机械台班的消耗量。各分项工程人工、材料、机械台班消耗数量是由分项工程的工程量分别乘以预算定额单位人工消耗量、预算定额单位材料消耗量和预算定额单位机械台班消耗量而得出的，然后汇总便可得出单位工程各类人工、材料和机械台班总的消耗量。

③用当时当地的各类人工工日、材料和施工机械台班的实际单价分别乘以相应的人工工日、材料和施工机械台班总的消耗量，并汇总后得出单位工程的人工费、材料费和机械使用费。

在市场经济条件下，人工、材料和机械台班等施工资源的单价是随市场而变化的，而且它们是影响工程造价最活跃、最主要的因素。用实物法编制施工图预算，能把"量"、"价"分开，计算出量后套用相应预算定额人工、材料、机械台班的定额单位消耗量，分别汇总得到人工、材料和机械台班的实物量，用这些实物量去乘以该地区当时的人工工日、材料、施工机械台班的实际单价，工程造价的准确性高。虽然有计算过程较单价法繁琐的问题，但是采用相关计价软件进行计算可以得到解决。所以，实物法是与市场经济体制相适应的预算编制方法。

2. 综合单价法

综合单价法是分项工程单价综合了直接工程费及以外的多项费用,按照单价综合的内容不同,综合单价法可分为全费用综合单价和清单综合单价。

(1)全费用综合单价。全费用综合单价是单价中综合了分项工程人工费、材料费、机械费,管理费、利润、规费以及有关文件规定的调价、税金以及一定范围的风险等全部费用。以各分项工程量乘以全费用单价的合价汇总后,再加上措施项目的完全价格,就生成了单位工程施工图造价,公式如下:

建筑安装工程预算造价＝∑分项工程量×分项工程全费用单价＋措施项目完全价格

(8-6)

(2)清单综合单价。分部分项工程清单综合单价中综合了人工费、材料费、施工机械使用费,企业管理费、利润。并考虑了一定范围的风险费用,但是并未包括措施费、规费和税金,所以它是一种不完全单价。以各分部分项工程量乘以该综合单价的合价汇总后,再加上措施项目费、规费和税金后,就是单位工程的造价,计算公式如下:

建筑安装工程预算造价＝∑分项工程量×分项工程不完全单价

＋措施项目不完全价格＋规费＋税金　　　　(8-7)

三、施工图预算的审查

1. 施工图预算的审查内容

(1)审查工程量。

(2)审查设备、材料的预算价格。

(3)审查预算单价的套用。

(4)审查有关费用项目及其计取。

2. 施工图预算的审查方法

施工图预算的审查方法较多,主要有全面审查法、标准预算审查法、分组计算审查法、对比审查法、筛选审查法、重点抽查法、利用手册审查法和分解对比审查法等。

(1)全面审查法。全面审查法又叫逐项审查法,是按预算定额顺序或施工的先后顺序,逐一地全部进行审查的方法。其具体计算方法和审查过程与编制施工图预算基本相同。该方法的优点是全面、细致,经审查的工程预算差错比较少,质量比较高。缺点是工作量大。对于一些工程量比较小、工艺比较简单的工程,编制工程预算的技术力量又比较薄弱,可采用全面审查法。

(2)标准预算审查法。对于利用标准图样或通用图样施工的工程,先集中力量,编制标准预算,以此为标准审查预算的方法。按标准图样设计或通用图样施工的工程一般上部结构和做法相同,可集中力量细审一份预算或编制一份预算,作为这种标准图样的标准预算,或用这种标准图样的工程量为标准,对照审查,而对局部不同的部分作单独审查即可。该方法的优点是时间短、效果好、好定案;缺点是只适应按标准图样设计的工程,适用范围小。

(3)分组计算审查法。分组计算审查法是一种加快审查工程量速度的方法,把预算中的项目划分为若干组,并把相邻且有一定内在联系的项目编为一组,审查或计算同一组中某个分项工程量,利用工程量间具有相同或相似计算基础的关系,判断同组中其他几个分项工程量计算的准确程度的方法。

(4)对比审查法。对比审查法是用已建成工程的预算或虽未建成但已审查修正的工程预算对比审查拟建的类似工程预算的一种方法。

(5)筛选审查法。筛选法是统筹法的一种,也是一种对比方法。建筑工程虽然有建筑面积和高度的不同,但是它们的各个分部分项工程的工程量、造价、用工量在每个单位面积上的数值变化不大,我们把这些数据加以汇集、优选、归纳为工程量、造价(价值)、用工三个单方基本值表,并注明其适用的建筑标准。这些基本值犹如"筛子孔",用来筛选各分部分项工程,筛下去的就不审查了,没有筛下去的就意味着此分部分项的单位建筑面积数值不在基本值范围之内,应对该分部分项工程详细审查。当所审查的预算的建筑面积标准与"基本值"所适用的标准不同,就要对其进行调整。

(6)重点抽查法。此法是抓住工程预算中的重点进行审查的方法。审查的重点一般是工程量大或造价较高、工程结构复杂的工程,补充单位估价表,计取各项费用(计费基础、取费标准等)。

(7)利用手册审查法。此法是把工程中常用的构件、配件事先整理成预算手册,按手册对照审查的方法。例如,工程常用的预制构、配件(洗池、大便台、检查井、化粪池、碗柜等),几乎每个工程都有,把这些按标准图集计算出工程量,套上单价,编制成预算手册使用,可大大简化预结算的编审工作。

(8)分解对比审查法。一个单位工程,按直接费与间接费进行分解,然后再把直接费按工种和分部工程进行分解,分别与审定的标准预算进行对比分析的方法,叫分解对比审查法。

3. 审查施工图预算的步骤

(1)做好审查前的准备工作。

①熟悉施工图样:施工图是编审预算分项数量的重要依据,必须全面熟悉了解,核对所有图样,清点无误后,依次识读。

②了解预算包括的范围:根据预算编制说明,了解预算包括的工程内容,例如配套设施、室外管线、道路以及会审图样后的设计变更等。

③弄清预算采用的单位估价表:任何单位估价表或预算定额都有一定的适用范围,应根据工程性质,搜集熟悉相应的单价、定额资料。

(2)选择合适的审查方法,按相应内容审查。由于工程规模、繁简程度不同,施工方法和施工企业情况不一样,所编工程预算的质量也不同,所以,需选择适当的审查方法进行审查。综合整理审查资料,并与编制单位交换意见,定案后编制调整预算。审查后,需要进行增加或核减的,经与编制单位协商,统一意见后,进行相应的修正。

第九章　砌筑及混凝土工程竣工结(决)算

内容提要：

1. 了解竣工结算的内容及竣工决算的概念和内容。
2. 掌握竣工结算的编制程序、方法与审查。
3. 掌握竣工决算的编制要求与步骤。

第一节　竣工结算

一、竣工结算的内容

竣工结算的内容与施工图预算的内容基本相同，由直接费、间接费、利润和税金四部分组成。竣工结算以竣工结算书形式表现，包括单位工程竣工结算书、单项工程竣工结算书及竣工结算说明书等。

竣工结算书中主要应体现"量差"和"价差"的基本内容："量差"是指原计价文件所列工程量与实际完成的工程量不符而产生的差别，"价差"是指签订合同时的计价或取费标准与实际情况不符而产生的差别。

二、竣工结算的编制程序和方法

1. 承包方进行竣工结算的程序和方法

(1)收集分析影响工程量差、价差和费用变化的原始凭证。

(2)根据工程实际对施工图预算的主要内容进行检查、核对。

(3)根据收集的资料和预算对结算进行分类汇总，计算量差、价差，进行费用调整。

(4)根据查对结果和各种结算依据，分别归类汇总，填写竣工工程结算单，编制单位工程结算。

(5)编写竣工结算说明书。

(6)编制单项工程结算。目前国家没有统一规定工程竣工结算书的格式，各地区可结合当地情况和需要自行设计计算表格，供结算使用。

单位工程结算费用计算程序，见表 9-1、表 9-2，竣工工程结算单见表 9-3。

表 9-1　土建工程结算费用计算程序表

序　号	费用项目	计算公式	金　额
1	原概(预)算直接费		
2	历次增减变更直接费		
3	调价金额	[(1)+(2)]×调价系数	
4	直接费	(1)+(2)+(3)	

续表 9-1

序　号	费用项目	计算公式	金　额
5	间接费	(4)×相应工程类别费率	
6	利润	[(4)+(5)]×相应工程类别利润率	
7	税金	[(4)+(5)+(6)+(7)]×相应税率	
8	工程造价	(4)+(5)+(6)+(7)	

注:税金计算的基数中包含税金本身在内。

表 9-2　水、暖、电工程结算费用计算程序表

序　号	费用项目	计算公式	金　额
1	原概(预)算直接费		
2	历次增减变更直接费		
3	其中:定额人工费	(1)、(2)两项所含	
4	其中:设备费	(1)、(2)两项所含	
5	措施费	(3)×费率	
6	调价金额	[(1)+(2)+(5)]×调价系数	
7	直接费	(1)+(2)+(5)+(6)	
8	间接费	(3)×相应工程类别费率	
9	利润	(3)×相应工程类别利润率	
10	税金	[(7)+(8)+(9)+(10)]×相应税率	
11	设备费价差(±)	(实际供应价-原设备费)×(1+税率)	
12	工程造价	(7)+(8)+(9)+(10)+(11)	

表 9-3　竣工工程结算单

建设单位:　　　　　　　　　　　　　　　　　　　　　　　　　　　　　(单位:元)

1. 原预算造价			
2. 调整预算	增加部分	(1)补充预算	
		(2)	
		(3)	
		……	
		合计	
	减少部分	(1)	
		(2)	
		(3)	
		……	
		合计	

续表 9-3

3. 竣工结算总造价		
4. 财务结算	已收工程款	
	报产值的甲供材料设备价值	
	实际结算工程款	
说明		
建设单位： 经办人： 　　　　年　月　日		施工单位： 经办人： 　　　　年　月　日

2. 业主进行竣工结算的管理程序

(1)业主接到承包商提交的竣工结算书后,应以单位工程为基础,对承包合同内规定的施工内容,包括工程项目、工程量、单价取费和计算结果等进行检查与核对。

(2)核查合同工程的竣工结算。竣工结算应包括以下几方面：

①开工前准备工作的费用是否准确。

②土石方工程与基础处理有无漏算或多算。

③钢筋混凝土工程中的钢筋含量是否按规定进行了调整。

④加工订货的项目、规格、数量、单价等与实际安装的规格、数量、单价是否相符。

⑤特殊工程中使用的特殊材料的单价有无变化。

⑥工程施工变更记录与合同价格的调整是否相符。

⑦实际施工中有无与施工图要求不符的项目。

⑧单项工程综合结算书与单位工程结算书是否相符。

(3)对核查过程中发现的不符合合同规定情况,如多算、漏算或计算错误等,均应予以调整。

(4)将批准的工程竣工结算书送交有关部门审查。

(5)工程竣工结算书经过确认后,办理工程价款的最终结算拨款手续。

三、竣工结算的审查

(1)自审。竣工结算初稿编定后,施工单位内部先组织审查、校核。

(2)建设单位审查。施工单位自审后编印成正式结算书送交建设单位审查,建设单位也可委托有关部门批准的工程造价咨询单位审查。

(3)造价管理部门审查。甲乙双方有争议且协商无效时,可以提请造价管理部门裁决。

各方对竣工结算进行审查的具体内容包括：核对合同条款,检查隐蔽工程验收记录,落实设计变更签证,按图核实工程数量,严格按合同约定计价,注意各项费用计取,防止各种计算误差。

第二节　竣工决算

一、竣工决算的概念

建设工程项目竣工决算是指所有建设工程项目竣工后,按照国家有关规定,由建设单位报告项目建设成果和财务状况的总结性文件,是考核其投资效果的依据,也是办理交付、动用、验收的依据。

竣工决算是以实物数量和货币指标为计量单位,综合反映竣工项目从筹建开始到项目竣工交付使用为止的全部建设费用、建设成果和财务情况的总结性文件,是竣工验收报告的重要组成部分。竣工决算是正确核定新增固定资产价值,考核分析投资效果,建立健全经济责任制的依据,是反映建设工程项目实际造价和投资效果的文件。

二、竣工决算的内容

大型、中型和小型建设工程项目的竣工决算,包括建设工程项目从筹建开始到项目竣工交付生产使用为止的全部建设费用,其内容包括竣工决算报告情况说明书、竣工财务决算报表、建设工程项目竣工图、工程造价比较分析等方面的内容。

(1)竣工决算报告情况说明书。竣工决算报告情况说明书主要反映竣工工程建设成果和经验,是对竣工决算报表进行分析和补充说明的文件,是全面考核分析工程投资与造价的书面总结。其内容主要包括:

①建设工程项目概况及对工程总的评价:一般从进度、质量、安全、造价及施工方面进行分析说明。进度方面主要说明开工和竣工时间,对照合理工期和要求工期,分析是提前还是延期;质量方面主要根据竣工验收组或质量监督部门的验收进行说明;安全方面主要根据劳动工资和施工部门的记录,对有无设备和安全事故进行说明;造价方面主要对照概算造价,说明节约还是超支,用金额和百分率进行分析说明。

②资金来源及运用等财务分析:主要包括工程价款结算、会计账务的处理、财产物资情况及债权债务的清偿情况。

③基本建设收入、投资包干结余、竣工结余资金的上交分配情况:通过对基本建设投资包干情况的分析,说明投资包干额、实际支用额和节约额,投资包干的有机构成和包干节余的分配情况。

④各项经济技术指标的分析:概算执行情况分析,根据实际投资完成额与概算进行对比分析;新增生产能力的效益分析,说明支付使用财产占总投资额的比例、占支付使用财产的比例,不增加固定资产的造价占投资总额的比例,分析有机构成。

⑤工程建设的经验、项目管理和财务管理工作以及竣工财务决算中有待解决的问题。

⑥需要说明的其他事项。

(2)竣工财务决算报表。建设工程项目竣工财务决算报表要根据大、中型建设工程项目和小型建设工程项目分别制订。有关报表组成如图 9-1、图 9-2 所示,报表格式见表 9-4～表 9-9。

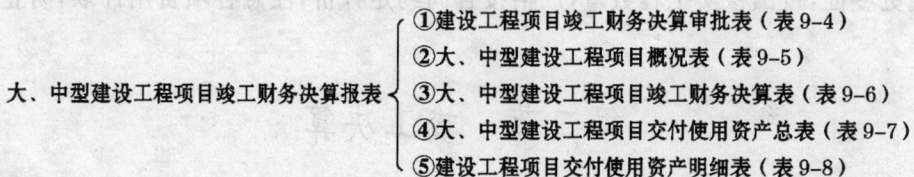

大、中型建设工程项目竣工财务决算报表 {
　①建设工程项目竣工财务决算审批表(表 9-4)
　②大、中型建设工程项目概况表(表 9-5)
　③大、中型建设工程项目竣工财务决算表(表 9-6)
　④大、中型建设工程项目交付使用资产总表(表 9-7)
　⑤建设工程项目交付使用资产明细表(表 9-8)

图 9-1　大、中型建设工程项目竣工财务决算报表组成示意图

$$
\text{小型建设工程项目竣工财务决算报表} \begin{cases} ①建设工程项目竣工财务决算审批表（表9-4） \\ ②小型建设工程项目竣工财务决算总表（表9-9） \\ ③建设工程项目交付使用资产明细表（表9-8） \end{cases}
$$

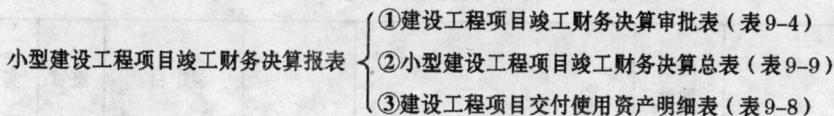

图 9-2　小型建设工程项目竣工财务决算报表组成示意图

1）建设工程项目竣工财务决算审批表（表 9-4）。该表作为竣工决算上报有关部门审批时使用，其格式按照中央级项目审批要求设计，地方级项目可按审批要求作适当修改，大、中、小型项目均要按照下列要求填报此表：

表 9-4　建设工程项目竣工财务决算审批表

建设工程项目法人 （建设单位）		建设性质	
建设工程项目名称		主管部门	
开户银行意见：			
			（盖章） 年　月　日
专员办审批意见：			
			（盖章） 年　月　日
主管部门或地方财政部门审批意见：			
			（盖章） 年　月　日

①表中"建设性质"按新建、改建、扩建、迁建和恢复建设工程项目等分类填列。

②表中"主管部门"是指建设单位的主管部门。

③所有建设工程项目均须经过开户银行签署意见后，按照有关要求进行报批；中央级小型项目由主管部门签署审批意见；中央级大、中型建设工程项目报所在地财政监察专门办事机构签署意见后，再由主管部门签署意见报财政部审批；地方级项目由同级财政部门签署审批意见。

④已具备竣工验收条件的项目，三个月内应及时填报审批表。如三个月内不办理竣工验收和固定资产移交手续的视为项目已正式投产，其费用不得从基本建设投资中支付，所实现的收入作为经营收入，不再作为基本建设收入管理。

2）大、中型建设工程项目概况表（表 9-5）。该表综合反映大、中型建设工程项目的基本概况、内容，包括该项目总投资、建设起止时间、新增生产能力、主要材料消耗、建设成本、完成主要工程量和主要技术经济指标及基本建设支出情况，为全面考核和分析投资效果提供依据，可按下列要求填写：

表 9-5　大、中型建设工程项目概况表

建设工程项目工程名称		建设地址					项目	概算	实际	主要指标
主要设计单位		主要施工企业					建筑安装工程			
占地面积	计划	实际	总投资/万元	设计		实际		设备、工具、器具			
				固定资产	流动资产	固定资产	流动资产	基建支出	待摊投资 其中：建设单位管理费		
新增生产能力	能力（效益）名称	设计		实际				其他投资			
								待核销基建支出			
								非经营项目转出投资			
建设起止时间	设计	从　年　月开工至　年　月竣工						合计			
	实际	从　年　月开工至　年　月竣工									
设计概算批准文号							主要材料消耗	名称	单位	概算	实际
								钢材	t		
完成主要工程量	建筑面积/m²		设备（台、套、t）					木材	m³		
	设计	实际	设计		实际			水泥	t		
收尾工程	工程内容		投资额		完成时间		主要技术经济指标				

①建设工程项目名称、建设地址、主要设计单位和主要施工单位，要按全称填列。

②表中各项目的设计、概算、计划指标可根据批准的设计文件和概算、计划等确定的数字填列。

③表中所列新增生产能力、完成主要工程量、主要材料消耗的实际数据，可根据建设单位统计资料和施工单位提供的有关成本核算资料填列。

④表中"主要技术经济指标"包括单位面积造价、单位生产能力投资、单位投资增加的生产能力、单位生产成本和投资回收年限等反映投资效果的综合性指标，根据概算和主管部门规定的内容分别按概算和实际填列。

⑤表中基建支出是指建设工程项目从开工起至竣工为止发生的全部基本建设支出，包括形成资产价值的交付使用资产，如固定资产、流动资产、无形资产、递延资产支出，还包括不形成资产价值按照规定应核销非经营项目的待核销基建支出和转出投资。上述支出应根

据财政部门历年批准的"基建投资表"中的有关数据填列。

⑥表中"初步设计和概算批准日期、文号",按最后经批准的日期和文件号填列。

⑦表中收尾工程是指全部工程项目验收后尚遗留的少量收尾工程,在表中应明确填写收尾工程内容、完成时间。这部分工程的实际成本可根据实际情况进行估算并加以说明,完工后不再编制竣工决算。

3)大、中型建设工程项目竣工财务决算表(表9-6)。该表反映竣工的大型、中型建设工程项目从开工到竣工全部资金来源和资金运用的情况。它是考核和分析投资效果,落实结余资金,并作为报告上级核销基本建设支出和基本建设拨款的依据。在编制该表前,应先编制出项目竣工年度财务决算,根据编制出的竣工年度财务决算和历年财务决算编制项目的竣工财务决算。此表采用平衡形式,即资金来源合计等于资金支出合计。具体编制方法如下:

表9-6 大、中型建设工程项目竣工财务决算表 (单位:元)

资金来源	金额	资金占用	金额	补充资料
一、基建拨款		一、基本建设支出		1. 基建投资借款期末余额
1. 预算拨款		1. 交付使用资产		
2. 基建基金拨款		2. 在建工程		2. 应收生产单位投资借款期末余额
3. 进口设备转账拨款		3. 待核销基建支出		
4. 器材转账拨款		4. 非经营项目转出投资		3. 基建结余资金
5. 煤代油专用基金拨款		二、应收生产单位投资借款		
6. 自筹资金拨款		三、拨款所属投资借款		
7. 其他拨款		四、器材		
二、项目资本金		其中:待处理器材损失		
1. 国家资本		五、货币资金		
2. 法人资本		六、预付及应收款		
3. 个人资本		七、有价证券		
三、项目资本公积金		八、固定资产		
四、基建借款		固定资产原值		
五、上级拨入投资借款		减:累计折旧		
六、企业债券资金		固定资产净值		
七、待冲基建支出		固定资产清理		
八、应付款		待处理固定资产损失		
九、未交款				
1. 未交税金				
2. 未交基建收入				
3. 未交基建包干节余				

续表 9-6

资金来源	金额	资金占用	金额	补充资料
4. 其他未交款				
十、上级拨入资金				
十一、留成收入				
合计				

①资金来源包括基建拨款、项目资本金、项目资本公积金、基建借款、上级拨入投资借款、企业债券资金、待冲基建支出、应付款和未交款以及上级拨入资金和留成收入等。

项目资本金是指经营性项目投资者按国家有关项目资本金的规定,筹集并投入项目的非负债资金,在项目竣工后,相应转为生产经营企业的国家资本金、法人资本金、个人资本金和外商资本金。

项目资本公积金是指经营性项目对投资者实际缴付的出资额超过其资金的差额(包括发行股票的溢价净收入)、资产评估确认价值或者合同、协议约定价值与原账面净值的差额、接收捐赠的财产、资本汇率折算差额,在项目建设期间作为资本公积金,项目建成交付使用并办理竣工决算后,转为生产经营企业的资本公积金。

基建收入是基建过程中形成的各项工程建设副产品变价净收入、负荷试车的试运行收入以及其他收入。在表中,基建收入以实际销售收入扣除销售过程中所发生的费用和税后的实际纯收入填写。

②表中"交付使用资产"、"预算拨款"、"自筹资金拨款"、"其他拨款"、"基建借款"及"其他借款"等项目,是指自开工建设至竣工的累计数。上述有关指标应根据历年批复的年度基建财务决算和竣工年度的基建财务决算中资金平衡表相应项目的数字进行汇总填写。

③表中其余项目费用办理竣工验收时的结余数,根据竣工年度财务决算中资金平衡表的有关项目期末数填写。

④资金占用反映建设工程项目从开工准备到竣工全过程资金支出的情况,内容包括基本建设支出、应收生产单位投资借款、库存器材、货币资金、有价证券和预付及应收款以及拨付所属投资借款和库存固定资产等,资金占用总额应等于资金来源总额。

⑤补充材料的"基建投资借款期末余额"反映竣工时,尚未偿还的基本投资借款额,应根据竣工年度资金平衡表内的"基建投资借款"项目期末数填写;"应收生产单位投资借款期末余额",根据竣工年度资金平衡表内的"应收生产单位投资借款"项目的期末数填写;"基建结余资金"反映竣工的结余资金,根据竣工决算表中有关项目计算填写。

⑥基建结余资金可以按下列公式计算:

$$基建结余资金 = 基建拨款 + 项目资本金 + 项目资本公积金$$
$$+ 基建借款 + 企业债券基金 + 待冲基建支出$$
$$- 基本建设支出 - 应收生产单位投资借款 \tag{9-1}$$

4)大、中型建设工程项目交付使用资产总表(表 9-7)。该表反映建设工程项目建成后新增固定资产、流动资产、无形资产和递延资产价值的情况和价值,作为财务交接、检查投资计划完成情况和分析投资效果的依据。小型项目不编制"交付使用资产总表",而直接编制"交付使用资产明细表";大型、中型项目在编制"交付使用资产总表"的同时,还需编制"交付使用资产明细表"。大型、中型建设工程项目交付使用资产总表具体编制方法如下:

表 9-7　　大、中型建设工程项目交付使用资产总表　　　　　　　(单位:元)

单项工程项目名称	总　计	固定资产					流动资产	无形资产	递延资产
		建筑工程	安装工程	设备	其他	合计			

支付单位盖章　年　月　日　　　　　　　　　　　　　　　接收单位盖章　年　月　日

①表中各栏目数据根据"交付使用明细表"的固定资产、流动资产、无形资产、递延资产的各相应项目的汇总数分别填写,表中总计栏的总计数应与竣工财务决算表中的交付使用资产的金额一致;

②表中第 7、8、9、10 栏的合计数应分别与竣工财务决算表交付使用的固定资产、流动资产、无形资产、递延资产的数据相符。

5)建设工程项目交付使用资产明细表(表 9-8)。该表反映交付使用的固定资产、流动资产、无形资产和递延资产及其价值的明细情况,是办理资产交接的依据和接收单位登记资产账目的依据,同时也是使用单位建立资产明细账和登记新增资产价值的依据。大型、中型和小型建设工程项目均需编制此表。编制时要做到齐全完整,数字准确,各栏目价值应与会计账目中相应科目的数据保持一致。建设工程项目交付使用资产明细表具体编制方法如下:

表 9-8　　建设工程项目交付使用资产明细表

单项工程项目名称	建筑工程			设备、工具、器具、家具					流动资产		无形资产		递延资产	
	结构	面积/m²	价值/元	规格型号	单位	数量	价值/元	设备安装费/元	名称	价值/元	名称	价值/元	名称	价值/元
合计														

支付单位盖章　年　月　日　　　　　　　　　　　　　　　接收单位盖章　年　月　日

①表中"建筑工程"项目应按单项工程名称填列其结构、面积和价值。其中"结构"是指项目按钢结构、钢筋混凝土结构、混合结构等形式填写;面积则按各项目实际完成面积填写;价值按交付使用资产的实际价值填写。

②表中"设备、工具、器具、家具"部分要在逐项盘点后,根据盘点实际情况填写,工具、器具和家具等低值易耗品可分类填写。

③表中"流动资产"、"无形资产"、"递延资产"项目应根据建设单位实际交付的名称和价值分别填写。

6)小型建设工程项目竣工财务决算总表(表9-9)。由于小型建设工程项目内容比较简单,因此可将工程概况与财务情况合并编制一张"竣工财务决算总表"。该表主要反映小型建设工程项目的全部工程和财务情况。具体编制时可参照大、中型建设工程项目概况表指标和大、中型建设工程项目竣工财务决算表指标口径填写。

表 9-9　小型建设工程项目竣工财务决算总表

建设工程项目名称			建设地址			资金来源		资金运用	
初步设计概算批准文件号						项目	金额/元	项目	金额/元
						一、基建拨款		一、交付使用资产	
占地面积	计划	实际	总投资/万元	计划	实际	其中：预算拨款		二、待核销基建支出	
				固定资产／流动资产	固定资产／流动资产	二、项目资本		三、非经营项目转出投资	
						三、项目资本公积金			
新增生产能力	能力（效益）名称	设计	实际			四、基建借款		四、应收生产单位投资借款	
						五、上级拨入借款			
建设起止时间	计划	从　年　月开工　至　年　月竣工				六、创业债券资金		五、拨付所属投资措款	
	实际	从　年　月开工　至　年　月竣工				七、待冲基建支出		六、器材	
基建支出	项目		概算/元	实际/元		八、应付款		七、货币资金	
	建筑安装工程					九、未付款 其中：未交基建收入		八、预付及应收款	
	设备、工具、器具							九、有价证券	
	待摊投资　其中：建设单位管理费					未交包干收入		十、原有固定资产	
	其他投资					十、上级拨入资金			
	待摊销基建支出					十一、留成收入			
	非经营性项目转出投资								
	合计					合计		合计	

(3)建设工程项目竣工图。建设工程项目竣工图是真实地记录各种地上、地下建筑物、构筑物等情况的技术文件,是工程进行交工验收、维护和扩建的依据,是国家的重要技术档案。国家规定:各项新建、扩建、改建的基本建设工程项目,特别是基础、地下建筑、管线、结

构、井巷、桥梁、隧道、港口、水坝以及设备安装等隐蔽部位,都要编制竣工图。为确保竣工图质量,必须在施工过程中(不能在竣工后)及时做好隐蔽工程检查记录,整理好设计变更文件,其基本要求如下:

①凡按图竣工没有变动的,由施工单位(包括总包和分包施工单位,下同)在原施工图加盖"竣工图"标志后,即作为竣工图。

②凡在施工过程中,虽有一般性设计变更,但能将原施工图加以修改补充作为竣工图,可不重新绘制,由施工单位负责在原施工图(必须是新蓝图)上注明修改的部分,并附以设计变更通知单和施工说明,加盖"竣工图"标志后,作为竣工图。

③凡结构形式改变、施工工艺改变、平面布置改变、项目改变以及有其他重大改变,不宜再在原施工图上修改、补充时,应重新绘制改变后的竣工图。由原设计原因造成的,由设计单位负责重新绘制;由施工原因造成的,由施工单位负责重新绘制;由其他原因造成的,由建设单位自行绘制或委托设计单位绘制。施工单位负责在新图上加盖"竣工图"标志,并附以有关记录和说明,作为竣工图。

④为了满足竣工验收和竣工决算需要,还应绘制反映竣工工程全部内容的工程设计平面示意图。

(4)工程造价比较分析。经批准的概、预算是考核实际建设工程项目造价和进行工程造价比较分析的依据。在分析时,可先对比整个项目的总概算,然后将建筑安装工程费、设备工器具购置费和其他工程费用逐一与竣工决算表中所提供的实际数据和相关资料及批准的概算、预算指标、实际的工程造价进行对比分析,以确定竣工项目总造价是节约还是超支,并在对比的基础上,总结先进经验,找出节约和超支的内容和原因,提出改进措施。在实际工作中,应主要分析以下内容:

①主要实物工程量。对于实物工程量出入比较大的情况,必须查明原因。

②主要材料消耗量。考核主要材料消耗量,要按照竣工决算表中所列明的三大材料实际超概算的消耗量,查明是在工程的哪个环节超出量最大,再进一步查明超耗的原因。

③考核建设单位管理费、建筑及安装工程其他直接费、现场经费和间接费的取费标准。建设单位管理费、建筑及安装工程其他直接费、现场经费和间接费的取费标准要按照国家和各地的有关规定,根据竣工决算报表中所列的建设单位管理费与概预算所列的建设单位管理费数额进行比较,依据规定查明是否有多列或少列的费用项目,确定其节约超支的数额,并查明原因。

三、竣工决算的编制

1. 竣工决算的编制依据

(1)建设工程项目计划任务书、可行性研究报告、投资估算书、初步设计或扩大初步设计及其批复文件。

(2)建设工程项目总概算书、修正概算,单项工程综合概算书。

(3)经批准的施工图预算或标底造价、承包合同、工程结算等有关资料。

(4)建设工程项目图样及说明,设计交底和图样会审记录。

(5)历年基建资料、历年财务决算及批复文件。

(6)设计变更记录、施工记录或施工签证单及其他施工发生的费用记录。

(7)设备、材料调价文件和调价记录。

(8)竣工图及各种竣工验收资料。

(9)国家和地方主管部门颁发的有关建设工程项目竣工决算的文件。

(10)其他有关资料。

2. 竣工决算的编制要求

为了严格执行建设工程项目竣工验收制度,正确核定新增固定资产价值,考核分析投资效果,建立健全经济责任制,所有新建、扩建和改建等建设工程项目竣工后,都应及时、完整、正确地编制好竣工决算。建设单位要做好以下工作:

(1)按照规定及时组织竣工验收,保证竣工决算的及时性。

(2)积累、整理竣工项目资料,特别是项目的造价资料,保证竣工决算的完整性。

(3)清理、核对各项账目,保证竣工决算的正确性。按照规定,竣工决算应在竣工项目办理验收交付手续后一个月内编好,并上报主管部门。有关财务成本部分,还应送经办银行审查签证。主管部门和财政部门对报送的竣工决算审批后,建设单位即可办理决算调整和结束有关工作。

3. 竣工决算的编制步骤

竣工决算的编制步骤如图 9-3 所示。

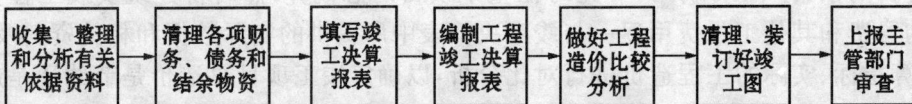

图 9-3   竣工决算的编制步骤

(1)收集、整理和分析有关依据资料。在编制竣工决算文件之前,要系统地整理所有的技术资料、工程结算的经济文件、施工图样和各种变更与签证资料,并分析它们的准确性。完整、齐全的资料,是准确而迅速编制竣工决算的必要条件。

(2)清理各项财务、债务和结余物资。在收集、整理和分析有关资料中,要特别注意建设工程项目从筹建到竣工投产或使用的全部费用的各项财务、债权和债务的清理,做到工程完毕账目清晰,既要核对账目,又要查点库有实物的数量,做到账物相等,账账相符,对结余的各种材料、工器具和设备,要逐项清点核实,妥善管理,并按规定及时处理,收回资金。对各种往来款项要及时进行全面清理,为编制竣工决算提供准确的数据和结果。

(3)填写竣工决算报表。按照建设工程项目决算表格中的内容,根据编制依据中的有关资料进行统计或计算各个项目和数量,并将其结果填到相应表格的栏目内,完成所有报表的填写。

(4)编制建设工程项目竣工决算说明。按照建设工程项目竣工决算说明的内容要求,根据编制依据材料填写报表,编写文字说明。

(5)做好工程造价对比分析。

(6)清理、装订好竣工图。

(7)上报主管部门审查。上述编写的文字说明和填写的表格经核对无误后,将其装订成册,即为建设工程项目竣工决算文件。将其上报主管部门审查,并把其中财务成本部分送交开户银行签证。竣工决算在上报主管部门的同时,抄送有关设计单位。大、中型建设工程项目的竣工决算还应抄送财政部、建设银行总行和省、市、自治区的财政局和建设银行分行各一份。建设工程项目竣工决算的文件,由建设单位负责组织人员编写,在竣工建设工程项目办理验收使用一个月之内完成。

附录　工程量清单计价常用表格式

封—1
<u>××公司职工宿舍工程</u>

工程量清单

招　标　人：　<u>××公司
单位公章</u>

（单位盖章）

工程造价
咨　询　人：　<u>　　　　　　　　　</u>

（单位资质专用章）

法定代表人
或其授权人：　<u>××公司
法定代表人</u>

（签字或盖章）

法定代表人
或其授权人：　<u>　　　　　　　　　</u>

（签字或盖章）

编　制　人：　<u>×××签字
盖造价工程师
或造价员专用章</u>

（造价人员签字盖专用章）

复　核　人：　<u>××签字
盖造价工程师专用章</u>

（造价工程师签字盖专用章）

编制时间：×××年×月×日　　复核时间：××××年×月×日

封—2
××公司职工宿舍工程

工程量清单

招　标　人：　　<u>××公司
单位公章</u>
（单位盖章）

工程造价
咨　询　人：　<u>××工程造价咨询企业
资质专用章</u>
（单位资质专用章）

法定代表人
或其授权人：　<u>××公司
法定代表人</u>
（签字或盖章）

法定代表人
或其授权人：　<u>××工程造价咨询企业
法定代表人</u>
（签字或盖章）

编　制　人：　<u>×××签字
盖造价工程师
或造价员专用章</u>
（造价人员签字盖专用章）

复　核　人：　<u>××签字
盖造价工程师专用章</u>
（造价工程师签字盖专用章）

编制时间：×××年×月×日　　　　复核时间：×××年×月×日

表-01　总说明

工程名称:××公司职工宿舍工程　　　　　　　　　　　　　　　　　　第1页　共1页

1. 工程概况:本工程为砖混结构,采用混凝土灌注桩,建筑层数为六层,建筑面积为 $10940m^2$,计划工期为

300 日历天。施工现场距教学楼最近处为 20m,施工中应注意采取相应的防噪措施。

2. 工程招标范围:本次招标范围为施工图范围内的建筑工程和安装工程。

3. 工程量清单编制依据:

(1)宿舍楼施工图。

(2)《建设工程工程量清单计价规范》。

4. 其他需要说明的问题:

(1)招标人供应现浇构件的全部钢筋,单价暂定为 5000 元/t。

承包人应在施工现场对招标人供应的钢筋进行验收及保管和使用发放。

招标人供应钢筋的价款支付,由招标人按每次发生的金额支付给承包人,再由承包人支付给供应商。

(2)进户防盗门另进行专业发包。总承包人应配合专业工程承包人完成以下工作:

1)按专业工程承包人的要求提供施工工作面并对施工现场进行统一管理,对竣工资料进行统一整理汇总。

2)为专业工程承包人提供垂直运输机械和焊接电源接入点,并承担垂直运输费和电费。

3)为防盗门安装后进行补缝和找平并承担相应费用。

表-02　分部分项工程量清单与计价表

工程名称：××公司职工宿舍工程　　　　　标段：　　　　　　　　　　　　　　　　第1页　共6页

序号	项目编码	项目名称	项目特征描述	计量单位	工程量	金额/元		
						综合单价	合价	其中：暂估价
			A.1　土(石)方工程					
1	010101001001	平整场地	Ⅱ、Ⅲ类土综合，土方就地挖填找平	m²	1 792			
2	010101003001	挖基础土方	Ⅲ类土，条形基础，垫层底宽 2m，挖土深度 4m 以内，弃土运距为 10km	m³	1 432			
			(其他略)					
			分部小计					
			A.2　桩与地基基础工程					
3	010201003001	混凝土灌注桩	人工挖孔，二级土，桩长 10m，有护壁段长 9m，共 42 根，桩直径 1000mm，扩大头直径 1100mm，桩混凝土为 C25，护壁混凝土为 C20	m	420			
			(其他略)					
			分部小计					
			本页小计					
			合　计					

注：根据建设部、财政部发布的《建筑安装工程费用组成》(建标[2003]206 号)的规定，为计取规费等的使用，可在表中增设"直接费"、"人工费"或"人工费＋机械费"。

表-03 分部分项工程量清单与计价表

工程名称：××公司职工宿舍工程　　　　标段：　　　　　　　　　　　　　　　第2页　共6页

序号	项目编码	项目名称	项目特征描述	计量单位	工程量	金额/元		
						综合单价	合价	其中：暂估价
			A.3　砌筑工程					
4	010301001001	砖基础	M10水泥砂浆砌条形基础，深度2.8~4m，MU15页岩砖240mm×115mm×53mm	m³	239			
5	010302001001	实心砖墙	M7.5混合砂浆砌实心墙，MU15页岩砖 240mm×115mm×53mm，墙体厚度240mm	m³	2 037			
			（其他略）					
			分部小计					
			A.4　混凝土及钢筋混凝土工程					
6	010403001001	基础梁	C30混凝土基础梁，梁底标高-1.55m，梁截面300mm×600mm，250mm×500mm	m³	208			
7	010416001001	现浇混凝土钢筋	螺纹钢Q235，ϕ14mm	t	58			
			（其他略）					
			分部小计					
			本页小计					
			合　计					

注：根据建设部、财政部发布的《建筑安装工程费用组成》（建标［2003］206号）的规定，为计取规费等的使用，可在表中增设"直接费"、"人工费"或"人工费＋机械费"。

表-04　分部分项工程量清单与计价表

工程名称：××公司职工宿舍工程　　　　标段：　　　　　　　　　　　　第3页　共6页

序号	项目编码	项目名称	项目特征描述	计量单位	工程量	金额/元		
						综合单价	合价	其中：暂估价
			A.6　金属结构工程					
8	010606008001	钢爬梯	U型钢爬梯，型钢品种、规格详××图，油漆为红丹一遍，调和漆二遍	t	0.258			
			分部小计					
			A.7　屋面及防水工程					
9	010702003001	屋面刚性防水	C20细石混凝土，厚40mm，建筑油膏嵌缝	m²	1 853			
			（其他略）					
			分部小计					
			A.8　防腐、隔热、保温工程					
10	010803001001	保温隔热屋面	沥青珍珠岩块500mm×500mm×150mm，1：3水泥砂浆护面，厚25mm	m²	1 853			
			（其他略）					
			分部小计					
			B.1　楼地面工程					
11	020101001001	水泥砂浆楼地面	1：3水泥砂浆找平层，厚20mm，1：2水泥砂浆面层，厚25mm	m²	6 500			
			（其他略）					
			分部小计					
			本页小计					
			合　计					

注：根据建设部、财政部发布的《建筑安装工程费用组成》(建标[2003]206号)的规定，为计取规费等的使用，可在表中增设"直接费"、"人工费"或"人工费＋机械费"。

表-05　分部分项工程量清单与计价表

工程名称:××公司职工宿舍工程　　　　标段:　　　　　　　　　　　　　　　　　第 4 页　共 6 页

序号	项目编码	项目名称	项目特征描述	计量单位	工程量	金额/元		
						综合单价	合价	其中:暂估价
			B.2　墙、柱面工程					
12	020201001001	外墙面抹灰	页岩砖墙面,1∶3 水泥砂浆底层,厚 15mm,1∶2.5 水泥砂浆面层,厚 6mm	m²	4 050			
13	020202001001	柱面抹灰	混凝土柱面,1∶3 水泥砂浆底层,厚 15mm,1∶2.5 水泥砂浆面层,厚 6mm	m²	850			
			(其他略)					
			分部小计					
			B.3　顶棚工程					
13	020301001001	顶棚抹灰	混凝土顶棚,基层刷水泥浆一道加 108 胶,1∶0.5∶2.5 水泥石灰砂浆底层,厚 12mm,1∶0.3∶3 水泥石灰砂浆面层厚 4mm	m²	7 000			
			(其他略)					
			分部小计					
			本页小计					
			合　计					

注:根据建设部、财政部发布的《建筑安装工程费用组成》(建标[2003]206 号)的规定,为计取规费等的使用,可在表中增设"直接费"、"人工费"或"人工费+机械费"。

表-06 分部分项工程量清单与计价表

工程名称:××公司职工宿舍工程　　　　标段:　　　　　　　　　　　第5页 共6页

序号	项目编码	项目名称	项目特征描述	计量单位	工程量	金额/元		
						综合单价	合价	其中:暂估价
			B.4　门窗工程					
14	020406007001	塑钢窗	80系列LC0915塑钢平开窗带纱5mm白玻	m²	900			
			(其他略)					
			分部小计					
			B.5　油漆、涂料、裱糊工程					
15	020506001001	外墙乳胶漆	基层抹灰面满刮成品耐水腻子三遍磨平,乳胶漆一底二面	m²	4 050			
			(其他略)					
			分部小计					
			C.2　电气设备安装工程					
16	030204031001	插座安装	单相三孔插座,250V/10A	个	1 224			
17	030212001001	电气配管	砖墙暗配PC20阻燃PVC管	m	9 858			
			(其他略)					
			分部小计					
			本页小计					
			合　计					

注:根据建设部、财政部发布的《建筑安装工程费用组成》(建标[2003]206号)的规定,为计取规费等的使用,可在表中增设"直接费"、"人工费"或"人工费+机械费"。

表-07　分部分项工程量清单与计价表

工程名称：××公司职工宿舍工程　　　　标段：　　　　　　　　　　　　　　　第6页　共6页

序号	项目编码	项目名称	项目特征描述	计量单位	工程量	金额/元		
						综合单价	合价	其中：暂估价
			C.8　给排水安装工程					
18	030801005001	塑料给水管安装	室内 DN20/PP-R 给水管，热熔连接	m	1 569			
19	030801005002	塑料排水管安装	室内 φ110mmUPVC 排水管，承插胶粘接	m	849			
			（其他略）					
			分部小计					
			本页小计					
			合　计					

注：根据建设部、财政部发布的《建筑安装工程费用组成》(建标[2003]206号)的规定，为计取规费等的使用，可在表中增设"直接费"、"人工费"或"人工费＋机械费"。

表-08　措施项目清单与计价表(一)

工程名称:××公司职工宿舍工程　　　　　标段:　　　　　　　　　　　　　　　第1页　共1页

序号	项　目　名　称	计　算　基　础	费率(%)	金额/元
1	安全文明施工费			
2	夜间施工费			
3	二次搬运费			
4	冬、雨季施工			
5	大型机械设备进出场及安拆费			
6	施工排水			
7	施工降水			
8	地上、地下设施、建筑物的临时保护设施			
9	已完工程及设备保护			
10	各专业工程的措施项目			
(1)	垂直运输机械			
(2)	脚手架			
合计				

注:1. 本表适用于以"项"计价的措施项目。

　　2. 根据建设部、财政部发布的《建筑安装工程费用组成》(建标[2003]206号)的规定,"计算基础"可为"直接费"、"人工费"或"人工费+机械费"。

表-09　措施项目清单与计价表(二)

工程名称:××公司职工宿舍工程　　　　标段:　　　　　　　　　　　　第1页　共1页

序号	项目编码	项目名称	项目特征描述	计量单位	工程量	金额/元	
						综合单价	合价
1	AB001	现浇钢筋混凝土平板模板及支架	矩形板,支模高度3m	m²	1 200		
2	AB002	现浇钢筋混凝土有梁板及支架	矩形梁,断面200mm×400mm,梁底支模高度2.6m,板底支模高度3m	m²	1 500		
			(其他略)				
			本页小计				
			合计				

注:本表适用于以综合单价形式计价的措施项目。

表-10　暂列金额明细表

工程名称:××公司职工宿舍工程　　　　标段:　　　　　　　　　　　　　　第1页　共1页

序号	项目名称	计量单位	暂定金额/元	备注
1	工程量清单中工程量偏差和设计变更	项	100 000	
2	政策性调整和材料价格风险	项	100 000	
3	其他	项	100 000	
4				
5				
6				
7				
8				
9				
10				
11				
合计			300 000	—

注:此表由招标人填写,如不能详列,也可只列暂定金额总额,投标人应将上述暂列金额计入投标总价中。

表-11　材料暂估单价表

工程名称：××公司职工宿舍工程　　　　标段：　　　　　　　　　　　　第1页　共1页

序号	材料名称、规格、型号	计量单位	单价 /元	备　注
1	钢筋（规格、型号综合）	t	5 000	用在所有现浇混凝土钢筋清单项目

1. 此表由招标人填写，并在备注栏说明暂估价的材料拟用在哪些清单项目上，投标人应将上述材料暂估单价计入工程量清单综合单价报价中。
2. 材料包括原材料、燃料、构配件以及按规定应计入建筑安装工程造价的设备。

表-12　专业工程暂估价表

工程名称：××公司职工宿舍工程　　　　标段：　　　　　　　　　　　　第1页　共1页

序号	工程名称	工程内容	金额/元	备　注
1	入户防盗门	安装	100 000	
合计			100 000	—

注：此表由招标人填写，投标人应将上述专业工程暂估价计入投标总价中。

表-13　计日工表

工程名称：××公司职工宿舍工程　　　　标段：　　　　　　　　　　　　　　　第1页　共1页

编号	项 目 名 称	单位	暂定数量	综合单价	合价
一	人工				
1	普工	工日	200		
2	技工(综合)	工日	50		
3					
4					
	人 工 小 计				
二	材　料				
1	钢筋(规格、型号综合)	t	1		
2	水泥 42.5	t	2		
3	中砂	m³	10		
4	砾石(5～40mm)	m³	5		
5	页岩砖(240mm×115mm×53mm)	千匹	1		
6					
	材 料 小 计				
三	施工机械				
1	自升式搭式起重机(起重力矩 1250kN·m)	台班	5		
2	灰浆搅拌机(400L)	台班	2		
3					
4					
	施 工 机 械 小 计				
	总　　　计				

注：此表项目名称、数量由招标人填写，编制招标控制价时，单价由招标人按有关计价规定确定；投标时，单价由投标人自主
　　报价，计入投标总价中。

表-14 总承包服务费计价表

工程名称:××公司职工宿舍工程　　　　标段:　　　　　　　　　　　　　　第1页 共1页

序号	项目名称	项目价值/元	服务内容	费率(%)	金额/元
1	发包人发包专业工程	100 000	(1)按专业工程承包人的要求提供施工工作面并对施工现场进行统一管理,对竣工资料进行统一整理汇总 (2)为专业工程承包人提供垂直运输机械和焊接电源接人点,并承担垂直运输费和电费 (3)为防盗门安装后进行补缝和找平并承担相应费用		
2	发包人供应材料	1 000 000	对发包人供应的材料进行验收及保管和使用发放		
	合　计				

表-15　规费、税金项目清单与计价表

工程名称：××公司职工宿舍工程　　　　标段：　　　　　　　　　　　　　　　　　　　　第1页　共1页

序号	项 目 名 称	计 算 基 础	费率 (%)	金额 /元
1	规费			
1.1	工程排污费	按工程所在地环保部门规定 按实计算		
1.2	社会保障费	(1)＋(2)＋(3)		
(1)	养老保险费	定额人工费		
(2)	失业保险费	定额人工费		
(3)	医疗保险费	定额人工费		
1.3	住房公积金	定额人工费		
1.4	危险作业意外伤害保险	定额人工费		
1.5	工程定额测定费	税前工程造价		
2	税金	分部分项工程费＋措施项目费 ＋其他项目费＋规费		
	合　　计			

注：根据建设部、财政部发布的《建筑安装工程费用组成》（建标〔2003〕206号）的规定，"计算基础"可为"直接费"、"人工费" 或"人工费＋机械费"。

表-16　工程量清单综合单价分析表(一)

工程名称：××公司职工宿舍工程　　　　标段：　　　　　　　　　　　第1页　共5页

项目编码	010201003001		项目名称	混凝土灌注桩		计量单位		m

| | | | | | | 清单综合单价组成明细 | | | |

定额编号	定额名称	定额单位	数量	单价				合价			
				人工费	材料费	机械费	管理费和利润	人工费	材料费	机械费	管理费和利润
AB0291	挖孔桩芯混凝土 C25	10m³	0.057 1	946.89	2 893.72	83.50	292.73	54.07	165.24	4.77	16.72
AB0284	挖孔桩护壁混凝土 C20	10m³	0.022 95	963.17	2 812.73	86.32	298.38	22.10	64.55	1.98	6.85
人工单位		小　计						76.17	229.79	6.75	23.57
42 元/工日		未计价材料费									
清单项目综合单价								336.27			

材料费明细	主要材料名称、规格、型号	单位	数量	单价/元	合价/元	暂估单价/元	暂估合价/元
	C25 混凝土	m³	0.58	275.97	160.06		
	C20 混凝土	m³	0.252	250.74	63.19		
	水泥 42.5	kg	(276.09)	0.571	(157.65)		
	中砂	m³	(0.385)	83	(31.96)		
	砾石 5~40mm	m³	(0.732)	46	(33.67)		
	其他材料费			—	6.54		
	材料费小计			—	229.79	—	

注：1. 如不使用省级或行业建设主管部门发布的计价依据，可不填定额项目、编号等。

　　2. 招标文件提供了暂估单价的材料，按暂估的单价填入表内"暂估单价"栏及"暂估合价"栏。

表-17　工程量清单综合单价分析表(二)

工程名称:××公司职工宿舍工程　　　　标段:　　　　　　　　　　　　　第 2 页　共 5 页

项目编码	010416001001		项目名称		现浇构件钢筋		计量单位		t

清单综合单价组成明细

定额编号	定额名称	定额单位	数量	单价				合价			
				人工费	材料费	机械费	管理费和利润	人工费	材料费	机械费	管理费和利润
AD0899	现浇螺纹钢筋制安	t	1.000	317.57	5 397.70	64.42	113.66	317.57	5397.70	62.42	113.66

人工单价		小　计						317.57	5397.70	62.42	113.66
42 元/工日		未计价材料费									
清单项目综合单价								5891.35			

	主要材料名称、规格、型号		单位	数量	单价/元	合价/元	暂估单价/元	暂估合价/元
材料费明细	螺纹钢筋 Q235,ϕ14mm		t	1.07			5 000.00	5 350.00
	焊条		kg	8.64	4.00	34.56		
	其他材料费				—	13.14	—	
	材料费小计				—	47.70	—	5 350.00

注:1. 如不使用省级或行业建设主管部门发布的计价依据,可不填定额项目、编号等。

　　2. 招标文件提供了暂估单价的材料,按暂估的单价填入表内"暂估单价"栏及"暂估合价"栏。

表-18　工程量清单综合单价分析表（三）

工程名称：××公司职工宿舍工程　　　　　标段：　　　　　　　　　　　　　第3页　共5页

项目编码	020506001001		项目名称	外墙乳胶漆		计量单位		m²

清单综合单价组成明细

定额编号	定额名称	定额单位	数量	单价				合价			
				人工费	材料费	机械费	管理费和利润	人工费	材料费	机械费	管理费和利润
BE0267	抹灰面满刮耐水腻子	100m²	0.010	363.73	3000		141.96	3.65	30.00		1.42
BE0276	外墙乳胶漆底漆一遍面漆二遍	100m²	0.010	342.58	989.24		133.34	3.43	9.89		1.33
人工单价			小　计					7.08	39.89		2.75
42元/工日			未计价材料费								
清单项目综合单价								49.72			

	主要材料名称、规格、型号	单位	数量	单价/元	合价/元	暂估单价/元	暂估合价/元
材料费明细	耐水成品腻子	kg	2.50	12.00	30.00		
	××牌乳胶漆面漆	kg	0.353	21.00	7.41		
	××牌乳胶漆底漆	kg	0.136	18.00	2.45		
	其他材料费			—	0.03	—	
	材料费小计			—	39.89	—	

注：1. 如不使用省级或行业建设主管部门发布的计价依据，可不填定额项目、编号等。

　　2. 招标文件提供了暂估单价的材料，按暂估的单价填入表内"暂估单价"栏及"暂估合价"栏。

表-19　工程量清单综合单价分析表(四)

工程名称:××公司职工宿舍工程　　　　标段:　　　　　　　　　　　　第 4 页　共 5 页

项目编码	030212001001		项目名称	电气配管		计量单位		m²

清单综合单价组成明细

定额编号	定额名称	定额单位	数量	单价				合价			
				人工费	材料费	机械费	管理费和利润	人工费	材料费	机械费	管理费和利润
CB1528	砖墙暗配管	100m	0.01	344.85	64.22		136.34	3.44	0.64		1.36
CB1792	暗装接线盒	10个	0.001	18.56	9.76		7.31	0.20	0.01		0.01
CD1793	暗装开关盒	10个	0.023	19.80	4.52		7.80	0.46	0.10		0.18
人工单位				小　计				3.92	0.75		1.55
42元/工日				未计价材料费				2.75			
清单项目综合单价								8.97			

	主要材料名称、规格、型号		单位	数量	单价/元	合价/元	暂估单价/元	暂估合价/元
材料费明细	刚性阻燃管 DN20		m	1.10	2.20	2.42		
	××牌接线盒		个	0.012	2.00	0.02		
	××牌开关盒		个	0.236	1.30	0.31		
	其他材料费				—		—	
	材料费小计				—	2.75	—	

注:1. 如不使用省级或行业建设主管部门发布的计价依据,可不填定额项目、编号等。

　　2. 招标文件提供了暂估单价的材料,按暂估的单价填入表内"暂估单价"栏及"暂估合价"栏。

表-20　工程量清单综合单价分析表(五)

工程名称：××公司职工宿舍工程　　　标段：　　　　　　　　　　　　第5页　共5页

项目编码	030801005001		项目名称		塑料给水管安装		计量单位		m²

清单综合单价组成明细

定额编号	定额名称	定额单位	数量	单价				合价			
				人工费	材料费	机械费	管理费和利润	人工费	材料费	机械费	管理费和利润
CH0240	塑料给水管安装	10m	0.1	51.15	23.94	0.45	20.50	5.12	2.39	0.05	2.05
CH0850	管道消毒、冲洗	100m	0.01	23.60	7.37		9.30	0.24	0.07		0.09
人工单价			小　计					5.36	2.46	0.05	2.14
42元/工日			未计价材料费					9.21			
	清单项目综合单价							19.22			

材料费明细	主要材料名称、规格、型号	单位	数量	单价/元	合价/元	暂估单价/元	暂估合价/元
	××牌 PP-R 管 DN20	m	1.02	5.67	5.78		
	××牌 PP-R 管件	个	1.15	2.98	3.43		
	其他材料费			—			—
	材料费小计			—	9.21		—

注：1. 如不使用省级或行业建设主管部门发布的计价依据,可不填定额项目、编号等。
　　2. 招标文件提供了暂估单价的材料,按暂估的单价填表内"暂估单价"栏及"暂估合价"栏。

参 考 文 献

[1]中华人民共和国住房和城乡建设部. 建设工程工程量清单计价规范 GB 50500—2008[S]. 北京：中国计划出版社,2008.

[2]中华人民共和国住房和城乡建设部标准定额研究所. 建设工程工程量清单计价规范 GB 50500—2008 宣贯辅导教材[M]. 北京：中国计划出版社,2008.

[3]中华人民共和国建设部. 全国统一建筑工程基础定额（土建工程）GJD—101—95[S]. 北京：中国计划出版社,2002.

[4]中华人民共和国建设部. 建筑工程建筑面积计算规范 GB/T 50353—2005[S]. 北京：中国计划出版社,2005.

[5]曹启坤. 土建施工员[M]. 武汉：华中科技大学出版社,2009.

[6]候洪涛,郑建华. 建筑施工技术[M]. 北京：机械工业出版社,2008.

[7]吕剑. 砌筑工工长手册[M]. 北京：中国建筑工业出版社,2009.

[8]于榕庆. 建筑工程计量与计价[M]. 北京：中国建材工业出版社,2010.

[9]张建新,徐琳. 土建工程造价员速学手册[M]. 北京：知识产权出版社,2009.

[10]建筑施工企业管理人员岗位资格培训教材编委会组织. 土建造价员岗位实务知识[M]. 北京：中国建筑工业出版社,2007.

[11]刘镇. 工程造价控制[M]. 北京：中国建材工业出版社,2010.